国家自然科学基金地区科学基金项目（31360145、31860200）资助出版

香果树生殖生态学特征及恢复策略研究

郭连金　等　著

科 学 出 版 社
北　京

内 容 简 介

本书是国家自然科学基金地区科学基金项目“濒危植物香果树生殖生态学特征及恢复机制研究”（31360145）及“濒危植物香果树无性繁殖及其适应策略研究”（31860200）的主要成果之一，是著者连续十余年对香果树（*Emmenopterys henryi* Oliv.）进行野外调查研究及室内实验研究的成果总结。全书共 10 章，从植物种群生态学及生殖生态学的角度研究了香果树种群的地理分布、群落特征、种群数量动态、空间分布格局、开花物候、生殖构件、种子雨、土壤种子库、实生苗数量及生长动态、根萌蘖能力及根萌苗生长动态等，阐明了香果树种群濒危的外在因素和内在因素，提出了相应的保护及恢复措施。

本书可为从事保护生物学、生态学、林学等研究的高等院校师生、科研人员提供参考，也可供广大农业、林业、生态等相关专业科技工作者和学生阅读参考。

图书在版编目（CIP）数据

香果树生殖生态学特征及恢复策略研究 / 郭连金等著. —北京：科学出版社，2019.8

ISBN 978-7-03-061746-0

Ⅰ. ①香…　Ⅱ. ①郭…　Ⅲ. ①茜草科–植物生态学–研究　Ⅳ. ①Q949.781.1

中国版本图书馆 CIP 数据核字（2019）第 122177 号

责任编辑：刘　丹　马程迪 / 责任校对：严　娜
责任印制：张　伟 / 封面设计：迷底书装

科学出版社 出版
北京东黄城根北街 16 号
邮政编码：100717
http://www.sciencep.com

北京建宏印刷有限公司 印刷

科学出版社发行　各地新华书店经销

*

2019 年 8 月第　一　版　开本：720×1000　B5
2019 年 8 月第一次印刷　印张：15 3/4
字数：305 000

定价：88.00 元

（如有印装质量问题，我社负责调换）

《香果树生殖生态学特征及恢复策略研究》
著者名单

郭连金　薛苹苹　王瑞庆　毛小涛　满百膺　朱　海
周木华　程　刚　徐卫红　邵兴华　章志琴　叶利民

前　言

植物是生物圈中最基本的组成部分，占整个生物圈有机体的95%，是人类和动物赖以生存的物质基础。全世界有高等植物24万余种，每年就要灭绝200余种。而一种植物的灭绝会引起10～30种其他生物的消失。由于物种是构成生物群落进而组成生态系统的基本单元，因此物种过度损失必然导致生态系统的不稳定乃至崩溃。随着生态环境持续恶化、生物多样性屡遭破坏、物种不断灭绝等问题日益受到国际社会的重视，生物多样性保护的研究已成为生命科学研究的前沿和热点。濒危植物保护是生物多样性保护最基本的工作，而珍稀濒危植物是生物多样性的优先保护对象。

香果树（*Emmenopterys henryi* Oliv.）是茜草科高大落叶乔木，起源于中生代白垩纪，是第四纪冰川运动幸存的古老孑遗树种，为我国特有的单种属树种，因其分布范围逐渐缩减、种群数量减少，1991年被《中国植物红皮书》（第一册）收录，被列为稀有濒危植物、国家二类保护植物。香果树树形优美、花大色艳，树皮可制蜡纸及人造棉，树干可提取具有抗癌及消炎作用的活性物质，是一种园林植物、经济植物及珍贵的药用植物，且在原生境作为建群种在水源涵养、固石保土、环境保护中发挥着极为重要的作用。香果树分布较广，生境为峡谷和溪流边，其分布区包括江西、福建、湖北、河南、安徽、浙江等地。尽管香果树分布范围较广，但由于该物种多零星分布，且部分原生境遭到人为毁林开荒、单一种植或乱砍滥伐，加上其自身种子萌发力较低导致其天然更新能力差，因而自然分布范围逐渐缩减，植株日益减少，种群亟待恢复。

本书以香果树生殖生态学特征为主题，对该物种的生态学特征、地理分布、种群数量动态、空间分布格局、开花物候及生殖构件特征、种子库及幼苗生长动态、种子萌发及实生苗生长的影响因素、根萌蘖能力及根萌苗生长特征、两种幼苗（根萌苗和实生苗）对更新的贡献等方面进行了详细的阐述，特别是对香果树有性生殖更新过程及影响因素等方面进行了深入分析，以揭示该物种的濒危机制，并以上述研究为基础，解释香果树濒危的原因，提出有效的恢复措施，以求为该物种的保护与恢复提供参考。

全书分为10章：第1章综述了珍稀濒危植物生殖生态学发展史、研究内容及香果树的研究进展，指出了香果树研究中存在的问题；第2章研究了香果树的地理分布及其生物学特征和群落特征，计算了其群落的多样性；第3章分析了种群的龄级结构、生命表及存活曲线，并对其种群数量进行了预测；第4章分析了香果树种群的空间分布格局及其空间关联性，研究了不同龄级间的差异性；第5章研究了香果树的开花进程、生殖构件特征，分析其生殖构件分布格局及其变异；第 6 章研究了香果树种群种子雨、种子库，分析香果树种子的命运及更新的脆弱环节；第 7 章研究了香果树种子的储藏条件、萌发条件及幼苗生长的影响因素，探寻其最佳萌发条件；第 8 章研究了香果树根萌苗的数量特征、性状、损伤对其根萌蘖能力的影响，探求促进香果树无性繁殖更新的人为措施；第 9 章分析了香果树林下的幼苗组成、生长特征、邻体竞争强度及范围等，分析其竞争力及适应力；第 10 章阐述了香果树的受危表现、致危因素，提出了香果树种群的恢复策略。

本研究得到了国家自然科学基金地区科学基金项目“濒危植物香果树生殖生态学特征及恢复机制研究”（31360145）及“濒危植物香果树无性繁殖及其适应策略研究”（31860200）资助，再次深表感谢！

感谢王生位、田玉清及肖志鹏等协助校对了书稿，感谢徐磊博士为本书绘制了部分图稿。

由于著者水平有限，书稿虽经多次修改、补充，仍难免有不妥之处，恳请专家、学者批评指正。

郭连金

2018 年 12 月 30 日于上饶

目　录

第1章 绪　论

我国疆域辽阔，地跨热带、亚热带和温带3个气候地带，自然地理条件复杂，为生物及其生态系统类型的形成与发展提供了良好的条件，形成了丰富的野生动植物区系，我国是世界上野生植物资源最多、生物多样性最丰富的国家之一。但由于近年来经济的快速发展，不当的开发严重破坏了野生植物的生存环境，加之采用现代化技术设备滥砍滥伐，导致自然资源过度被利用，致使植物物种以远超自然状态的速度大量灭绝，植物物种资源的蕴藏量也急剧下降。目前，我国有4000～5000种植物处于濒危或受威胁状态，有的甚至已灭绝。植物的快速灭绝对人类而言是一种极大的灾难。植物在涵养水源，净化空气、水体及土壤，改善气候，为其他生物提供栖息场所，维持地区生态系统动态平衡等方面有着不可替代的作用；粮食问题至今仍是全球性的重要课题，而植物种子是人类主要的食物来源之一；同时，植物通过光合作用释放氧气，维持了大气圈中氧气含量的相对稳定；一个植物物种的灭绝可导致连锁反应，间接致使多个物种灭绝。因此，植物物种的快速灭绝会使我们失去适宜的生存场所、食物来源，以及呼吸所需的氧气。我国古代历来重视对植物的保护，讲究适度开发利用，当前我们正处于前所未有的植物大量灭绝的时代，植物资源的不当开发也已经引发一系列直接或间接的问题。为避免受到自然灾害的侵扰，保护我们居住的环境和我国丰富的动植物资源，我们需要加强对植物物种生境的保护，减少人为破坏，通过科学研究了解濒危植物的生态学特征，了解其天然更新策略及生物学特征，采取多种保护措施保护植物物种的多样性，尤其是加强对濒危植物的研究和保护力度。

1.1　植物多样性与珍稀濒危植物

1.1.1　植物多样性在自然界中的作用

地球大约在47亿年前开始形成，38亿年前开始出现水和空气，由于当时空气中不含有 O_2，最初的生命形态是由原始大气中的一些简单气体分子获得了外界能量，在原始海洋里逐渐形成的一类具有一定形态结构的分子实体，进一步进化形成原始生命体。继原始生命体之后逐渐出现了光合生物，但此时的光合生物仅能利用 H_2S，靠释放游离态的硫获取能量。直到35亿年前出现了蓝藻和其他原始绿色植物，它们才开始利用H_2O分子，释放O_2。自从出现了绿色植物之后，大气中的含氧量逐渐增加，距今19亿年前，大气中的含氧量为现在含氧量的0.1%，7亿年前，达到1%。大气中含氧量的不断增加是生命发展的必要条件。到了5亿年前的古生代，植物逐步繁盛起来，伴随着植物多样性的增加，动物逐渐出现。故植物多样性是推动生物界发展的原动力，动物必须依靠植物才能生存和繁衍。

植物在生物圈中是生产者，能够通过光合作用把吸收来的水和二氧化碳转化成碳水化合物，并将其进一步合成为脂肪和蛋白质等有机物。其中，植物所制造的部分有机物用于维持其自身的生命活动及组成其自身结构，其余有机物被其他生物所利用。植物死亡以后的残体，部分被储存下来形成煤炭、石油和天然气等重要的能源。有研究表明，一个森林群落除去呼吸作用消耗，其每天每公顷可产生相当于75～300 kg的葡萄糖，一年可生产16.6×10^9 t碳水化合物。植物的多样性产生了多样化的食物来源及药物来源等，为有不同需求的生物提供了生存的可能。人类的衣、食、住、行、所需药物及工业原料，大部分来自植物的光合产物。因此，植物多样性为动物多样性创造了条件，为动物的生存提供了物质基础。

随着工业生产规模的日益扩大，工厂排放的有害废气、废水、废液、废渣等大量进入大气、水体和土壤，导致环境污染。不同植物对环境污染的敏感程度不一致，相同的污染程度，有些植物或有轻微症状出现，而有些则可能死亡。对污染敏感的植物，可用来作为指示性植物，检测环境污染的程度。那些对某种污染不敏感，甚至具有富集污染物能力的植物，可以用于净化空气、净化污水和治理污染的土壤，从而达到污染环境的自身修复。因而，植物的多样性可以用于监测环境、改善环境，使之恢复原有的面貌。

1.1.2 植物多样性的危机及现状

随着人口的不断增加和社会经济的快速持续发展，人类的活动日益影响着地球的自然环境，导致森林加速消失，环境空前恶化，植物多样性正遭受着前所未有的破坏。大批植物物种由于原生境被破坏而处于濒临灭绝的境地。热带雨林是植物多样性的中心，热带雨林覆盖地球陆地表面的7%，但其中拥有半数以上的植物物种。按照岛屿生物地理学说，每失去原有生境的90%，就有一半物种消失。仅1960年以来，全世界95%的热带雨林被开辟为香蕉地、油田和居住地等，这表明物种已经消失了一半左右。

世界自然保护联盟（IUCN）保护监测中心认为，20世纪末全世界有50 000～60 000种植物受到不同程度的生存威胁，即约每5种植物中就有1种植物的生存受到威胁。大量的物种灭绝必然导致人类生存环境的彻底崩溃，最终导致人类本身的灭绝，因此保护野生动植物资源就是保护人类自己的生存环境（祖元刚，1999），其中，珍稀濒危植物的保护尤为重要。自1966年起，IUCN相继出版了濒危物种的红皮书及红色名录，其中有关濒临灭绝物种的等级划分标准得到国际社会的广泛承认。为了促使世界各国之间加强合作，控制国际贸易活动，有效地保护野生动植物资源，《濒危野生动植物种国际贸易公约》（CITES）于1973年3月3日在美国首都华盛顿签署。中国于1980年12月25日加入该公约。1994年11月30日，IUCN在第40次理事会上通过了其下属的物种生存委员会（SSC）提出的新濒危等级标准，更加客观地评估物种濒危的程度，为不同国家或地区的人们提供可以统一使用的体系。为进一步提高人们保护世界野生动植物的意识，2013年12月20日，第68届联合国大会将《濒危野生动植物种国际贸易公约》的签署日3月3日定为“世界野生动植物日”。

中国是世界上植物多样性最丰富的国家之一，拥有高等植物3万多种（Huang et al.，2011），超过了整个欧洲、北美洲植物种类的数量。中国的地形复杂多样，大部分地区未受到新近纪和第四纪冰川运动的影响，这使得中国成为世界上重要的植物物种形成、进化和保存中心，成为许多古老、特有、珍稀濒危植物的避难所，被誉为孑遗植物的摇篮，保留了许多北半球其他地区早已灭绝的孑遗濒危野生植物（盛茂银等，2011），如水杉（*Metasequoia glyptostroboides* Hu et Cheng）、银杉（*Cathaya argyrophylla* Chun et Kuang）、珙桐（*Davidia involucrata* Baill.）、台湾杉（*Taiwania cryptomerioides* Hayata）、银杏（*Ginkgo biloba* L.）、香果树（*Emmenopterys henryi* Oliv.）等。由于这些特有物种仅分布于中国，一旦生境破坏，它们就容易受到干扰，难以恢复而濒临灭绝。例如，1992年底，美国食品药品监督管理局（FDA）批准紫杉醇作为治疗癌症的新药以后，与美国合资的某企业因生产紫杉醇短短几年毁掉了高黎贡山1/5～1/3的红豆杉[*Taxus wallichiana* Zucc. var. *chinensis*（Pilg.）Florin Rehd.]。我国是药用人参（*Panax ginseng* C. A. Mey.）的发祥地，据我国古代本草记载，人参的最佳品是山西上党的上党人参，品质远超东北人参，但长期破坏性的采挖和对森林的破坏，引起自然生态环境条件的改变，最后导致上党人参的灭绝。由于对森林的破坏和过度采挖，人参资源破坏严重，据统计我国山参主产地吉林省1927年山参产量为750 kg，1951年降至362 kg，1981年降至128 kg，1997年仅为10 kg左右，目前山参资源也已近枯竭。20世纪80年代初期，石斛（*Dendrobium nobile* Lindl.）产量巨大，每年可销售上千吨鲜石斛。但由于需求量大，一些人采取砍伐大树收取石斛的手段，这不仅毁灭了大量石斛资源，也对原始森林造成了极大的破坏。到20世纪90年代末，云南已很难找到石斛了，资源已枯竭，导致其成为濒危植物。

据估计，在我国有4000～5000种高等植物处于受威胁或濒临灭绝的境地，并有200种已经灭绝。我们知道，1个物种的缺失往往导致另外10～30种生物产生生存危机（国家环境保护局，1987），按此推算，我国有40 000～150 000种生物的生存正受到严重威胁，如不采取措施，也很快就要灭绝（洪德元，1990）。

为了加强植物保护工作，1982年7月，在原国务院环保领导小组办公室和中国科学院植物研究所的主持下，《中国植物红皮书》编辑组正式成立。1984年第一批《中国珍稀濒危保护植物名录》公布；1987年国家中医药管理局公布了《药用动植物资源保护名录》，1992年林业部（现为国家林业和草原局）公布了《国家珍贵树种名录》，且《中国植物红皮书》（第一册）正式出版。1996年9月30日，我国第一部专门保护野生植物的行政法规——《中华人民共和国野生植物保护条例》（以下简称《条例》）由国务院正式发布，并自1997年1月1日起实施。1999年8月4日，国务院正式批准公布《国家重点保护野生植物名录（第一批）》。该名录是由林业部（现为国家林业和草原局）和农业部（现为农业农村部）共同组织制定的，共列植物419种，其中一级保护的有67种，二级保护的有352种，受国家重点保护的野生植物共约有1700种。这些工作为我国珍稀濒危植物的保护奠定了基础。

1.1.3　珍稀濒危植物的研究意义

珍稀濒危植物是构成自然生态系统的组成部分，在维护自然生态平衡中发挥着重要作用，每一个物种在生态系统中都具有各自独特的地位，是维持生态系统稳定的基本因素。特别是有些珍稀濒危物种是自然生态系统中的关键种，在维持自然生态系统进程中发挥着重要作用，一旦消亡，将可能激发连锁效应，直至打破自然生态系统的稳定性，导致灾难性影响。珍稀濒危植物存在于生态系统中，与其他物种处于同一生境中，但在环境恶化的大背景下，由于其自身适应力、生存能力差，而最先表现出了受危症状。我们通过对其分布特征、种群统计、生殖生态、受危因素等进行研究，能够阐明珍稀濒危物种濒危的原因和恢复的策略，从而给整个生态系统解危和持续经营管理提供依据。

珍稀濒危植物是研究植物起源、系统进化的有力证据。第四纪以前的中生代，是裸子植物极盛时期，被子植物部分原始种类已出现。但由于第四纪冰川使得北欧、北美、亚洲北部及地球两极均被冰雪掩盖，这些地区许多古老的植物物种灭绝，而我国为山岳冰川，大多数地区未被冰雪覆盖，这使得我国保存了大量的珍贵植物。它们是活化石，是研究种子植物起源演化、系统进化最直接的证据。

珍稀濒危植物是植物遗传育种的珍贵材料。每个物种就是一个基因库，其中很多对人类来说都是良好的育种材料，如20世纪70年代，菲律宾国际水稻研究所的科学家在印度山谷发现了一种野生稻（*Oryza rufipogon* Griff.），从其体内分离获得抗病基因，使得东南亚水稻免于绝收。我国杂交水稻之父袁隆平在海南因发现一株普通野生稻而培育出高产优质水稻，基本解决了中国人的吃饭问题。

珍稀濒危植物为古气候、古地质研究提供了鲜活的材料。很多濒危植物寿命特别长，其年轮宽度的变化为记录古气候变化的天然仪器，树轮中碳、氢、氧同位素是大气 CO_2 浓度及其他气候因子变化信息的间接指示器，其含量比反映历史时期对应的天文和气候变化的相关信息（徐馨等，1992）。1915 年，德国地球物理学家魏格纳提出大陆漂移学说引起争议，科学界很难接受，但后来随着各大陆古植物化石及现存的大量古老植物的惊人相似等证据的发现，这一学说得到普遍承认。

1.2 珍稀濒危植物生殖生态学

1.2.1 濒危植物生殖生态学研究史

美国是最早开展濒危植物研究的国家之一。从 1973 年《濒危物种法令》颁布起，美国保护生物学家就开始致力于这方面的研究（蒋有绪，1993）。1978 年美国生态学家 Michael Soule 在第一次国际保护生物学大会上，宣布一门交叉学科可以帮助人类拯救由自身造成的大量正在灭绝中的动植物。1983 年，美国生态学家 Willson 发表了专著《植物生殖生态学》，提出了生殖“配置原理”新理论，并对生殖生态学领域的研究成果进行了概括和总结，这标志着生殖生态学作为一门独立学科的产生。1989 年，Bawa 发表了《热带森林植物生殖生态学》，同时发表了大量有关植物生殖生态学的研究论文、专著和综述。我国濒危植物保护的研究工作始于 20 世纪 90 年代，植物学工作者采用多学科综合的方式探索了濒危植物的濒危机理和保护对策。例如，国家自然科学基金“八五”重大项目“中国主要濒危植物保护生物学研究”选择 10 种典型濒危植物分别从种群生态学、遗传多样性等方面探索其濒危机理和保护对策。随后，在国家自然科学基金“九五”重大项目“中国关键地区生物多样性保育的研究”中，又选择了 5 种濒危和渐危植物进行致危机理和存活条件的研究。近年来，随着我国学者对其生殖生态学方面的重视，该项领域的研究逐渐成为濒危植物保护的热点领域（盛茂银等，2011）。

1.2.2 濒危植物生殖生态学的主要研究内容

1．生殖物候研究

通过研究珍稀濒危植物的生殖物候特征，寻找其濒危的原因，为保护和合理利用该物种提供理论依据。东北红豆杉（*Taxus cuspidata* S. et Z.）种子空粒和涩粒比例很大，具有生活能力的种子含量低，这是其自然繁殖能力差的一个重要原因；雪莲花［*Saussurea involucrata*（Kar. et Kir.）Sch.-Bip.］采挖期常在其开花前和开花期，导致原生境无雪莲花种子而濒临灭绝（谭敦炎等，1998）；单性木兰［*Woonyoungia septentrionalis*（Dandy）Y. W. Law］和长柄双花木［*Disanthus cercidifolius* Maxim. subsp. *longipes*（H. T. Chang）K. Y. Pan］则因缺乏传粉昆虫或昆虫传粉效率低而导致生殖失败（潘春柳，2007）；独叶草（*Kingdonia uniflora* Balf. f. et W. W. Sm）的花粉萌发率低下，这是导致其濒危的一个重要因素（李红，2001）。

2．繁育系统研究

植物的繁育系统是植物重要的生物学特征，代表着所有影响后代遗传组成的有性特征的总和。肉苁蓉（*Cistanche deserticola* Ma）的花粉、柱头共同保持较高活力的时间短，使其授粉受到严重影响，导致结实率不高，这可能是其濒危的原因之一（顾垒和张奠湘，2008）。肉苁蓉的杂交指数（OCI）为 3，繁育系统自交亲和，属于雌雄同株植物中营自交亲和且以自交为主的物种，这导致种内遗传一致性增强，对可变环境的适应能力低下（宋玉霞等，2008）。云南蓝果树（*Nyssa yunnanensis* W. C. Yin）的两性花所产花粉粒无萌发孔，导致自花授粉受限，而雄花所产花粉量少，造成其极度濒危（Sun et al.，2009）。银杉的遗传多样性水平很低，其生态适应幅很窄，居群间分化强烈、基因流受阻、近交严重，这使银杉适应能力进一步下降，并使极为有限的遗传多样性进一步丧失，加剧了银杉的濒危程度（赖江山等，2003）。金花茶［*Camellia petelotii*（Merr.）Sealy］植物积累的资源有限，过高的花期、果期败育率使其结实率低，种子产量少，这是其濒危的一个主要原因（柴胜丰等，2009）。

3．生殖值研究

生殖值是指一个平均年龄的个体，在其死亡之前对下一代的平均贡献或相对贡献，或指某年龄的成员从现在到死亡，对下一世代的贡献（Fisher，1930）。不仅可以用它计算现实的生殖能力，而且还可以对种群的潜在生殖能力做出推测（陈远征和马祥庆，2007）。四合木（*Tetraena mongolica* Maxim.）的生殖值受环境因子的选择压力及种群存活率控制，在生境条件较差的滩地中，四合木种群生殖值要比生境较好的丘地高（徐庆等，2001）。缙云卫矛（*Euonymus chloranthoides* Yang）种群生殖值的高低受其种群数量及生境破碎化影响，即生境破碎化越严重，其种群越小，则其生殖值越大，但其生殖能力将会受到破坏（胡世俊等，2013）。太白红杉［*Larix potaninii* Batalin var. *chinensis*（Beissn.）L. K. Fu et Nan Li］在秦岭北坡的生殖值高，在南坡较低，故秦岭北坡太白红杉的生殖能力较强（王志高等，2004）。天女花［*Oyama sieboldii*（K. Koch）N. H. Xia et C. Y. Wu］的生殖值极大值出现的时间与群落的稳定性相反，较差的生境条件往往导致天女花最短时间内达到生殖高峰期（郭连金等，2012）。

4．生殖分配和生殖投资研究

生殖分配是植物在其生长发育过程中，所产生的同化物质分配到生殖器官中的比例，是生殖生态学中的热门领域。野生胀果甘草（*Glycyrrhiza inflata* Batal.）种群对有性生殖的投资比例较小，大部分用于营养生长（周小玲等，2012）。生境条件和种群大小对川鄂连蕊茶（*Camellia rosthorniana* Hand.-Mazz.）种群的生殖分配有显著影响，其生殖分配与个体大小间存在抛物线性关系（操国兴等，2005）。斑叶兰（*Goodyera schlechtendaliana* Rchb. F.）的生物量生殖分配表现出随分布群落演替阶段的提高而下降的趋势，其生殖分配表现出一年生植物的生殖分配特性（肖宜安等，2006）。在鹅掌楸［*Liriodendron chinense*（Hemsl.）Sargent.］的营养生长和生殖两方面，资源不平衡分配，生殖和营养结构发育所需的资源位在时间上重叠（方炎明等，2004）。

5．生殖产量研究

生殖产量包括花蕾、花、果实及种子等生殖器官的产量，决定着濒危植物的潜在种群。四川大头茶［*Polyspora speciosa*（Kochs）Bartholo et T. L. Ming］花蕾产量和果实产量随着年龄的增大呈增高趋势，花粉游离脯氨酸含量与花蕾产量无关，但与果实产量呈显著正相关关系（曾波等，2001）。金缕梅（*Hamamelis mollis* Oliver）种群的果实产量与其冠幅具有显著正相关关系，而与其树高、地径及枝下高等相关性不显著（黄绍辉和方炎明，2005）。二年生歪头菜（*Vicia unijuga* A. Br.）生殖利用率较高，环境干扰和养分竞争等因素影响其生殖产量的高低（沈紫微等，2014）。‘新牧 1 号’杂花苜蓿的营养生长和生殖生长交替时间较长，由于对光合产物存在激烈竞争，苜蓿生殖分配比例较低（张爱勤等，2007）。

6．种子特征和幼苗生态学研究

种子和幼苗是濒危植物自然更新的重要环节，通过研究其种子命运、萌发特性和幼苗建成过程可以寻找其育种、育苗的有效途径，对扩大种群数量和避免种群灭绝具有重要意义（陈远征和马祥庆，2007）。大果青扦（*Picea neoveitchii* Mast.）树龄越大，其种子生活力越高，但其存在强休眠、低萌发率的特性，导致其更新困难（杨帆等，2015）。蛛网萼（*Platycrater arguta* Sieb. et Zucc.）种子小，虽然能够占有更多的安全位，但在竞争中处于劣势；种子在合适的条件下萌发速度慢、发芽率低、对温度和水分的要求高等因素可能是导致该物种濒危的重要原因（张丽芳等，2015）。种皮阻碍了新疆野苹果［*Malus sieversii*（Ledeb.）Roem.］种子的萌发（闫秀娜等，2015）。珙桐、翅果油树（*Elaeagnus mollis* Diels）、裂叶沙参（*Adenophora lobophylla* Hong）等果实的构造不利于种子传播及发芽（陈坤荣和赵滇庆，1998；张文辉和祖元刚，1998a；上官铁梁和张峰，2001）。沉水樟[*Cinnamomum micranthum*（Hay.）Hay]、翅果油树、闽楠［*Phoebe bournei*（Hemsl.）Yang］种子的寿命短影响了其种群扩展（上官铁梁和张峰，2001；吴大荣和王伯荪，2001）。

7．种群统计研究

种群统计主要探讨种群的出生、死亡、迁移、性比、年龄结构等在时间和空间上的数量变化规律（闫桂琴和赵桂仿，2001）。而种群的年龄结构、数量特征等都是种群结构的要素，直接影响到种群的更新、群落的稳定性（刘兴良等，2005）。天山云杉［*Picea schrenkiana* Fisch. et Mey. var. *tianschanica*（Rupr.）Chen et Fu］从更新到种群达到相对稳定，大约需要 50 a。在天山云杉生长到 150 a 左右时，开始出现成熟后死亡，但此时的林木死亡将通过风倒制造林冠干扰，形成林窗，为更新创造条件（李建贵和潘存德，2001）。秃杉（*Taiwania flousiana* Gaussen）种群静态生命表的生存分析表明，其幼年阶段存在明显的自疏和他疏现象（李性苑和李东平，2005）。刺五加［*Acanthopanax senticosus*（Rupr. et Maxim.）Harms］种群有 2 个死亡率高峰，其种群的存活曲线趋近于 Deevey Ⅲ型（祝宁和臧润国，1994）。银杉种群年龄超过 200 a 后，出现植株个体死亡高峰，期望寿命陡降，预示其种群的生理衰退。银杉种群大部分都存在幼龄个体缺乏的现象，属于严重衰退型种群，其生存前景堪忧（谢宗强和胡东，1999）。

8．无性繁殖研究

濒危植物无性繁殖仅是其有性生殖失败情况下的一种补充。在恶劣的生境条件下，濒危植物通过无性繁殖快速获取资源，以迅速增加种群数量来完成其自然更新（张文辉等，2002；曹坤方，1993）。国内目前对矮牡丹（*Paeonia jishanensis* T. Hong et W. Z. Zhao）、南方红豆杉［*Taxus wallichiana* Zucc. var. *mairei*（Lemée et H. Lév.）L. K. Fu et Nan Li］、沉水樟、高山红景天（*Rhodiola sachalinensis* A. Bor.）、刺五加等濒危植物的无性繁殖技术和无性繁殖能力进行过不少研究。自然生境中，矮牡丹、南方红豆杉、刺五加主要靠无性繁殖来实现其自然更新，幼苗数量相对充足，但无性繁殖在传播距离、适应进化等方面存在局限性，有关其生存力、适合度和对种群遗传多样性的影响等方面的研究相对较少（刘康和韦柳兰，1994；祝宁和臧润国，1994；李先琨等，2004）。

尽管我国濒危植物生殖生态学研究起步较晚，但目前，我国在生殖物候、繁育系统、生殖值、生殖分配、生殖产量、种群统计、无性繁殖及种子苗木等方面不断涌现出新的成果，已逐步形成以生殖为核心，以探讨植物多样性的发生历史、维持机理及保护策略为最终目的的综合交叉研究的热点领域（陈远征和马祥庆，2007）。

1.3 香果树的研究意义

香果树（*Emmenopterys henryi* Oliv.）起源于中生代白垩纪，是第四纪冰川幸存的古老孑遗树种，属茜草科香果树属落叶大乔木，为我国特有单种属珍稀树种，是国家Ⅱ级重点保护野生植物（傅立国，1991）。第四纪冰川以前，香果树分布广泛，遗传基础比较丰富，但由于第四纪冰川时受冰盖覆盖，其分布范围不断缩小，加之人类活动日益频繁，资源过度开发，导致其生境破碎化日益严重（范媛媛等，2015），目前星散分布于不连续的亚热带中山或低山地区的落叶阔叶林或常绿、落叶阔叶混交林（郭连金，2009）。

1.3.1 科研价值

香果树对研究茜草科系统发育具有重要意义。茜草科的 3 个亚科（茜草亚科、仙丹花亚科及金鸡纳亚科）分布于美国、巴拿马及澳大利亚 3 个广泛分离的地理区域，香果树化石也发现于美国俄勒冈州始新世中期的克拉诺地层中，可见在其兴盛时期，分布范围较广，目前仅分布于我国，成为我国特有的孑遗植物。关于茜草科的亲缘关系各国学者意见不一，有学者将茜草科置于败酱科之前，忍冬科之后；也有学者将其置于忍冬科之前，车前科之后；还有学者则将其置于忍冬科之前，萝藦科之后。中国植物分类学家大多认为茜草科最接近忍冬科，也有人认为其与木犀科相似。香果树作为古老的孑遗植物，对研究茜草科的系统发育进化、形态演替及中国植物地理区系和生物多样性具有重要科研价值（王辉和陈丽文，2013）。

1.3.2 生态价值

香果树有抗风、耐烟尘的能力，对氯气、二氧化硫、氟等有毒气体具有较强的抗性，并可吸收多种有毒气体，能较好地适应城市环境。香果树耐涝，原生境中多生存于山地沟谷、溪流边，其根为浅根系，大多分布于 20～50 cm 的土壤里，故在保沙固土、水土保持等方面具有重要作用，可作为固堤植物，用于营造护岸林。其植株高大，在阔叶林中常位于群落上层，为群落中的优势种，对群落的稳定性具有举足轻重的作用（郭连金，2009；王辉和陈丽文，2013；黄江华和唐初明，2014）。

1.3.3 药用价值

香果树是一种重要的药用植物。据《中华本草》和《浙江药用植物志》记载：取香果树的根、树皮切片晒干，煎汤内服，具有温中和胃、降逆止呕的功效。香果树的叶片中含有鞣质、生物碱、皂苷、绿原酸、黄酮、酚和游离蒽酮等次生代谢产物（金则新等，2007）。香果树的茎和枝中含蒲公英赛酮、蒲公英赛醇、熊果酸乙酸酯、*β*-谷甾醇、东莨菪素、伞形花内酯、胡萝卜苷、伞形花内酯-7-*β*-D-葡萄糖苷、4-甲基-5-氧代异胡豆苷、5-氧代异胡豆苷、马钱苷、臭矢菜素 D、6′-*O*-*β*-D-芹糖菊苣苷等 38 个已知化合物（马忠武和何关福，1989；周慧斌，2011），其中，4-甲基-5-氧代异胡豆苷、5-氧代异胡豆苷、马钱苷对癌细胞具有抑制作用，总提取物臭矢菜素 D、6′-*O*-*β*-D-芹糖菊苣苷具有一定的抗炎活性（周慧斌，2011）。

1.3.4 园林绿化价值

香果树树形高大优美，树皮花片状剥落犹似龙鳞，顶芽及侧芽为鳞芽，颜色为红色，叶全缘、对生，叶柄及叶片主脉粉红色，聚伞花序顶生，花白色，花大艳丽，果实形状奇特、纺锤形，为我国著名的观花观果植物。香果树寿命长，有福泽绵长的寓意，可以孤植于疏林草地、游步道旁作行道树或与其他植物搭配成植物组团，其根蘖繁殖强可用于制作盆景（胡红泉和崔同林，2011；王辉和陈丽文，2013）。

1.3.5 经济价值

香果树干形通直，木材灰白色，纹理直，结构细，材质轻韧，无心材边材之分，干后不翘不裂，色纹美观，为建筑、家具、模型、乐器、工艺木雕及大型雕塑等的良材。香果树的花、果和叶中均含芳香油，可提炼香精，树皮纤维细柔，是制人造棉、蜡纸的重要原材料（汪祖潭，1982）。

1.4 香果树的发现及研究进展

1.4.1 香果树的发现

1885 年，驻中国宜昌的英国海关官员、植物学者亨利（A. Henry）首次在湖北巴东县（1932 年以前属宜昌管辖）森林中采集到香果树，将标本寄回英国基尤皇家植物园植物标本馆，后经英国著名植物分类学家奥利弗（D. Oliver）研究，鉴定为茜草科新属新种，并为之命名。1889 年，胡克（J. D. Hooker）主编的《胡克的植物图志》第 19 册首次公布了香果树的学名、特征及产地。

英国著名“植物猎人”和博物学家威尔逊（E. H. Wilson）于 1899 年来中国考查，1900 年到宜昌发现了香果树并采回标本和种子。1913 年，威尔逊著书出版了《一个博物学家在华西》，此书在 1929 年再版时易名为《中国：园林之母》。

美国哈佛大学植物学家萨金特（C. S. Sargent）主编的《威尔逊植物志》，介绍了哈佛大学阿诺德树木园里由威尔逊在中国西部收集的木本植物。1917 年出版的该书第 3 册录入了威尔逊对香果树的描述，称香果树是“中国森林中最美丽动人的树木之一”。

1999 年出版的《中国植物志》第七十一卷第一分册，认为现存香果树属约有 2 种，1 种分布于中国，另 1 种分布于泰国和缅甸。2011 年由科学出版社与密苏里植物园出版社联合出版的新编《中国植物志》英文修订版（*Flora of China*）第 19 卷，确认香果树属只有 1 种，仅分布于中国。

1.4.2 香果树的研究进展

1．香果树的生物学特征

香果树的花期在 6～8 月，果期在 8～11 月（傅立国等，2004）。香果树子房两室，中轴胎座，倒生胚珠多数，单孢型胚囊。小孢子四面体型四分体，成熟的花粉为二孢型，花粉球形，具 3 个萌发孔，表面粗网纹饰，网脊基柱明显。种子成熟时未见马蹄形胚，胚发育未完全成熟（程喜梅，2008；李利平等，2012）。香果树果实纺锤形，种子具翅，千粒重较小，种子萌发具有需光性（李铁华等，2004）。

2．组织细胞培养研究

香果树叶片在含有 6-苄氨基腺嘌呤（6-BA）1.0 mg/L＋萘乙酸（NAA）0.1 mg/L 的 MS 培养基上可以直接诱导出不定芽，诱导率达 76%，其最佳培养基为 MS 培养基＋激动素（KT）1.0 mg/L＋玉米素（ZT）2.0 mg/L，愈伤组织诱导率达 35.6%，芽增殖倍数为 2.8 倍（韦小丽等，2006；胡梅香等，2015），带芽茎段愈伤组织的最适诱导培养基为含有 6-BA 1.0 mg/L＋NAA 0.01 mg/L 的 MS 培养基，愈伤组织诱导率达 100%。以含有 0.5 mg/L 的 1/2 MS 培养基及含 0.5～1.5 mg/L 吲哚丁酸（IBA）的 1/2 MS 培养基为生根培养基，其试管苗生根率达 65%和 75%，而其试管苗移至大田的成活率达到 30%（宿静等，2008）。试管苗移栽最理想的移栽基质是泥炭与珍珠岩（5：1）的混合物，移栽成活率达 95.2%（韦小丽等，2006）。

3．香果树繁殖特性研究

1）有性繁殖

种子是遗传物质的载体之一，种子的质量在很大程度上决定了植株的生长发育。25℃恒温全光照条件下发芽最快。8 h/d 照射 10 d，其发芽率高。每天连续光照 12 h 或 16 h、光照强度 1000 lx，种子萌发效果最佳（李铁华等，2004）。0.5 mg/L 赤霉素溶液处理香果树的种子，可迅速打破休眠，促进种子快速发育（甘聃等，

2006）。

2）无性繁殖

香果树插穗留 3 对芽，上剪口离芽 1 cm 左右斜剪成马蹄形。硬枝 3 月上旬进行扦插，穗条入土 23 cm；嫩枝扦插在 6 月下旬，穗条入土 12～23 cm，成活率较高，可达 70%以上（俞惠林，2005；胡红泉和崔同林，2011）。选取粗 0.2 cm，长 15～20 cm 的香果树侧根，开沟 75°斜摆、踏实，覆土不超过 3 cm，即可萌发新株（魏亚平和郭占胜，2009）。

4．香果树生态学特征及其群落结构特征

香果树为中性偏阳树种，幼苗喜阴湿，成年树喜光，喜生于空气湿度大的沟谷、溪旁。其对土壤的要求不严，山地黄棕壤或砂质壤土均可生长，pH 4.5～5.6，土壤疏松呈潮润状态，地表枯枝落叶层盖度为 70%时，生长良好（范媛媛等，2015）。香果树群落垂直结构较为丰富，群落中有高位芽植物、地面芽植物、地下芽植物及一年生植物 4 种生活型，其中高位芽植物占 61.8%（刘成一等，2011）。香果树自然群落中香果树为优势种，乔木层物种丰富度、多样性、均匀度低和生态优势度较高，群落稳定性较差。香果树种群结构不完整，为衰退型种群，需人为干预加以保护（徐小玉等，2002；康华靖等，2007a）。

5．遗传多样性及遗传结构研究

香果树自然居群间的遗传分化程度高，75%的变异存在于居群间（张文标等，2007）。香果树的遗传多样性较低（李钧敏和金则新，2004；Li and Jin，2008），且居群间基因流很低（熊丹等，2006），遗传距离与居群间的地理距离存在显著的相关性（张文标等，2007）。

6．病虫害研究

香果树育苗过程中常遇到湿腐病，导致苗木连片死亡，50%多菌灵可湿性粉剂、45%代森铵水剂、硫酸亚铁具有较好的抑菌效果（陈继团等，1991）。香果树幼苗喜阴湿，极易发生蜗牛虫害，使用 8%灭蛭灵颗粒剂，可大量减少蜗牛的发生（王辉和陈丽文，2013）。

1.5　香果树研究中存在的问题及分析

植物种群恢复的关键环节是生殖繁衍的过程。珍稀濒危植物有性生殖是种群繁衍、维持遗传多样性的根本途径。以种子繁殖为主的植物种群恢复潜力主要依赖于种群的结实量、种子散落后的命运，以及萌芽、生根、生长发育等定居过程

是否顺利（Greenberg，2000）。对于寿命长、结实量大，幼苗度过定居期后死亡率较低的乔木树种，种子库动态、种子命运、萌芽及定居的生态学过程是生活史中最为关键的环节。无性繁殖是植物在严酷生境下的生存策略的调整，也是种群繁衍能力的补充（Manuel，2000）。以无性繁殖为主的植物种群更新能力主要依赖于种群萌芽能力或形成无性系分株的能力。特别是在严酷生境或者人为干扰严重的条件下，有性繁殖受到抑制，无性繁殖在种群维持扩展、占据生存空间、群落功能恢复上有着特殊意义（宋明华和董鸣，2002）。不同生境条件下克隆植物的分蘖途径、萌生分株的生长动态和竞争力，反映种群维持和扩展的能力（Manuel，2000）。但是，单纯无性繁殖往往导致种群遗传多样性下降，个体存在生理衰老，抗逆性、生长速度降低等问题。通过研究克隆植物繁殖规律，阐明植物种群无性繁殖途径、竞争潜力及其与环境因素的关系，对珍稀濒危植物种群恢复意义重大。

香果树是兼有有性生殖和无性繁殖的乔木树种，研究其种群繁衍与更新规律，阐明有性和无性繁殖机理，是充分利用种群有性与无性生殖规律，使种群摆脱濒危状态并使其生长发育达到最佳状态，恢复种群的关键所在。有关香果树的研究主要集中在生物学特征、繁殖、遗传多样性、病虫害等方面。香果树每2～4 a开花一次，其具有花多、果少的特征。由于其单果可产500～800粒种子，其种子小、具翅、产量较大，以抢占更多安全位，可在适宜的环境下得以萌发（郭连金等，2011）。野外调查发现，香果树种子萌发率低，萌芽后死亡率依然很高（郭连金等，2017）。国内外未见学者对这一物种的生殖生态学特征进行系统研究，而香果树开花结实、种子雨、种子库、幼苗萌发及幼苗形态建成等为其自然更新过程中的系列关键环节，只有找出其更新困难的原因，才能提出有效的种群恢复措施。

香果树的无性繁殖主要是根系受到外界刺激后产生无性系分株。在砾石较多的生境中或人为干扰严重的种群中，萌生起源个体在群落中作用重大。有关香果树种群无性繁殖的研究，仅达良俊于2004年在研究天目山香果树群落结构时，发现在柳杉［*Cryptomeria japonica*（Thunb. ex L. f.）D. Don］林内香果树以根萌方式完成更新，说明无性繁殖在种群更新中起着重要的功能。但有关无性苗的形成条件、生理生态学机制及萌芽潜力等的研究尚未见报道。因此，有必要对其进行深入研究，探索香果树种群根系萌芽规律及潜力，为该种群的保护与恢复提供参考。

1.6 研究内容

1.6.1 地理分布及生物学特征

通过样地调查、野外实验及各大植物标本馆等相关资料统计分析，对香果树地理水平分布、垂直分布特征，以及区域的自然概况等进行研究，分析香果树的生存环境，为香果树的种群恢复和有效保护提供依据。通过对其展叶期、开花期进行观察及进行育苗实验获取幼苗生长特征、幼苗生物量分配及其胸径与树高的关系，研究香果树的生物学特征。

1.6.2 种群数量动态及分布格局

主要研究原生境中香果树种群年龄结构、生命表、存活曲线、分布格局及空间关联性，阐明种群空间结构和数量动态规律，以及环境因子对其产生的影响，判别其生境优劣，寻找其适生环境，为香果树种群恢复提供依据。

1.6.3 种群有性生殖

主要研究香果树开花物候、生殖构件分布格局、种子雨持续时间、种子传播距离及其与环境条件的关系，种子库动态、种子命运、种子发芽率、幼苗定居率及其与环境因素的关系。阐明种群个体不同发育阶段有性生殖能力、种子库动态变化与萌芽成苗的关系、种子发芽生根与地上生长的关系，筛选香果树有性生殖各阶段限制生态因子，寻找种苗成活率低的根本原因，为提高幼苗成活率、揭示种群的濒危机理提供科学依据。

1.6.4 种群无性生殖

主要研究根系直径与萌芽成苗能力的关系，露根、断根刺激对产生根萌苗的影响，根萌苗的生长特征，根萌苗发生、生长与外界干扰的关系，萌芽力与其自身激素水平的关系。阐明种群无性繁殖潜力，寻找无性繁殖的内外因子及其利用途径。

1.6.5 种群生殖选择

原生境中香果树实生苗与根萌苗混生，通过跟踪实生苗与根萌苗个体生长发育过程，不同起源幼苗的组成、年龄结构、光合特性及水分生理特征，寻找实生苗和根萌苗的最适环境，寻找充分发挥香果树有性生殖与无性生殖潜力的外在条件，提出促进香果树保护和种群恢复对策。

第2章 香果树地理分布及其生物学特征和群落特征

植物的生长需要一定的水热环境和土壤条件，有一定的适宜分布范围，即地理分布范围。少数植物种类分布可遍及世界各地，称为世界种，它们中大多为盐生植物或淡水植物，这些植物往往分布于局部适宜的生境，实际分布的面积不大。而除去世界种以外，大部分植物仅局限于某一地区范围内，称为该区的特有种。珍稀濒危植物的生境往往比较特殊，如太白红杉多存在于秦岭主峰太白山海拔2000～3000 m及以上的贫瘠土壤中，独叶草则存在于海拔3000 m以上的冷杉林或杜鹃林下，因此对于珍稀濒危植物资源的保护和利用，需考虑地域、气候等自然生态条件的限制（陈同斌等，2006）。珍稀濒危植物的地理分布及其气候影响受到宏观生物学领域众多学者的关注，成为生物多样性科学的一个基本概念和研究对象，无论在理论研究还是在制定保护政策上都有重要意义（张清华等，2000；Bell，2001；Zhang and Ma，2008）。

植物的生物学特征即其生长习性。在原生境中香果树生长速率相对缓慢，同时，受环境因素的影响，该物种死亡率高，特别是幼苗死亡率较高，因此研究其生长发育规律可为恢复和保护香果树的种质资源提供理论依据和技术借鉴。

本章的主要内容是，通过样地调查、野外及室内实验，以及对植物标本馆中相关标本及各地气象资料的收集和分析，阐明香果树的地理分布范围，分析香果树分布区的气象、水文特征，阐明香果树群落特征、个体生长发育规律，为香果树的种群恢复提供依据。

2.1 研究方法

2.1.1 地理分布区的确定

主要是对中国科学院武汉植物园、中国科学院北京植物研究所、中国科学院昆明植物研究所及部分院校植物标本馆中的馆藏标本的地点、海拔及生境进行登记，将标本分布点标记在谷歌地球（google earth）上，然后经遥感影像的信息提取、现有文献及野外调查修正获得香果树的准确分布区位置。

2.1.2 香果树生物学特征

本研究是在野外调查时，对香果树植株的外部形态、干材、叶形等进行测量和描述，并对其开花时间、花枝、花的组成及结构、果实成熟时间、千粒重等进行观测。测量香果树胸径与树高，并采用瑞典生长锥（Haglof CO-500-53）确定香果树的年龄，计算其年龄与胸径、树高的关系。

由于香果树每 2～4 a 开花一次，本研究于 2013～2017 年分别在伏牛山南麓的宝天曼国家级自然保护区、武夷山国家级自然保护区、三清山风景区和鄂东大别山采集香果树的果实，带回实验室，于通风处晾干，保存种子，于第二年春季回原生境进行播种育苗，采用遮阳网遮盖避免强光照射，每月随机选择 10 株香果树幼苗，测定其根长、树高、基径、叶面积，然后将其根茎叶分开，称其鲜重后，105℃烘干 12 h，称干重，以研究其生物量分配。实验重复 3 次。

根冠比＝根的干重（鲜重）/茎和叶的干重（鲜重）

2.1.3　群落调查

对香果树种群分布区进行踏查，选择香果树种群分布比较典型的地段作为样地，用以研究香果树种群的生境特征，为生殖生态学特征及数量统计等研究提供基础资料，样地面积为 20 m×20 m。部分样地由于研究目的不同，其面积及研究地点有所改变，详见各章中样地概况。调查内容包括：①生境，包括地理位置、海拔、坡向、坡度等环境因子，并在每个样地安装小型气象站（KX-8），以观测其温度、降水、风速等。②群落特征，包括采用相邻格子法调查树种组成，乔木、灌木和草本的高度、盖度、多度、频度和密度等（郭连金和徐卫红，2007）。③香果树形态特征，包括胸径（幼苗测基径）、树高（幼苗测株高）、枝下高、冠幅等。

2.1.4　植物多样性测度指标

植物多样性测度指标如下。

相对多度（RA）＝（某一种植物的个体总数/同一生活型植物个体总数）×100　（2-1）

相对盖度（RC）＝（某个种的盖度/所有种盖度之和）×100　（2-2）

相对频度（RF）＝（一个种的频度/所有种的频度总和）×100　（2-3）

相对显著度（RD）＝（该种所有个体胸面积之和/所有种个体胸面积总和）×100　（2-4）

乔木层重要值（IV_1）＝（RA＋RD＋RF）/3　（2-5）

灌木层重要值（IV_2）＝（RA＋RC＋RF）/3　（2-6）

物种丰富度指数（S）＝出现在样地的物种数　（2-7）

$$\text{Simpson 指数}（D）=1-\sum_{i=1}^{S}P_i^2 \quad (2\text{-}8)$$

$$\text{Shannon-Wiener 指数}(H')=-\sum_{i=1}^{n}P_i\times\ln P_i \tag{2-9}$$

$$\text{Pielou 均匀度指数}(J_w)=\frac{-\sum_{i=1}^{n}P_i\times\log P_i}{\log S} \tag{2-10}$$

$$\text{Alatalo 均匀度指数}(E_a)=\frac{\left(\sum_{i=1}^{n}P_i^2\right)^{-1}-1}{\exp\left(-\sum_{i=1}^{n}P_i\times\log P_i-1\right)} \tag{2-11}$$

$$\text{加权参数}(W_j)=\frac{C_j/C+H_j/H}{2} \tag{2-12}$$

式中，P_i 为第 i 个物种的相对重要值；W_j 为第 j 个生长型多样性指数的加权参数；C_j 为第 j 个生长型的盖度；H_j 为第 j 个生长型叶层的平均高度；C 为群落的总盖度；H 为群落各生长型平均厚度之和。

2.2　香果树地理分布

2.2.1　香果树水平分布

香果树最初被发现于湖北西部的宜昌地区海拔 670～1340 m 的森林中，后经《中国植物志》编委会多年调查后确定其在中国主要分布于江西、福建、湖北、河南、安徽、浙江、陕西、甘肃、江苏、湖南、广西、四川、贵州及云南东北部至中部；2001 年，李镇魁在广东南岭国家级自然保护区发现了香果树；2014 年，曾庆昌等在连州田心省级自然保护区也发现了香果树，这样香果树的分布范围扩大至广东省（中国科学院《中国植物志》编辑委员会，1959；Wu et al.，2013；李镇魁，2001；曾庆昌等，2014）。

以中国科学院北京植物研究所、中国科学院昆明植物研究所、中国科学院武汉植物园、贵州大学林学院等单位植物标本馆保存的标本为基础，本研究团队广泛收集有关调查研究资料，并咨询有关方面专家、学者及当地向导等，对香果树的分布范围和分布地点进行实地调查。研究发现，香果树的水平分布范围较广，主要位于长江中下游和西南地区的中低海拔山区，地理位置为北纬 23°6′41.79″～33°53′53.84″，东经 100°27′43.73″～120°41′55.66″。其分布数量以秦岭、大巴山脉、大别山、南岭及武夷山脉为主，其他山地、盆地及平原数量相对较少。经野外实测发现，其分布区个体数量以大别山和神农架林区较多，胸径 8 cm 以上的个体密度在 5 株/100 m^2 以上，桐柏山、武夷山及大盘山多在 3 株/100 m^2 左右，而邛崃山、南岭及秦岭密度较小，多在 1 株/100 m^2 或 2 株/100 m^2。

2.2.2　香果树垂直分布

香果树垂直分布范围较广，一般为 400～1600 m。在云南玉溪市梅冲村分布最低海拔为 1750 m，而在浙江省大盘山最高为海拔 800 m。由此可见，香果树分布范围的总体趋势为东部和北部海拔较低，西部和南部海拔较高。但由于低海拔地区多为农田、茶园、果园等人为活动较多的场所，原生地多被人为种植的其他植被侵占或香果树植株被砍伐殆尽，如 1976 年邓懋彬在江苏溧阳深溪岕村采集了香果树标本（7650 号标本，江苏省中国科学院植物研究所植物标本馆），但 1998 年郝日明等连续两次去该地未发现其存在，取而代之的为毛竹［*Phyllostachys edulis*（Carrière）J. Houz.］林。江苏宜兴磬山香果树原产地生境也遭到破坏，同样被毛竹所替代（郝日明等，2000）。

2.3　研究区概况

由于伏牛山为秦岭东南向余脉，是香果树分布的北界，香果树分布数量较少，大别山南侧香果树分布数量较多，而三清山和武夷山香果树种群分布数量位于两者之间，四者均具有一定的代表性，本项目选择伏牛山南麓的宝天曼国家级自然保护区（简称伏牛山）（北纬 33°25′～33°33′，东经 110°53′～112°）、鄂东大别山（简称大别山）（北纬 29°45′～31°48′，东经 114°～116°07′）、三清山风景区（简称三清山）（北纬 28°54′～28°58′，东经 117°59′～118°30′）及武夷山国家级自然保护区（简称武夷山）（北纬 27°33′～27°54′，东经 117°27′～117°51′）4 个区域的香果树为研究对象，用于研究香果树种群的生殖生态学特征。

宝天曼国家级自然保护区位于伏牛山南麓、秦岭东段，年均温 9～9.4℃，年均降水量 893.2 mm，年均蒸发量 991.6 mm，相对湿度 51.2%，≥10℃的年积温为 4200～4900℃，低山区无霜期为 227 d，土壤类型主要为黄棕壤、棕壤和暗棕壤，植被类型以温带落叶阔叶林为主（朱从波等，2011）；鄂东大别山位于大别山南麓，年均温 9.5～12℃，年均降水量 1629 mm，相对湿度 62.5%，≥10℃的年积温为 4500～5500℃，土壤类型以黄棕壤和山地黄棕壤为主；三清山风景区位于江西德兴和玉山两县交界处，年均温 10～12℃，年均降水量为 1840.9 mm，无霜期为 266 d，相对湿度为 78%，植被以常绿阔叶林、常绿-落叶阔叶混交林、山地矮曲林、针叶林、竹林等为主，土壤类型主要为红壤、黄红壤、山地黄壤、黄棕壤（郭连金等，2012）；武夷山国家级自然保护区年平均气温在 12～13℃，年均降水量 2150 mm，年均蒸发量 1492 mm，相对湿度为 84%，无霜期为 253～272 d，土壤类型主要有红壤、黄红壤、黄壤和山地草甸土（郭连金，2009）。

2.4　香果树生物学特征

香果树是多年生落叶乔木，树皮灰褐色，鳞片状剥落，其内生活部分呈黄色，木质部和韧皮部易分离；小枝绿色，皮孔纵向不规则排列，芽鳞片绿色至红色；单叶对生，叶片阔椭圆形至长椭圆形、披针形，叶片颜色为绿色，仅在初春时新生的叶片为淡红色；叶柄较长，叶柄颜色与芽鳞片同色，低光强下为绿色，高光强下呈红色。

香果树为聚伞花序，由多个花枝组成，花枝对生，每个花枝有 7 或 8 个分枝，每个分枝上着生 3 或 4 朵花，为合瓣花，花白色，花瓣裂片宽约 7 mm，雄蕊群 5 枚，花丝较长，为 17 mm 左右，雌蕊 1 枚，子房上位。每一分枝有一个变态叶，其大小为正常叶片的 1/10～1/3，颜色随着果实的成熟，由白色逐渐转为淡红色。每年 10～11 月是香果树的果实成熟期，11 月底果实开裂，种子飘落，种子非常小，千粒重为 0.274～0.593 g，种子为需光种子，见光才能萌发。原生境中香果树种子一般在 4 月开始萌发，幼苗生长缓慢，子叶期 1～2 个月，第一年主茎不分枝且几乎无纤维化，极易遭受病虫害。

由香果树一年生幼苗的生长特征图（图 2-1）可知，香果树幼苗的主根长度、株高及叶面积总和这 3 项指标随着月龄的增加均呈递增趋势。经二次多项式拟合可知，三者相关系数＞0.900，F 检验均达到极显著相关，可见，三者均为二次多项式曲线递增关系。在每月 10 号，将香果树幼苗进行根茎叶分解，蒸馏水洗净，用滤纸吸干表面水分，用电子天平称量其鲜重，然后装入牛皮纸袋，置入烘箱中 105℃杀青 15 min，然后在 80℃下烘干至恒重，称量其干重，并计算根冠比，得图 2-2。由图 2-2 可见，香果树幼苗营养器官的干重、鲜重随着月龄的增加呈三次

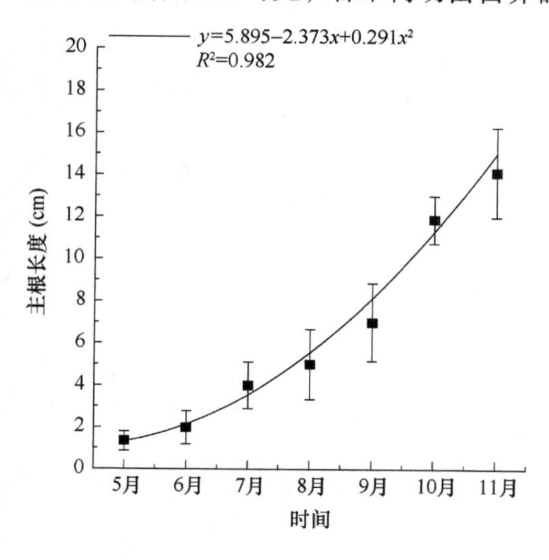

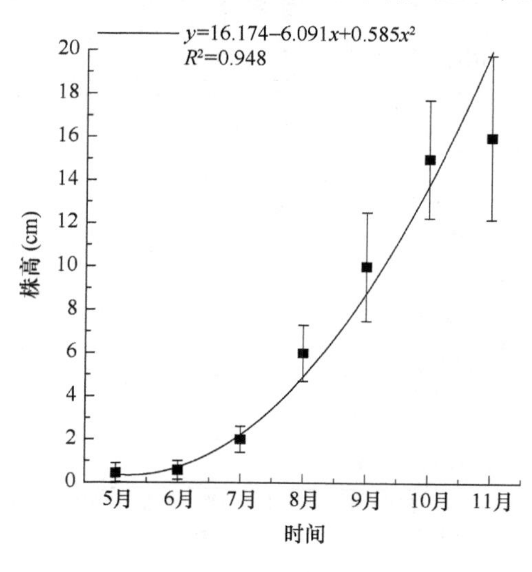

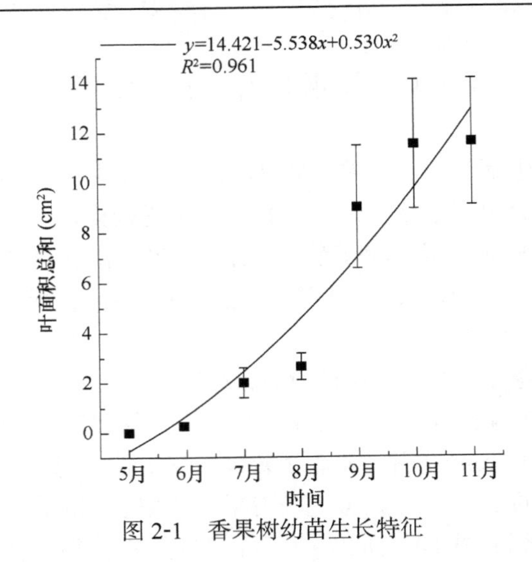

图 2-1　香果树幼苗生长特征

多项式递增趋势，香果树幼苗的营养器官在5～6月生长缓慢，7～10月生长速率较快，而后生长趋于平缓，11月开始落叶，植株进入休眠阶段。由幼苗干重、鲜重的根冠比可知，香果树幼苗5～6月先生长主根，7月以后开始生长地上部分茎和叶，从而导致幼苗的根冠比在5～6月较高，后快速下降并趋于平缓。随着树

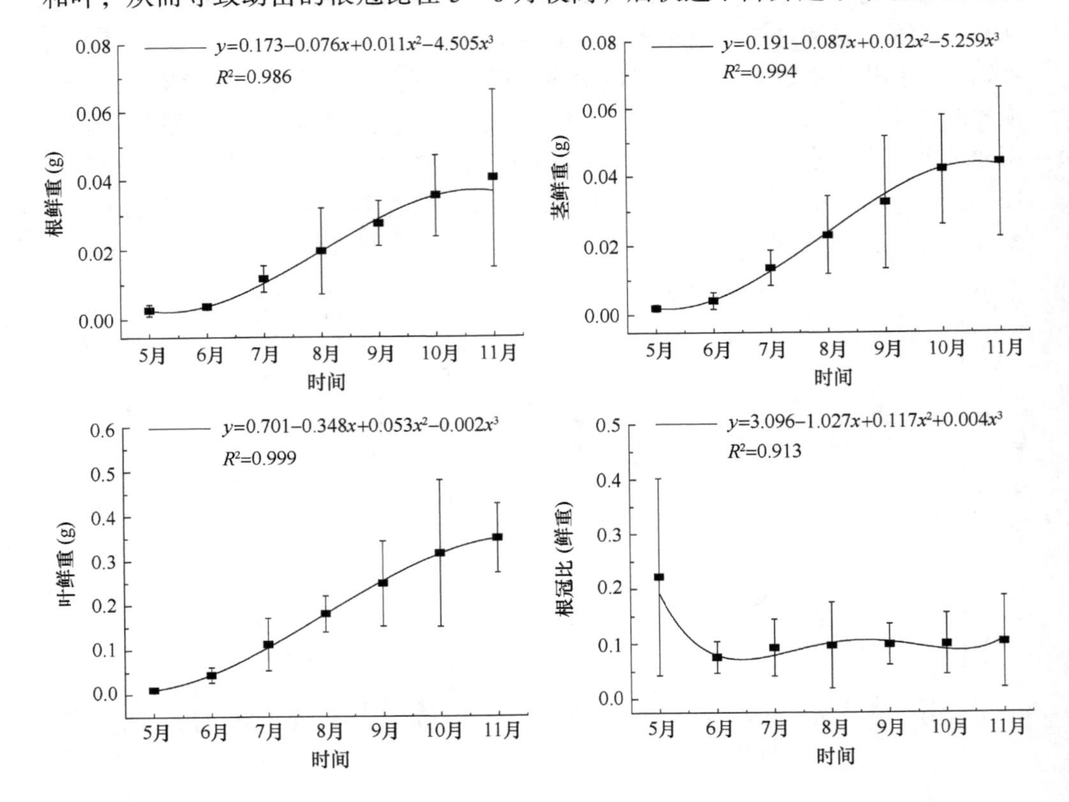

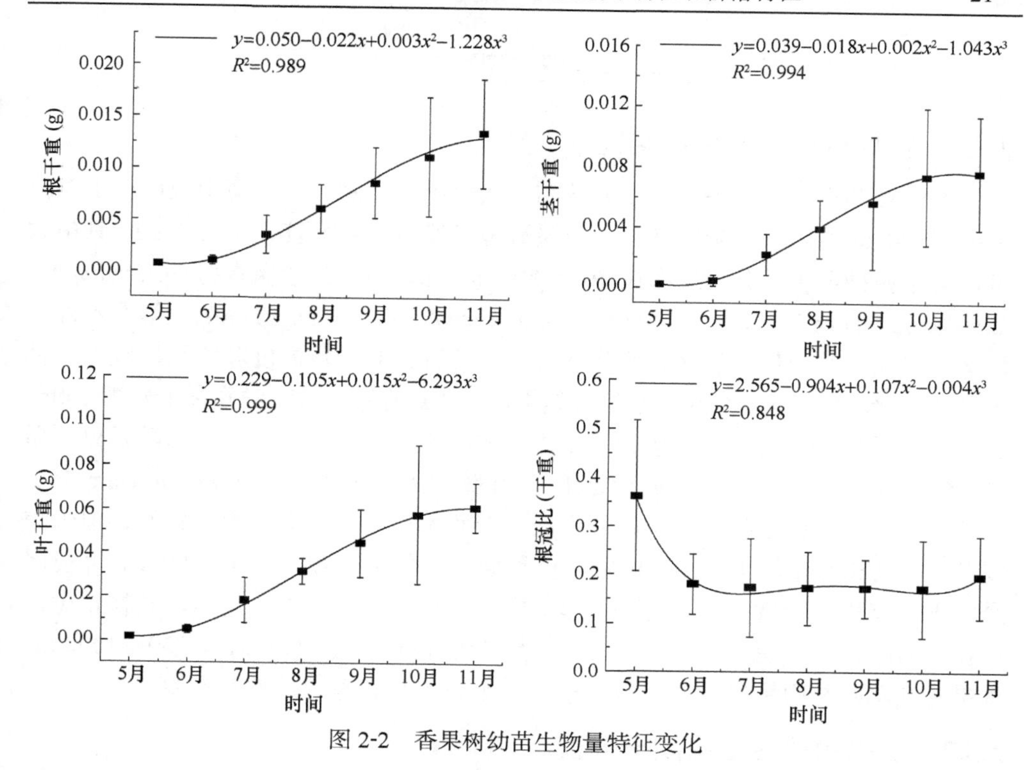

图 2-2　香果树幼苗生物量特征变化

龄的增加，香果树树高和胸径均呈对数函数曲线递增趋势，20 a 香果树树高达到 15 m 左右，胸径 25 cm 左右，115 a 时树高约为 30 m，胸径 60 cm 左右，可见香果树树高的增长速率远小于其胸径增长速率（图 2-3）。

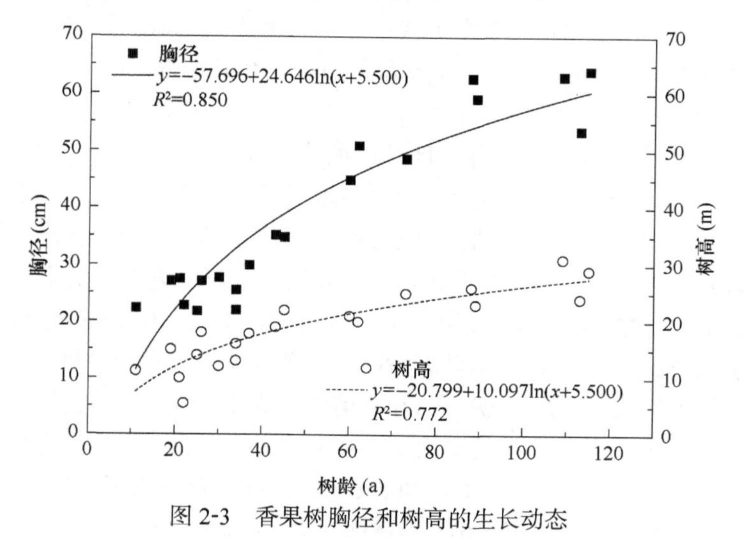

图 2-3　香果树胸径和树高的生长动态

2.5 香果树群落特征

2.5.1 香果树群落的生境特征

经野外调查发现，香果树主要分布于伏牛山、大别山、三清山及武夷山海拔600～1500 m的阳坡、半阳坡沟谷及溪流边，群落盖度均较大（表2-1）。其中大别山香果树种群主要分布于海拔700～800 m，此地除有少量枫香树（*Liquidambar formosana* Hance）、杉木［*Cunninghamia lanceolata*（Lamb.）Hook.］等乔木外，均为香果树，其个体数量多，为优势种和建群种，其平均高度和胸径比较大，林下幼树数量相对较多，存在一定的自然更新。武夷山香果树种群分布于海拔800～1500 m、坡度较陡的向阳地段，这个山区的香果树群落的组成主要为香果树、甜槠［*Castanopsis eyrei*（Champ.）Tutch.］、红脉钓樟（*Lindera rubronervia* Gamble）、毛竹等。香果树由于处于群落中乔木层、亚乔木层，尽管大树生长较好，但因盖度较大，幼树数量较少。伏牛山香果树种群主要分布于海拔600～700 m，环境严酷，土壤有机质含量少，林内砾石多，香果树生长状况较差，幼苗、幼树很少，仅在大树露根上发现几株小苗。三清山香果树种群主要分布在海拔700～1000 m，香果树在阔叶林中零散分布，数量较少，个体生长较差，幼树数量少。

2.5.2 香果树群落生境因子分析

经野外调查发现，香果树分布区最高日均温在20.8～24.3℃，最低日均温在11.4～14.8℃，最高气温出现在7月中旬至下旬，可达37℃，最低出现在1月，可达−7℃（图2-4～图2-7）；香果树原生境中晴天为17～135 d，主要集中在7～8月（大别山、三清山）、10～12月（伏牛山、武夷山），而雨雪天气为77～199 d，林地内风速为0.87～1.69 m/s，时降水量为0.23～0.65 mm。

经单因素方差分析可知，不同山区气象因子差异较大，存在极显著差异（$p<0.01$）。其中大气温度随着分布区纬度的降低而上升。伏牛山香果树分布区大气温度最低（4 a间最高日均温为21.0℃，最低日均温为11.3℃），其光照条件较好，晴天最多（117 d），雨雪天最少（83.5 d），时降水量仅为0.3 mm；大别山和三清山香果树分布区气温居中，晴天和雨雪天天数均位于武夷山和伏牛山之间，且大别山分布区晴天天数（62.3 d）显著低于三清山（97.8 d），其雨雪天天数（122.0 d）也显著低于三清山（147.8 d），但两者时降水量差异不显著；经计算，4个分布区中大别山风速最大，为1.4 m/s，伏牛山和武夷山均为1.2 m/s，而三清山为1.0 m/s。

不同年度间香果树分布区气象因子存在一定差异，2013年气温相对较高（最高日均温23.3℃），晴天天气较多（100.5 d），而2012年雨雪天气较多（148.3 d），气温相对较低（21.7℃）。风速2011年最低，为1.0 m/s，2013年最高，为1.4 m/s；时降水量则以2014年最高，平均值为0.5 mm，2011年最低，为0.4 mm。

表 2-1　4 个分布区样地基本情况

种群	样地号	地理位置		海拔（m）	坡向	坡度（°）	乔木层盖度（%）	灌木层盖度（%）	草本层盖度（%）	香果树生殖母树		香果树幼苗（≤2 a）	
		东经	北纬							平均高度（m）	平均胸径（cm）	平均高度（cm）	平均基径（mm）
伏牛山	Q1	111°57′33.42″	33°27′6.30″	714	阳坡	45	63.7	41.4	42.0	10.3±7.1	13.1±9.3	19.6±8.4	3.5±1.1
	Q2	111°49′19.44″	33°33′35.46″	851	半阳坡	27	54.3	30.1	31.5	9.1±7.8	12.2±10.7	18.3±6.8	2.4±1.5
	Q3	111°48′52.68″	33°30′17.16″	753	阳坡	21	53.2	64.6	52.2	8.9±9.1	9.7±11.1	15.2±5.5	3.1±1.3
	Q4	111°57′16.20″	33°26′51.06″	630	半阳坡	38	62.9	60.2	30.0	10.7±7.5	13.7±9.9	10.5±4.3	3.6±1.9
	Q5	111°55′29.57″	33°29′28.8″	934	阳坡	38	50.1	52.7	31.2	11.4±7.8	14.5±11.2	18.7±8.7	3.4±1.6
大别山	Q6	115°42′55.31″	31°11′55.31″	822	阳坡	27	64.5	33.2	23.4	12.1±5.5	11.8±5.2	6.9±3.2	1.3±0.7
	Q7	115°42′7.08″	31°11′25.74″	603	半阳坡	23	80.4	30.1	30.1	12.4±5.5	12.5±5.9	12.4±5.1	2.2±0.9
	Q8	115°47′20.10″	31°7′10.86″	920	阳坡	31	71.0	61.5	14.5	11.5±5.1	12.3±4.7	10.8±4.0	2.5±0.9
	Q9	116°2′45.60″	30°58′15.18″	856	半阳坡	28	82.7	44.2	22.3	11.8±4.8	12.6±5.2	9.5±3.9	2.1±1.0
	Q10	115°35′19.44″	31°7′40.86″	921	阳坡	33	79.6	40.0	23.5	14.3±2.5	13.5±4.0	7.8±3.4	1.6±0.6
三清山	Q11	118°2′37.12″	28°55′45.38″	972	阳坡	25	61.3	62.2	41.1	11.5±2.5	12.7±3.1	21.5±12.3	3.5±1.3
	Q12	118°2′35.45″	28°56′12.14″	815	阳坡	37	84.5	50.5	30.0	12.3±2.1	12.5±2.4	17.6±14.8	2.4±1.8
	Q13	118°2′36.40″	28°56′7.38″	709	半阳坡	26	57.6	54.2	40.5	12.6±1.9	13.1±2.7	13.2±10.1	2.1±1.5
	Q14	118°2′32.33″	28°56′14.17″	714	阳坡	31	69.2	32.6	52.0	11.8±1.7	12.4±2.4	24.8±15.7	3.5±2.1
	Q15	118°3′28.71″	28°55′41.87″	1044	半阳坡	34	62.6	51.0	44.3	13.1±3.5	12.0±2.6	19.5±9.8	2.7±1.9
武夷山	Q16	117°38′24.20″	27°44′27.74″	1120	阳坡	17	70.4	72.4	20.9	9.5±2.3	9.2±2.6	12.4±5.3	3.6±2.0
	Q17	117°38′20.18″	27°44′19.49″	1320	阳坡	15	73.3	54.6	32.2	12.3±3.1	10.5±2.8	13.5±6.8	4.3±1.7
	Q18	117°38′23.20″	27°44′27.00″	1344	半阳坡	32	64.5	62.3	24.5	11.4±1.9	9.0±2.9	9.8±4.9	2.9±1.8
	Q19	117°38′44.47″	27°44′15.80″	1178	半阳坡	25	68.2	67.0	13.7	11.5±3.1	9.8±2.3	7.5±3.8	2.5±1.2
	Q20	117°38′43.88″	27°44′15.32″	1408	阳坡	31	77.0	34.1	30.0	14.5±3.4	13.6±2.6	15.6±9.8	3.6±2.3

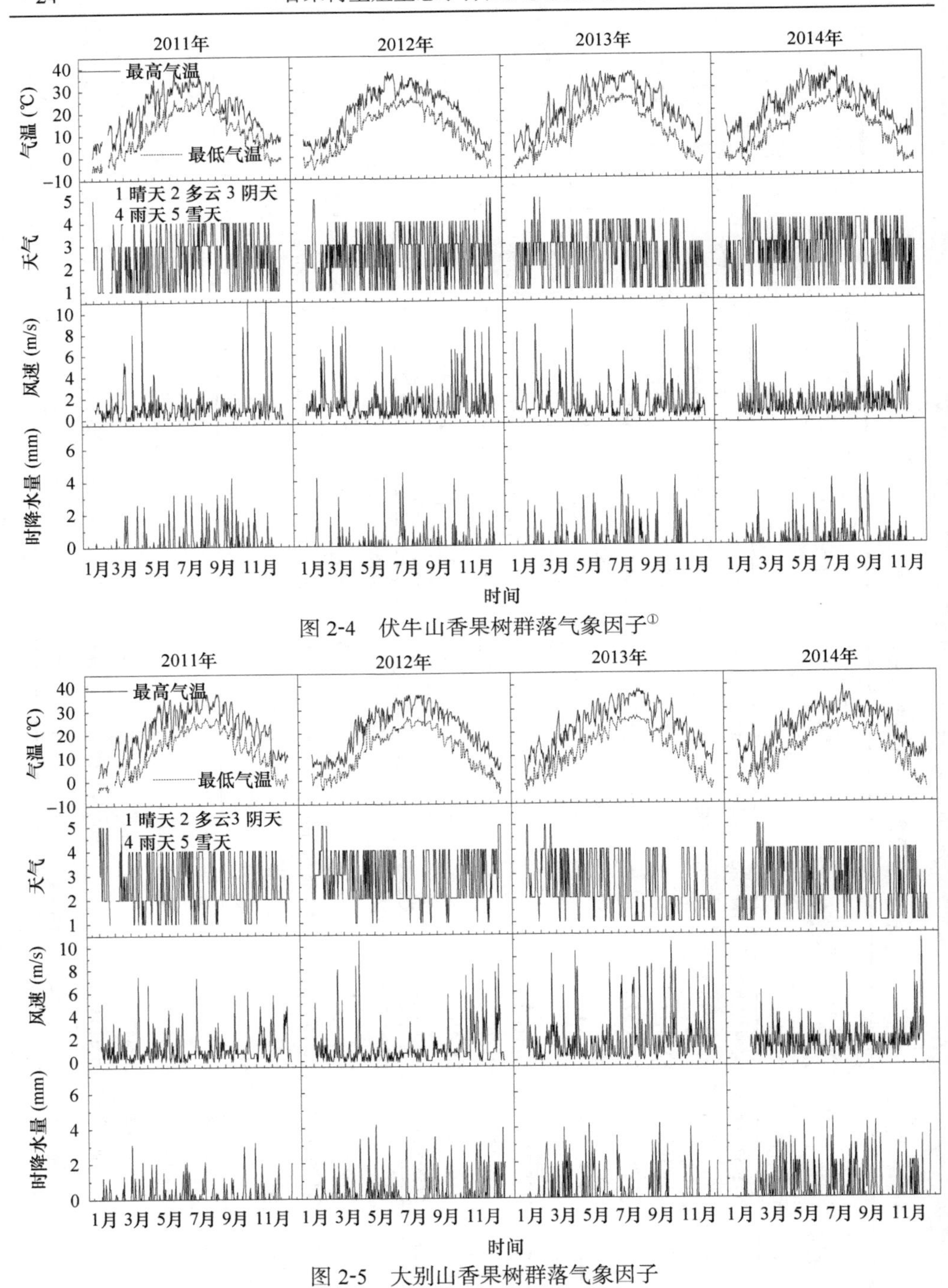

图 2-4　伏牛山香果树群落气象因子[①]

图 2-5　大别山香果树群落气象因子

① 一个图中有多个小图时，如果同一排小图横坐标含义相同，则横坐标含义标注在左侧小图上；如果同一列小图纵坐标含义相同，则纵坐标含义标注在最下排小图上。本书其他类似图片同此

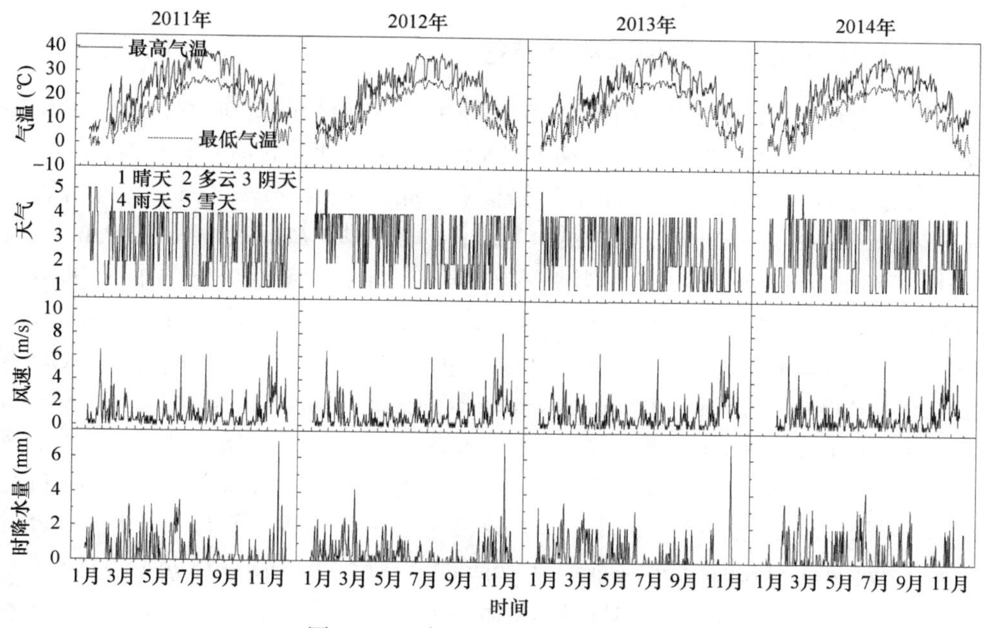

图 2-6 三清山香果树群落气象因子

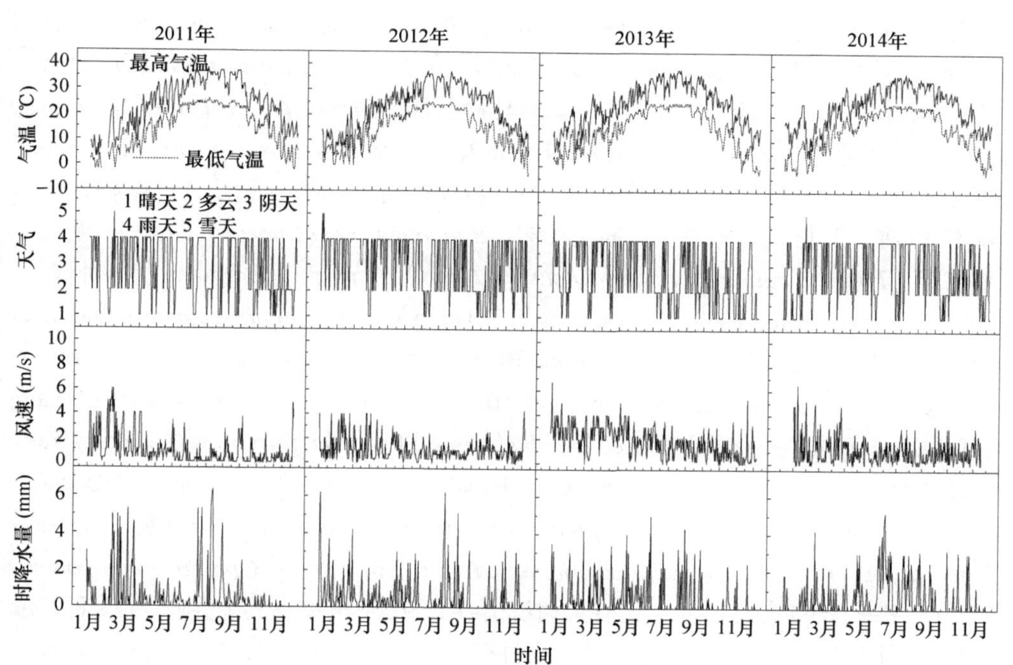

图 2-7 武夷山香果树群落气象因子

2.5.3 香果树群落的物种组成及特征

野外调查发现，伏牛山香果树群落样地中共有50科64属90种，其中乔木16科41种，灌木18科23种，草本16科26种。其主要伴生种有：山樱桃[*Cerasus serrulata*（Lindl.）G. Don ex London]、野核桃（*Juglans cathayensis* Dode）、小叶青冈[*Cyclobalanopsis myrsinifolia*（Blume）Oersted]、黑桦（*Betula dahurica* Pall.）、大叶朴（*Celtis koraiensis* Nakai）、盐肤木（*Rhus chinensis* Mill.）、栓皮栎（*Quercus variabilis* Bl.）、山胡椒[*Lindera glauca*（Sieb. et Zucc.）Bl.]、君迁子（*Diospyros lotus* L.）、臭椿[*Ailanthus altissima*（Mill.）Swingle]、悬铃叶苎麻[*Boehmeria tricuspis*（Hance）Makino]、葎草[*Humulus scandens*（Lour.）Merr.]、活血丹[*Glechoma longituba*（Nakai）Kupr]、野菊[*Dentrathema indicum*（L.）Des Moul.]、凤丫蕨[*Coniogramme japonica*（Thunb.）Diels]等。大别山香果树群落中共有89种植物，其中乔木层37种，灌木层20种，草本层32种。其伴生种主要有：杉木、灯台树[*Bothrocaryum controversum*（Hemsl.）Pojark.]、黄檀（*Dalbergia hupeana* Hance）、大叶榉（*Zelkova schneideriana* Hand.-Mazz.）、化香树（*Platycarya strobilacea* Sieb. et Zucc.）、荚蒾（*Viburnum dilatatum* Thunb.）、华空木（*Stephanandra chinensis* Hance）、乌药[*Lindera aggregata*（Sims）Kosterm.]、青冈[*Cyclobalanopsis glauca*（Thunb.）Oerst.]、小叶女贞（*Ligustrum quihoui* Carr.）、乌头（*Aconitum carmichaelii* Debx.）、艾（*Artemisia argyi* Lévl. et Van.）、长瓣马铃苣苔[*Oreocharis auricula*（S. Moore）Clarke]、鱼腥草（*Houttuynia cordata* Thunb）、一年蓬[*Erigeron annuus*（L.）Pers.]等。三清山香果树群落有99种植物，其中乔木层有35种，灌木层有21种，草本层有43种。其伴生种主要有：猴头杜鹃（*Rhododendron simiarum* Hance）、毛竹、豹皮樟[*Litsea coreana* Lévl. var. *sinensis*（Allen）Yang et P. H. Huang]、多脉青冈（*Cyclobalanopsis multiervis* W. C. Cheng et T. Hong）、木荷（*Schima superba* Gardn. et Champ.）、三桠乌药（*Lindera obtusiloba* Bl.）、山槐[*Albizia kalkora*（Roxb.）Prain]、石木姜子[*Litsea elongata*（Wall. ex Nees）Benth. et Hook. f. var. *faberi*（Hemsl.）Yang et P. H. Huang]、毛山鸡椒[*Litsea cubeba*（Lour.）Pers. var. *formosana*（Nakai）Yang et P. H. Huang]、榕叶冬青（*Ilex ficoidea* Hemsl.）、求米草[*Oplismenus undulatifolius*（Arduino）Beauv.]、淡竹叶（*Lophatherum gracile* Brongn.）、大披针薹草（*Carex lanceolata* Boott）、狗脊[*Woodwardia japonica*（L. f.）Sm.]、麦冬[*Ophiopogon japonicus*（L. f.）Ker-Gawl.]等。武夷山香果树群落共有92种植物，其中乔木层33种，灌木层20种，草本层39种，其主要的伴生种有：毛竹、瘿椒树（*Tapiscia Sinensis* Oliv.）、港柯[*Lithocarpus harlandii*（Hance）Rehd.]、木荷、山槐、华空木、胡颓子（*Elaeagnus pungens* Thunb.）、山鸡椒[*Litsea cubeba*（Lour.）Pers.]、弯蒴杜鹃（*Rhododendron henryi* Hance）、红脉钓樟、求米草、奇蒿（*Artemisia anomala* S. Moore）、黑莎草

（*Gahnia tristis* Nees）、林荫千里光（*Senecio nemorensis* L.）等（表 2-2）。

表 2-2　香果树群落主要植物物种的组成（重要值>4）

分层	伏牛山		大别山		三清山		武夷山	
	植物名	重要值	植物名	重要值	植物名	重要值	植物名	重要值
乔木	香果树	86.28	香果树	131.30	香果树	108.44	香果树	103.83
	山樱桃	28.61	杉木	15.40	猴头杜鹃	20.78	毛竹	32.14
	野核桃	17.98	灯台树	14.20	毛竹	20.05	瘿椒树	24.83
	小叶青冈	17.01	黄檀	13.48	豹皮樟	14.39	港柯	15.10
	黑桦	16.70	大叶榉	13.11	多脉青冈	6.23	木荷	11.47
	大叶朴	15.23	化香树	12.13	木荷	12.96	山槐	10.83
	紫荆	13.91	紫弹树	11.38	栲	11.58	多脉青冈	9.04
	盐肤木	13.20	枫香树	11.34	假地枫皮	11.46	檫木	8.93
	栓皮栎	10.92	多脉鹅耳枥	11.23	南岭栲	10.76	短柄枹栎	6.53
	山胡椒	10.24	杉木	8.30	马醉木	9.93	野核桃	6.24
	君迁子	8.84	黑壳楠	7.34	华东黄杉	7.27	苦槠	5.17
	臭椿	8.38	楠木	5.17	厚皮香	5.33	杉木	4.42
	北枳椇	7.28	山樱桃	4.87	苦槠	4.70	棕榈	4.10
	黄檀	4.17	泡桐	4.81	厚叶红淡比	4.84	黄山松	4.98
灌木	大叶朴	40.54	荚蒾	33.96	猴头杜鹃	33.79	毛竹	50.72
	华空木	31.92	华空木	27.22	三桠乌药	26.87	山槐	29.80
	山胡椒	30.19	乌药	26.47	毛竹	24.80	华空木	25.31
	红果钓樟	20.92	香果树	26.30	山槐	24.70	胡颓子	22.35
	葛萝槭	20.82	青冈	24.38	石木姜子	22.29	山鸡椒	22.31
	君迁子	20.72	球核荚蒾	18.90	毛山鸡椒	20.15	弯蒴杜鹃	22.18
	江浙钓樟	20.52	小叶女贞	18.35	榕叶冬青	20.06	红脉钓樟	16.86
	葡蟠	18.63	三尖杉	18.31	华空木	19.17	高粱泡	16.29
	粗榧	17.73	灰柯	15.88	猫儿刺	17.53	黄檀	14.91
	山莓	15.88	木槿	15.10	黄刺玫	16.73	小果珍珠花	12.28
	蒙桑	15.73	长尾毛蕊茶	14.46	棕脉花楸	16.71	过路惊	11.65
	稠李	15.15	山茶	13.10	山橿	15.86	箬竹	10.98
	棣棠花	9.47	盐肤木	9.27	绢毛山梅花	11.30	密花树	10.07
	珂楠树	7.27	十大功劳	9.20	小叶黄杨	9.82	杜茎山	9.98
	大叶铁线莲	5.53	野核桃	7.92	山胡椒	8.84	香果树	7.91
			黄刺玫	7.12	尖连蕊茶	5.64	黄刺玫	7.49
草本	悬铃叶苎麻	24.07	乌头	23.64	求米草	19.56	求米草	34.59
	葎草	21.21	艾	20.00	淡竹叶	19.25	奇蒿	27.58

续表

分层	伏牛山		大别山		三清山		武夷山	
	植物名	重要值	植物名	重要值	植物名	重要值	植物名	重要值
草本	活血丹	19.44	长瓣马铃苣苔	19.88	大披针薹草	18.03	黑莎草	25.13
	短蕊车前紫草	19.44	鱼腥草	19.41	狗脊	16.23	林荫千里光	16.03
	野菊	18.68	一年蓬	14.25	麦冬	15.38	大披针薹草	15.54
	凤丫蕨	15.91	雀麦	14.18	马兰	14.40	风轮菜	12.67
	活血丹	15.72	野老鹳草	12.68	芒萁	14.10	芒萁	12.15
	紫菀	13.64	升麻	11.57	华北鳞毛蕨	12.69	斑叶兰	12.14
	显子草	13.59	突隔梅花草	11.56	野菊	11.85	马兰	12.04
	荩草	12.64	白及	11.49	阔叶山麦冬	11.61	美丽复叶耳蕨	11.47
	糙苏	11.58	叶下珠	11.45	华东唐松草	10.83	序叶苎麻	10.03
	贯众	11.16	荩草	11.37	杏香兔儿风	9.74	贯众	9.51
	单性薹草	10.83	风轮菜	10.83	兔儿伞	9.48	青灰叶下珠	9.51
	猪殃殃	10.79	湖北贝母	9.63	艾	9.43	花葶薹草	8.86
	黄精	10.67	芒萁	9.03	黑鳞珍珠茅	9.41	佛甲草	8.49
	江南散血丹	9.45	求米草	9.03	江南卷柏	8.88	半夏	8.15
	小升麻	9.36	大叶毛茛	8.81	荩草	8.84	乌蔹莓	8.07
	玉竹	8.40	多花黄精	8.80	油点草	8.81	一年蓬	8.05
	三脉紫菀	8.32	荨麻	8.71	灯台兔儿风	7.46	黄堇	6.28
	韩信草	8.24	草玉梅	8.35	半蒴苣苔	7.20	紫花堇菜	5.73
	艾	8.06	黄花酢浆草	8.25	显子草	7.15	悬铃叶苎麻	5.68
	孩儿参	8.04	天南星	7.04	卷柏	7.08	蒲儿根	5.65
	求米草	5.22	鸭跖草	6.16	斑叶兰	7.08	杏香兔儿风	5.12
			水蓼	5.93	黄精	6.84	光蔓茎堇菜	4.27
			石龙芮	5.88	双蝴蝶	6.42		
			七叶一枝花	5.87	沿阶草	4.21		

由表 2-2 中的乔木、灌木和草本各层植物物种的重要值可以看出香果树在乔木层重要值最大，表明其为群落中的优势种，但灌木层中其重要值很小，仅大别

山香果树群落中香果树重要值较高，为 26.30，武夷山灌木层中香果树重要值为 7.91，而三清山则低于 4，这表明 4 个山区更新状况不同，其中大别山更新较好，伏牛山和三清山较差。

2.5.4　香果树群落的垂直分布

植物群落的垂直结构反映了群落中植物在特定空间上的垂直配置状况，可以反映植物在森林群落中的耐阴性及更新类型特征。香果树群落主要分为乔木层、灌木层和草本层，层间植物极少。群落中乔木层高度为 5～15 m，其盖度在 50%～80%（表 2-1），主要分为两层，第一亚层为 10～15 m，进入生殖期的香果树主要位于这一亚层，除此以外，还有杉木、毛竹、瘿椒树、野核桃、多脉青冈、木荷等；第二亚层多在 5 m 左右，主要有香果树、山胡椒、红脉钓樟、棕榈［*Trachycarpus fortunei*（Hook.）H. Wendl.］、山槐等。灌木层在 1～3 m，盖度在 30%～70%，以大叶朴、华空木、荚蒾、猴头杜鹃、毛竹等为优势种；草本层高度在 1 m 以下，以求米草、悬铃叶苎麻、艾等为优势种。草本层物种尽管较多，但由于分布不均匀且数量较少，盖度最低，为 10%～50%（表 2-1）。

由表 2-1 可知，4 个山区香果树群落中各层盖度存在一定差别，以乔木层而言，伏牛山最低，大别山最高，三清山和武夷山居中；以灌木层而言，则大别山、伏牛山和三清山相当，武夷山较高；以草本层而言，三清山最高，大别山和武夷山较低。经野外调查发现，进入生殖期的香果树母树个体高度以伏牛山最低，胸径最大，这可能与当地气候相对寒冷、降水量少、生长期较短有关。

2.5.5　香果树群落的植物多样性分析

按香果树群落的垂直结构分别计算各层次及总体的物种多样性指数（表 2-3）。由表 2-3 可以看出，香果树群落物种多样性各指数均较低，但其均匀度指数较高，4 个山区的香果树群落中灌木层物种丰富度（S）小于乔木层和草本层，武夷山和三清山的草本层物种丰富度大于乔木层，大别山和伏牛山草本层的物种丰富度小于乔木层；由多样性指数（D、H'）可见，在伏牛山和大别山香果树群落中的草本层＜灌木层＜乔木层，而武夷山和三清山香果树群落的乔木层多样性指数最大，而灌木层和草本层多样性指数变化较大，不同的多样性植物呈现出不同趋势；4 个山区的香果树群落中物种均匀度指数（J_w、E_a）变化趋势基本呈草本层＜灌木层＜乔木层的趋势。整体来看，大别山香果树群落的物种丰富度较低，但其多样性指数和均匀度指数均高于其他 3 个山区，这表明大别山香果树群落中物种分布不均匀程度最高。

表 2-3　香果树群落的多样性指数及均匀度指数

地点	层次	S	D	H'	J_w	E_a
伏牛山	乔木层	41	0.581	1.375	0.626	0.401
	灌木层	23	0.347	1.080	0.588	0.510
	草本层	26	0.305	0.694	0.304	0.451
	总体	90	0.479	1.192	0.564	0.435
大别山	乔木层	37	0.580	1.510	0.670	0.710
	灌木层	20	0.490	1.184	0.626	0.427
	草本层	32	0.230	0.760	0.412	0.246
	总体	89	0.530	1.375	0.638	0.610
三清山	乔木层	35	0.503	1.350	0.690	0.504
	灌木层	21	0.499	0.511	0.560	0.525
	草本层	43	0.498	0.844	0.208	0.304
	总体	99	0.501	1.098	0.594	0.480
武夷山	乔木层	33	0.492	1.280	0.537	0.583
	灌木层	20	0.428	1.186	0.471	0.438
	草本层	39	0.483	0.736	0.282	0.361
	总体	92	0.475	1.174	0.500	0.528

第3章 香果树种群数量动态

种群统计学是植物生态学中最重要的领域，Nageli 是第一个从事种群研究的著名植物学家，1874 年发表了第一篇植物种群论文，强调了植物种群数量的重要性。Harper 认为要理解一个植物种群动态的根本原因和实际过程，必须具体研究特定种群全部生活史中的一系列事件的数量关系。换句话说，植物种群动态的含义是一个植物种群从种子到产生种子的全部过程。种群数量动态的方法起源于人口寿命统计；1921 年 Pearl 和 Park 将此方法应用到果蝇（*Drosophila melanogaster* Meigen）种群动态研究；1947 年 Deevey、Morris 和 Miller 将生命表应用到自然昆虫种群研究中；1963 年 Miller 最先将生命表应用于植物种群研究，使得植物生态学中应用生命表来研究种群年龄结构与动态逐渐被重视。在我国，1987 年董鸣编制了马尾松（*Pinus massoniana* Lamb.）种群静态生命表；1988 年胡玉佳等编制了青梅（*Vatica mangachapoi* Blanco）生命表，列举了个体数、存活数、死亡率等；1991 年聂绍荃等编制了紫椴（*Tilia amurensis* Rupr.）无性生殖生命表等。

植物种群数量变化取决于出生率和死亡率，年龄结构和生命表均能反映种群现状、出生率、死亡率及数量变化，其中生命表被认为是种群统计的核心。生命表是通过野外调查或室内实验系统地记载某种生物种群不同发育阶段中各种死亡因素引起的出生率、死亡率等的变化，是按照种群生长时间或种群年龄编制的。生命表主要用于探求植物种群整个生活史周期中每个年龄或发育阶段的死亡数量及致死原因。

本章通过在不同分布区域及不同海拔区间设置样地，采用种群年龄结构、生命表、存活曲线、时间序列预测等方法对香果树种群进行动态分析及预测，阐明香果树种群动态与环境的关系，以揭示香果树出生、死亡过程中的变化，为探索香果树濒危机制提供依据。

3.1 研 究 方 法

3.1.1 研究样地调查

在对伏牛山、大别山、三清山及武夷山香果树分布区进行全面踏查的基础上，选择香果树长势良好、分布比较典型区域（表 2-1）进行调查，样地面积为 20 m×20 m。调查内容包括：①生境。地貌地形、土壤、坡向、坡位和群落内环境因子。②生态学特征。树种组成、高度、盖度等。③香果树个体定位。以样地一边为 *X* 轴，以其垂直边作为 *Y* 轴建立平面直角坐标系，记录每一株的坐标值，同时测定其胸径、高度和冠幅。

为研究香果树种群结构受其生境因子的影响，本研究着重调查了武夷山不同海拔的香果树种群的环境因子共 13 个，详见表 3-1。

表 3-1　武夷山不同海拔香果树种群的样地概况

环境因子	A	B	C	D
海拔（m）	750～850	900～1 000	1 100～1 200	1 300～1 400
坡向	阳坡、半阳坡	半阳坡	阳坡、半阳坡	阳坡
坡度（°）	25.37±4.35	21.98±5.01	24.64±6.74	22.98±3.02
坡位	下坡	下坡	下坡	下坡
林内光照强度（lx）	24 700±9 453	395 752±12 451	48 200±2 285	41 025±3 340
大气温度（℃）	26.30±1.01	24.51±1.25	23.57±1.33	23.82±0.98
大气湿度（%）	85±12	76±8	73±5	68±10
土壤含水量（%）	38.76±4.65	31.90±4.51	35.63±5.27	31.98±5.81
土壤 pH	5.68±0.10	5.63±0.13	5.70±0.16	5.60±0.14
0～10 cm 土壤有机质（%）	8.45±0.13	8.65±0.13	8.55±0.13	8.28±0.43
乔木层盖度（%）	0.70±0.08	0.70±0.08	0.75±0.06	0.60±0.10
灌木层盖度（%）	0.75±0.06	0.60±0.14	0.58±0.10	0.58±0.13
人为干扰强度	0.15±0.13	0.17±0.05	0.12±0.05	0.23±0.05

注：A～D 为 4 种不同海拔的种群

3.1.2　环境因子测定及主成分分析

表 3-1 中，环境因子，如土壤 pH、土壤有机质含量及土壤含水量，它们的值为不同观测点调查的平均值，其测定样本于 2010 年 6 月完成取样，各样地内沿对角线各取 3 个 0～20 cm 土壤样品，作为测定样本。土壤含水量采用烘干（105℃）法测定；土壤 pH 采用 ZD-2 型电位滴定计测定；有机质含量用 $K_2Cr_2O_7$-H_2SO_4 滴定法测定。于 2010 年 6 月分别在群落内固定位置测定林内光照强度、大气温度和大气湿度，光照强度需连续测定 3 d（每日 7:00、10:00、13:00、15:00、18:00 测定），取平均值。光照强度、温度和湿度的测定分别利用了 ZDS-10 型光照计和 DHM2 型通风干湿温度计，在距地面 0.5 m 处测定。若林地遭受人为践踏，灌木、草本有损坏痕迹，有旅游垃圾，认定为人为干扰强度最大，赋值 1；若林地无人为干扰痕迹，认定为干扰最小，赋值 0（张文辉等，2004a）。坡向赋值原

则：以正北为 0°顺时针和逆时针向南旋转，数值逐渐递增，正南为 180°；坡位以下坡位为 3，中坡位为 2，上坡位为 1 赋值。

主成分分析不仅能帮助人们找出主要因子，更能反映每个主要因子对物种的影响。但一般情况下，计算出环境因子相关系数矩阵与相应特征向量矩阵，将特征值按大小次序排列，所得主要因子的特征值及其累计贡献率和初始因子载荷矩阵并不满足简单结构准则，各因子的典型变量代表性不很突出，因而容易使环境因子的意义含糊不清，不便对因子进行解释。因此本研究对选择的 13 个独立的环境因子进行因子载荷矩阵旋转，使因子载荷的平方按列向 0 和 1 两级转化，达到结构简化的目的（邹学校等，2005），以求得转化矩阵的特征根、贡献率和累计贡献率，再计算出各主成分的载荷，能更好地解释每个主因子的意义。

3.1.3　香果树树龄的确定及龄级的划分

由于香果树顶芽是鳞芽，越冬以后芽鳞片脱落，在枝条上每年都会形成一圈芽鳞痕，故可通过芽鳞痕的数量来判别幼苗的年龄。香果树幼苗年龄稍大后，其主干木栓形成层开始形成，周皮替代表皮，导致主干树皮比较粗糙，芽鳞痕较难观察，但树皮会呈现出不同的纹路，因此可根据其芽鳞痕的数量及树皮纹路来确定年龄，大树则采用年轮线计数的方法来确定年龄。于 4 个山区的每个样地中随机选择 10 株不同胸径的香果树，每个山区 40 株，作为建立其年龄和胸径模型的样本，利用瑞典生长锥在每株母树南侧、离地 1.3 m 的树干处进行钻取，直到进入树干生长锥的锥筒长度超过树干直径的 2/3 时（确保锥筒穿过髓心），取出木条，利用年轮线确定树木的年龄，经胸径（x）和树龄（y）拟合，分别获得拟合方程（表 3-2），经检验，多项式方程和指数函数方程均能较准确地通过香果树的胸径推算出其年龄。由于多项式方程拟合度优于指数函数方程，因此本研究采用多项式方程作为判别香果树年龄的基本模型。

表 3-2　香果树胸径和年龄拟合方程

指数函数方程	R^2	p	多项式方程	R^2	p
$y_{伏牛山}=18.189e^{0.0236x}$	0.906	0.000	$y_{伏牛山}=0.0134x^2+0.272x+17.264$	0.983	0.000
$y_{大别山}=20.692e^{0.0208x}$	0.928	0.000	$y_{大别山}=0.0149x^2-0.073x+26.813$	0.984	0.000
$y_{三清山}=17.643e^{0.0211x}$	0.946	0.000	$y_{三清山}=0.0177x^2-0.5403x+33.208$	0.985	0.000
$y_{武夷山}=12.172e^{0.0353x}$	0.983	0.000	$y_{武夷山}=0.0082x^2+0.7526x+6.5317$	0.985	0.000

为编制静态生命表、绘制存活曲线及统计预测香果树未来种群的动态，本研究将香果树不同种群的个体按 5 a 一个龄级，统计每个龄级个体的株数，作为种群动态分析的基础数据。

3.1.4 静态生命表

生命表是按照种群生长时间，或按照种群年龄（发育阶段）程序编制的，系统记述了种群的死亡率或生存率和生殖率，是最清楚、最直接地展示种群死亡和存活过程的一览表。生态学中的生命表主要分为动态（特定年龄）生命表和静态（特定时间）生命表。动态生命表又称为同龄群生命表，是指从大约同时出生或同时孵化的一群个体（同龄群）开始，跟踪观察并记录其死亡过程，直至个体全部死亡。动态生命表是根据对同年出生的所有个体进行存活数动态监察资料编制而成的。动态生命表中的个体经历了相同的环境条件，即假定种群所有个体经历的环境是不变的。其优点是可以在记录种群各年龄或个体发育阶段死亡过程的同时，查明和记录死亡原因，从而分析种群发育的薄弱环节，找出造成种群数量下降的关键因素。静态生命表则是根据某一特定时间对种群年龄分布频率的取样分析，实际反映了种群在某一特定时刻的剖面。静态生命表中的个体出生于不同的年份，经历了不同的环境条件，因此编制生命表时必须遵循几个假定：①种群数量是静态的，即种群的密度不变；②种群年龄结构组合是稳定的，即种群年龄结构与时间无关，年龄结构的数量比例不变；③个体迁移是平衡的，即种群中个体没有迁出迁入数量差异；④环境是均一的，即种群内部个体经历了同样的环境条件。静态生命表的优点是易于编制且容易看出种群的生存对策和生殖对策，适合于研究天然种群，特别是时代重叠、寿命较长的种群。由于本研究对象为多年生的乔木，故采用编制静态生命表来揭示其生活史过程中死亡率、消失率、期望寿命等重要参数动态变化趋势，为种群数量分析提供更多信息。静态生命表主要包含以下几个参数。

x：单位时间内年龄等级的中值龄。

w：种群个体全部死亡的年龄。

l_x：在 x 年龄开始时标准化的存活数（一般转换为 1000）。

a_x：在 x 年龄开始时实际存活数。

d_x：x 年龄间隔期（$x \rightarrow x+1$）的标准化死亡数。

$$d_x = l_x - l_{x+1} \tag{3-1}$$

L_x：x 到 $x+1$ 年龄期间还存活的个体数，即期间单位存活数。

$$L_x = (l_x + l_{x+1})/2 \tag{3-2}$$

T_x：x 年龄至超过 x 年龄的总个体数或种群中活到 x 年龄的所有个体的剩余总寿命。

$$T_x = \sum_{i=x}^{w} L_i \tag{3-3}$$

e_x：进入 x 年龄个体的生命期望或平均余年。

$$e_x = T_x / d_x \quad (3\text{-}4)$$

q_x：每个年龄期间死亡率，用 x 年龄期死亡数 d_x 与该期开始的存活数 L_x 的千分比。

$$q_x = 1000 \times d_x / L_x \quad (3\text{-}5)$$

k_x：每个龄级间隔期的损失率。

$$k_x = \lg l_x - \lg l_{x+1} \quad (3\text{-}6)$$

根据相应生境中香果树种群的各龄级株数，计算 l_x、a_x、d_x、L_x、T_x、e_x、q_x 等指标，编制其静态生命表（张文辉，1996；任青山等，2007）。

3.1.5　存活曲线

存活曲线是以生命表中 l_x 的数据为纵坐标，以时间间隔为横坐标而得到的反映种群生命过程的曲线。主要的绘制方法以横坐标为绝对年龄（龄级或大小级），纵坐标采用两种：其一为存活数的对数值（$\lg l_x$ 或 $\ln l_x$），其二为存活数的算数值。所得到的曲线通常分为Ⅰ、Ⅱ和Ⅲ三种类型（图 3-1）。

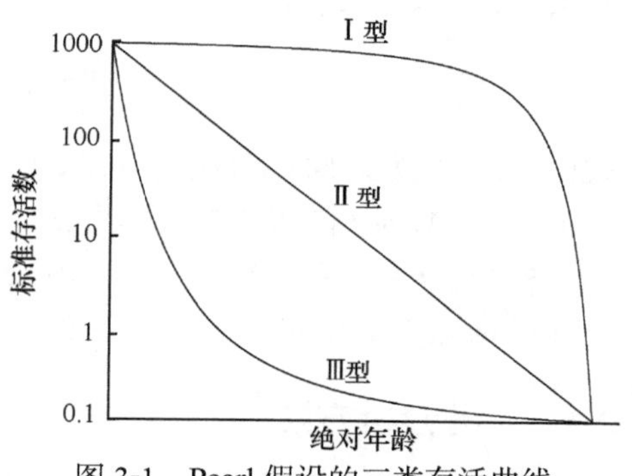

图 3-1　Pearl 假设的三类存活曲线

Ⅰ型（曲线凸型）：表示种群多数个体都能活到该物种的生理年龄，早期死亡率极低，但当达到这一特定生理年龄时，短期内几乎全部死亡，如大型兽类、人及许多一年生植物。

Ⅱ型（曲线呈对角线）：表示种群中个体的出生率和死亡率相等，许多鸟类、小型哺乳动物和某些多年生的植物（如毛茛属）接近此类型。

Ⅲ型（曲线凹型）：表示种群幼年期死亡率极高，但一旦活到某一年龄，其死亡率降低，持续若干年后才会死亡。许多海洋鱼类、海产无脊椎动物、寄生虫及部分先锋植物接近此类型。

3.1.6　时间序列预测

时间序列是自然界中某一变量按时间的先后顺序排列而成的数列。一个时间序列即为一组对于某一变量连续时间点或连续时段上的观测值，它可以用来反映客观事物发展变化的过程。时间序列中各观测值可以不是独立的变量，这一点和回归分析中的自变量是独立变量有很大区别。利用时间序列来分析、研究各种现象，称为时间序列分析。时间序列分析是统计学中的一个重要的分支，是通过时间序列预测和回归预测方法的综合形式，具有较高的预测性，在预报分析树木生长、病虫害等领域具有广泛应用（吴承祯和洪伟，1999）。时间序列预测通常不仅用来分析因果关系，更重要的是，它能够根据时间序列中过去的变化和变动规律来推测未来的变化趋势，其方法主要有移动平移法、指数平滑法、趋势延伸法、回归预测法及灰色预测法等。其中移动平移法是一种简单平滑预测技术，它的基本思想是：根据时间序列资料逐项推移，依次计算包含一定项数的序列平均值，以反映长期趋势。因此，当时间序列的数值由于受周期变动和随机波动的影响，起伏较大，不易显示出事件的发展趋势时，使用移动平移法可以消除这些因素的影响，显示出事件的发展方向与趋势（即趋势线），然后依趋势线分析预测序列的长期趋势。

1998 年，张文辉等将移动平移法应用于濒危植物种群的预测，取得了良好的效果，该预测公式为

$$M_t^{(1)}=M_{t-1}^{(1)}+\frac{X_t-X_{(t-n)}}{n} \tag{3-7}$$

式中，$M_t^{(1)}$ 为近期 n 个观测值在 t 时刻的平均值，也称为第 n 周期的移动平均；t 为龄级；X_t 为 t 龄级单位面积存活的株数；n 为预测时间/5。本研究以 n 值为各龄级株数；t 分别取 20 a、50 a、100 a 和 200 a，对未来种群发展趋势进行预测，具体原理和方法见相关文献（张文辉和祖元刚，1998b）。

3.1.7 谱分析方法

谱分析是采用正弦和余弦波代替自然界某一现象（或事件）动态变化的方法对该现象进行的瞬态分析，其基本思想是：把时间序列看作互不相关的周期（频率）分量的叠加，通过研究和比较各分量的周期变化，以充分揭示时间序列的频域结构，掌握其主要波动特征。其优点是当周期分量的行为或内在机制互不相同时，谱分析可以避免时域方法带来的混淆（因为时域方法所衡量的只是各周期分量共同叠加后的结果），更精细地研究各种现象的行为和因素。谱分析方法可以揭示种群数量的周期性波动，是探讨林分分布波动性和年龄更替过程周期性的数学工具。香果树种群的天然更新过程可通过不同龄级株数分布波动而表现，复杂的周期现象可以由不同振幅和相应的谐波组成，其公式（刘任涛等，2007）为

$$N_t=A_0+\sum_{k=1}^{p}A_k\sin(\omega_k t+\theta_k) \tag{3-8}$$

式中，A_0 为周期变化的平均值；A_k（$k=1, 2, 3, \cdots, p$）为各谐波的振幅，标志其所起的作用大小，A_k 值的差异，反映了各周期作用大小的差别；ω_k 及 θ_k 分别为谐波频率及相角；N_t 为 t 时刻种群的个体数量。将种群各年龄个体分布视为一个时间系列 t，以 X_t 表示 t 年龄序列时个体数；n 为系列总长度；$p=n/2$ 为谐波的总个体数，为已知；T 为正弦波的基本周期即时间系列 t 的最长周期，亦即资料的总长度，这里 $T=n$ 是已知的；a_k/b_k 为傅里叶系数，则可以利用式（3-9）～式（3-14）来估计傅里叶分解中的各个参数，即

$$A_0=\frac{1}{n}\sum_{t=1}^{n}X_t \quad (3\text{-}9)$$

$$A_k^2=a_k^2+b_k^2 \quad (3\text{-}10)$$

$$\omega_k=2\pi k/T \quad (3\text{-}11)$$

$$\theta_k=\mathrm{arctg}\,(a_k/b_k) \quad (3\text{-}12)$$

$$a_k=\frac{2}{n}\sum_{t=1}^{n}X_t\cos\frac{2\pi k(t-1)}{n} \quad (3\text{-}13)$$

$$b_k=\frac{2}{n}\sum_{t=1}^{n}X_t\sin\frac{2\pi k(t-1)}{n} \quad (3\text{-}14)$$

3.2　香果树龄级结构及动态

3.2.1　不同分布区香果树种群的年龄结构

由于香果树在我国分布范围较广，本研究在不同分布区设置样地，获取其种群数量动态数据，构建不同分布区香果树种群的年龄结构和生命表、存活曲线，目的是研究不同分布区数量特征的变化规律。对伏牛山、大别山、三清山及武夷山 4 个分布区的香果树种群按照年龄进行株数统计，并编制 4 个分布区的香果树种群年龄结构图。

在伏牛山共设置了 4 个固定样地，分别位于银壶沟、七星沟、猴王峰、黄龙潭，经过调查共发现了 64 株香果树，在银壶沟处有一株 216 a 树龄的大树，小湍河至银壶沟沿路有接近 100 a 树龄的大树 2 株，5 a 以下的幼苗共 36 株，种群内没有发现 9～16 a 的香果树幼树，其大树树龄主要集中于 20～30 a，这表明伏牛山香果树分布区在 1998～2005 年的生境不适宜香果树幼苗的形成，或形成的幼苗无法长期存活（图 3-2 ⅰ）。

大别山香果树种群中 4 个样地共有香果树 161 株，分别位于青苔关、天堂寨、吴家山等地，其中竹林深铁索桥处的数量较多。整个种群年龄结构中，0～5 a 幼苗的数量为 55 株，约占总数量的 1/3，可见该分布区香果树幼苗较多，自然更新相对较好（图 3-2ⅱ）。

三清山香果树种群主要集中于汾水至碧玉岩 400～900 m 的山谷中，对其 4 个固定样地进行调查，共发现 88 株香果树，其中 0～5 a 的幼苗数量为 39 株，几乎等于总数量的一半，故可以看出三清山香果树幼苗数量较多，但经过环境的强烈筛选，仅有少量个体得以存活（图 3-2ⅲ）。结合图 2-5 和图 2-6 可以发现，三清山晴天的天数显著多于大别山，但其降水量却与大别山相近，即三清山香果树分布区相对比较干燥，但香果树幼苗多喜欢生存于阴湿的环境，从而导致香果树幼苗死亡率增加，大树的个体数量较少。

武夷山香果树种群主要分布于挂墩山、先锋岭、横坑顶及桐木关西侧，以挂墩山分布的数量较多。野外调查发现 4 个样地共有 125 株香果树，0～5 a 幼苗为 68 株，其他个体的年龄相对比较分散，没有发现超过 150 a 的香果树大树（图 3-2ⅳ）。

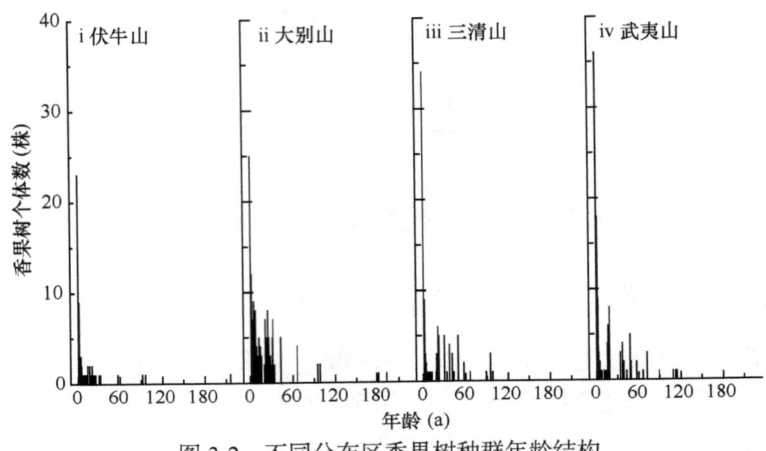

图 3-2　不同分布区香果树种群年龄结构

3.2.2　不同海拔香果树种群的年龄结构

为了研究不同海拔对香果树种群年龄结构的影响，本研究在武夷山国家级自然保护区选择了 16 块样地的香果树个体作为研究对象，16 块样地中共发现 438 株香果树，样地中年龄最大的个体为 115 a，位于挂墩山石壁上的竹林里。由图 3-3 可知，

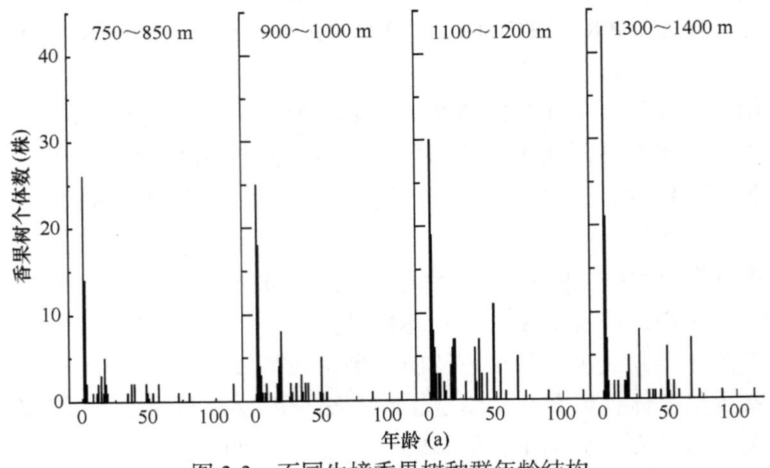

图 3-3　不同生境香果树种群年龄结构

香果树幼苗的数量随着海拔的上升呈逐渐增加的趋势，0～5 a 幼苗由低海拔 42 株逐渐增加到高海拔 73 株，但其在整个种群中的比例则存在先下降后上升的趋势，随着海拔的升高，其比例依次为 57.53%、52.58%、45.21%和 59.84%，这表明中海拔（900～1200 m）处香果树大龄个体数量较多，而高海拔（1300～1400 m）和低海拔（750～850 m）处大龄个体数量较少。不同海拔的种群年龄结构受水热组合、土壤条件和外界干扰条件的影响，分布在海拔 1140 m 左右的香果树种群密度最大，为 36.5 株/100 m^2，且大龄个体相对较多，说明中海拔的生境条件更有利于种群的稳定和发展。经野外调查发现，低海拔香果树幼苗均为萌生苗，未发现实生苗，可见其有性生殖在原生境中对香果树种群自然更新的贡献较小。

3.2.3　香果树种群年龄结构的一般特征

由图 3-2 和图 3-3 可以看出，香果树种群按年龄结构属于增长型种群，但野外调查发现，香果树种群 0～5 a 幼苗密度极小，4 个分布区种群密度的平均值仅为 3.63 株/100 m^2，且幼苗大部分为萌生苗，实生苗很少，并随着年龄的增加，株数不断减少。有研究表明，香果树幼苗喜阴湿环境，在光照强度大、干旱的环境甚至会死亡（刘鹏等，2008），伏牛山香果树种群幼苗最少，可能与当地的气候相吻合，伏牛山香果树分布区光照条件较好，晴天天数多，阴天天数少，降水量在 4 个分布区中最少，这可能抑制了香果树幼苗的产生和生存，而武夷山幼苗数量最多可能与其降水量大及土壤含水量高有关。

3.3　香果树种群的静态生命表

3.3.1　不同分布区香果树种群的静态生命表

由于生命表的编制需遵循 3.1.4 所述的 4 个基本假定，年龄结构组合是稳定的，其数量比例不变，但本研究发现野外条件下其数量结构变化较大，部分大龄个体出现缺失，为了符合静态生命表的编制条件及便于种群间的相互比较，本研究将年龄较大的个体数量合并，并经过匀滑技术处理，得到不同分布区、不同海拔香果树种群的静态生命表。不同分布区香果树种群的静态生命表反映了该种群的基本生死规律，伏牛山种群数量最少，其密度为 400.0 株/hm^2，且进入繁殖期的香果树（树龄为 20 a 以上）为 81.3 株/hm^2。由表 3-3 可知，随着香果树个体年龄的增加，种群死亡率基本呈减小趋势，但在Ⅰ和Ⅵ龄级出现两次死亡高峰，两者死亡数量占总种群数量的 86.1%。Ⅰ龄级死亡率高可能是由于大多数香果树萌生苗生长过于集中，导致资源竞争激烈，大量个体被淘汰，而Ⅵ龄级死亡率高的原因可能是 25～30 a 的香果树进入乔木层后，逐渐进入繁殖期，随着树冠、胸径等的生长，对光照、养分的竞争更加激烈，特别是与林内其他高大的乔木（山樱桃、野核桃、小叶青冈、大叶朴等）竞争，其处于劣势。野外调查发现，香果树开花生殖枝开花次年会死亡，这充分证明了其进入生殖期后不能获得足够的养分。由表 3-3 知，伏牛山香果树种群Ⅱ、Ⅲ和Ⅶ龄级的期望寿命较高，说明香果树种群通过自疏和他疏作用在一定时间、一定区域内可获得足够的可利用资源，使得这几个龄级生长旺盛，生命力较强。

表 3-3 伏牛山香果树种群静态生命表

龄级	龄期	a_x	l_x	d_x	q_x	L_x	T_x	e_x	$\ln a_x$	$\ln l_x$	k_x
Ⅰ	5	36	100 0.00	833.33	833.33	583.33	116 6.67	1.17	3.58	6.91	1.79
Ⅱ	10	6	166.67	27.78	166.67	152.78	583.33	3.50	1.79	5.12	0.18
Ⅲ	15	5	138.89	27.78	200.00	125.00	430.56	3.10	1.61	4.93	0.22
Ⅳ	20	4	111.11	27.78	250.00	97.22	305.56	2.75	1.39	4.71	0.29
Ⅴ	25	3	83.33	27.78	333.33	69.44	208.33	2.50	1.10	4.42	0.41
Ⅵ	30	2	55.56	27.78	500.00	41.67	138.89	2.50	0.69	4.02	0.69
Ⅶ	40	1	27.78	0.00	0.00	27.78	97.22	3.50	0.00	3.32	0.00
Ⅷ	50	1	27.78	0.00	0.00	27.78	69.44	2.50	0.00	3.32	0.00
Ⅸ	100	1	27.78	0.00	0.00	27.78	41.67	1.50	0.00	3.32	0.00
Ⅹ	250	1	27.78	27.78	0.00	13.89	13.89	0.50	0.00	3.32	3.32

大别山香果树种群静态生命表（表 3-4）表明该分布区香果树种群密度较大，为 1006.3 株/hm^2，其进入生殖期的大龄个体密度为 475.0 株/hm^2，可见大别山香果树种群大龄个体较多，有利于种群的自然更新，其幼苗数量占总种群数量的 61.4%，幼苗相对比较充足。由死亡率知，随着香果树年龄的增加，种群密度基本呈现出先降低后上升的趋势，即Ⅰ和Ⅸ龄级死亡率出现峰值，两者死亡数量占整个种群数量的 1/4 左右，其他相对较低。Ⅰ龄级死亡率高的原因同伏牛山，主要与幼苗生长过于集中而导致竞争激烈有关，Ⅸ龄级死亡率高可能与其进入生理衰老期，在主林层中竞争处于劣势有关。

表 3-4 大别山香果树种群静态生命表

龄级	龄期	a_x	l_x	d_x	q_x	L_x	T_x	e_x	$\ln a_x$	$\ln l_x$	k_x
Ⅰ	5	57	1000.00	578.95	578.95	710.53	221 9.30	2.22	4.04	6.91	0.86
Ⅱ	10	24	421.05	70.18	166.67	385.96	150 8.77	3.58	3.18	6.04	0.18
Ⅲ	15	20	350.88	70.18	200.00	315.79	112 2.81	3.20	3.00	5.86	0.22
Ⅳ	20	16	280.70	52.63	187.50	254.39	807.02	2.88	2.77	5.64	0.21
Ⅴ	25	13	228.07	52.63	230.77	201.75	552.63	2.42	2.56	5.43	0.26

续表

龄级	龄期	a_x	l_x	d_x	q_x	L_x	T_x	e_x	$\ln a_x$	$\ln l_x$	k_x
Ⅵ	30	10	175.44	52.63	300.00	149.12	350.88	2.00	2.30	5.17	0.36
Ⅶ	40	7	122.81	52.63	428.57	96.49	201.75	1.64	1.95	4.81	0.56
Ⅷ	50	4	70.18	17.54	250.00	61.40	105.26	1.50	1.39	4.25	0.29
Ⅸ	100	3	52.63	35.09	666.67	35.09	43.86	0.83	1.10	3.96	1.10
Ⅹ	250	1	17.54	17.54	0.00	8.77	8.77	0.50	0.00	2.86	2.86

三清山香果树种群密度约为大别山香果树种群的一半，为 550.0 株/hm^2，其中进入生殖期的大龄个体密度为 175.0 株/hm^2，0～5 a 幼苗数量为 243.8 株/hm^2，该种群自然更新相对较差。三清山香果树种群死亡率变化趋势与大别山一致，即Ⅰ和Ⅸ龄级死亡率高，但其Ⅱ、Ⅲ、Ⅳ和Ⅴ龄级的期望寿命均较高（表 3-5），表明这几个龄级个体的生长旺盛，这可能与三清山香果树分布区气候较大别山晴天多、光照好，以及Ⅱ、Ⅲ、Ⅳ和Ⅴ龄级个体由林下植物逐渐进入主林层，其植株对光照需求逐渐增加有关。

表 3-5　三清山香果树种群静态生命表

龄级	龄期	a_x	l_x	d_x	q_x	L_x	T_x	e_x	$\ln a_x$	$\ln l_x$	k_x
Ⅰ	5	39	1000.00	692.31	692.31	653.85	1756.41	1.76	3.66	6.91	1.18
Ⅱ	10	12	307.69	76.92	250.00	269.23	1102.56	3.58	2.48	5.73	0.29
Ⅲ	15	9	230.77	51.28	222.22	205.13	833.33	3.61	2.20	5.44	0.25
Ⅳ	20	7	179.49	25.64	142.86	166.67	628.21	3.50	1.95	5.19	0.15
Ⅴ	25	6	153.85	25.64	166.67	141.03	461.54	3.00	1.79	5.04	0.18
Ⅵ	30	5	128.21	25.64	200.00	115.38	320.51	2.50	1.61	4.85	0.22
Ⅶ	40	4	102.56	25.64	250.00	89.74	205.13	2.00	1.39	4.63	0.29
Ⅷ	50	3	76.92	25.64	333.33	64.10	115.38	1.50	1.10	4.34	0.41
Ⅸ	100	2	51.28	25.64	500.00	38.46	51.28	1.00	0.69	3.94	0.69
Ⅹ	250	1	25.64	25.64	0.00	12.82	12.82	0.50	0.00	3.24	3.24

与前 3 个分布区相比，武夷山香果树种群幼苗密度最大，为 425.0 株/hm^2，种群总密度为 781.3 株/hm^2，低于大别山香果树种群密度，但高于三清山和伏牛山，而其进入生殖期的大龄香果树密度为 168.8 株/hm^2，仅比伏牛山高。这表明武夷山香果树种群有利于其幼苗的生存，而在进入主林层与高大乔木竞争过程中，大龄个体死亡较多，数量较少。由表 3-6 可知，其Ⅰ龄级死亡率高达 808.82，可见 0～5 a 香果树幼苗密度较大，导致大量死亡。

表 3-6　武夷山香果树种群静态生命表

龄级	龄期	a_x	l_x	d_x	q_x	L_x	T_x	e_x	$\ln a_x$	$\ln l_x$	k_x
Ⅰ	5	68	1000.00	808.82	808.82	595.59	1338.24	1.34	4.22	6.91	1.65
Ⅱ	10	13	191.18	44.12	230.77	169.12	742.65	3.88	2.56	5.25	0.26
Ⅲ	15	10	147.06	14.71	100.00	139.71	573.53	3.90	2.30	4.99	0.11
Ⅳ	20	9	132.35	14.71	111.11	125.00	433.82	3.28	2.20	4.89	0.12
Ⅴ	25	8	117.65	29.41	250.00	102.94	308.82	2.63	2.08	4.77	0.29
Ⅵ	30	6	88.24	29.41	333.33	73.53	205.88	2.33	1.79	4.48	0.41
Ⅶ	40	4	58.82	14.71	250.00	51.47	132.35	2.25	1.39	4.07	0.29
Ⅷ	50	3	44.12	14.71	333.33	36.76	80.88	1.83	1.10	3.79	0.41
Ⅸ	100	2	29.41	0.00	0.00	29.41	44.12	1.50	0.69	3.38	0.00
Ⅹ	250	2	29.41	29.41	0.00	14.71	14.71	0.50	0.69	3.38	3.38

3.3.2　不同海拔香果树种群静态生命表

根据武夷山分布区不同海拔区间香果树种群各龄级的株数编制海拔 750～850 m、900～1000 m、1100～1200 m 和 1300～1400 m 的种群静态生命表。低海拔（750～850 m）香果树种群密度较小，为 456.3 株/hm^2。进入生殖期的香果树植株较少，密度仅为 81.3 株/hm^2。0～5 a 的幼苗密度也较小，为 262.5 株/hm^2，占总种群数量的 57.5%。由表 3-7 知，随着年龄的增加，香果树个体的死亡率呈下降趋势，Ⅰ龄级死亡率最高，高达 809.52，其次为Ⅷ龄级。期望寿命以Ⅱ龄级最高，之后随着龄级的增大，期望寿命逐渐减小。

表 3-7　武夷山海拔 750～850 m 的香果树种群静态生命表

龄级	龄期	a_x	l_x	d_x	q_x	L_x	T_x	e_x	$\ln a_x$	$\ln l_x$	k_x
Ⅰ	5	42	1000.00	809.52	809.52	595.24	1380.95	1.38	3.74	6.91	1.66
Ⅱ	10	8	190.48	23.81	125.00	178.57	785.71	4.13	2.08	5.25	0.13
Ⅲ	15	7	166.67	23.81	142.86	154.76	607.14	3.64	1.95	5.12	0.15
Ⅳ	20	6	142.86	23.81	166.67	130.95	452.38	3.17	1.79	4.96	0.18
Ⅴ	25	5	119.05	23.81	200.00	107.14	321.43	2.70	1.61	4.78	0.22
Ⅵ	30	4	95.24	23.81	250.00	83.33	214.29	2.25	1.39	4.56	0.29
Ⅶ	40	3	71.43	23.81	333.33	59.52	130.95	1.83	1.10	4.27	0.41
Ⅷ	50	2	47.62	23.81	500.00	35.71	71.43	1.50	0.69	3.86	0.69
Ⅸ	100	1	23.81	0.00	0.00	23.81	35.71	1.50	0.00	3.17	0.00
Ⅹ	250	1	23.81	23.81	0.00	11.90	11.90	0.50	0.00	3.17	3.17

海拔在 900～1000 m 分布的香果树种群密度为 606.3 株/hm^2，其 0～5 a 的幼苗的密度为 318.8 株/hm^2，约占总量的一半，可见其幼苗数量较多。香果树进入生殖期的个体在该海拔区间数量相对较少，密度为 125.0 株/hm^2，大于 750～850 m 海拔区间。由表 3-8 知，Ⅰ龄级香果树幼苗死亡率最高，达 823.53，Ⅱ龄级死亡率最小，仅为 111.11，其后随着龄级的增加，香果树个体的死亡率逐渐升高，Ⅸ龄级达到 500.00。期望寿命则显示了Ⅱ龄级香果树个体生命力最强，随着龄级的增大，其期望寿命逐渐降低。如前所述，Ⅰ龄级香果树幼苗死亡是由其生长过于集中所致，由于大量死亡，Ⅱ龄级个体锐减，从而其水分、养分条件相对优越，死亡率很低，但随着龄级的增大，香果树个体逐渐增大，对环境的需求有所改变，对光照、水分及养分的需求逐渐加大，从而竞争日趋激烈，导致了死亡率增加。

表 3-8　武夷山海拔 900～1000 m 的香果树种群静态生命表

龄级	龄期	a_x	l_x	d_x	q_x	L_x	T_x	e_x	$\ln a_x$	$\ln l_x$	k_x
Ⅰ	5	51	1000.00	823.53	823.53	588.24	1382.35	1.38	3.93	6.91	1.73
Ⅱ	10	9	176.47	19.61	111.11	166.67	794.12	4.50	2.20	5.17	0.12
Ⅲ	15	8	156.86	19.61	125.00	147.06	627.45	4.00	2.08	5.06	0.13
Ⅳ	20	7	137.25	19.61	142.86	127.45	480.39	3.50	1.95	4.92	0.15
Ⅴ	25	6	117.65	19.61	166.67	107.84	352.94	3.00	1.79	4.77	0.18
Ⅵ	30	5	98.04	19.61	200.00	88.24	245.10	2.50	1.61	4.59	0.22
Ⅶ	40	4	78.43	19.61	250.00	68.63	156.86	2.00	1.39	4.36	0.29
Ⅷ	50	3	58.82	19.61	333.33	49.02	88.24	1.50	1.10	4.07	0.41
Ⅸ	100	2	39.22	19.61	500.00	29.41	39.22	1.00	0.69	3.67	0.69
Ⅹ	250	1	19.61	19.61	0.00	9.80	9.80	0.50	0.00	2.98	2.98

海拔在 1100～1200 m 的香果树种群密度为 912.5 株/hm^2，进入生殖期的香果树密度为 293.8 株/hm^2，0～5 a 幼苗的密度为 412.5 株/hm^2，前两者大于其他海拔区间的香果树相应个体的密度，可见该海拔区间对香果树的生长最为有利。由表 3-9 可以看出，该海拔区间分布的香果树种群个体的死亡率随着龄级的增加变化趋势与 750～850 m 及 900～1000 m 两海拔区间的香果树种群死亡率一致。但其Ⅰ龄级的死亡率较小，而其他龄级个体的死亡率均小于同龄级其他海拔区间的个体死亡率。这可能与该区域香果树大多分布于较大的砾石中，其根多暴露于地表，导致其产生了较多数量的根萌苗，由于根系沿溪流延伸，根萌苗的分布相对分散，其竞争较小，故其Ⅰ龄级死亡率较低，而由于该区乔木盖度较高，土壤有机质含量相对较低，随着龄级的增大，较大龄级个体进入主林层后对营养需求进一步增加，导致其死亡率较高。

表 3-9 武夷山海拔 1100～1200 m 的香果树种群静态生命表

龄级	龄期	a_x	l_x	d_x	q_x	L_x	T_x	e_x	$\ln a_x$	$\ln l_x$	k_x
Ⅰ	5	66	1000.00	742.42	742.42	628.79	1727.27	1.73	4.19	6.91	1.36
Ⅱ	10	17	257.58	30.30	117.65	242.42	1098.48	4.26	2.83	5.55	0.13
Ⅲ	15	15	227.27	30.30	133.33	212.12	856.06	3.77	2.71	5.43	0.14
Ⅳ	20	13	196.97	30.30	153.85	181.82	643.94	3.27	2.56	5.28	0.17
Ⅴ	25	11	166.67	30.30	181.82	151.52	462.12	2.77	2.40	5.12	0.20
Ⅵ	30	9	136.36	30.30	222.22	121.21	310.61	2.28	2.20	4.92	0.25
Ⅶ	40	7	106.06	30.30	285.71	90.91	189.39	1.79	1.95	4.66	0.34
Ⅷ	50	5	75.76	30.30	400.00	60.61	98.48	1.30	1.61	4.33	0.51
Ⅸ	100	3	45.45	30.30	666.67	30.30	37.88	0.83	1.10	3.82	1.10
Ⅹ	250	1	15.15	15.15	0.00	7.58	7.58	0.50	0.00	2.72	2.72

分布于海拔 1300～1400 m 区间的香果树种群密度为 762.5 株/hm^2，低于海拔 1100～1200 m 区间的香果树种群密度，但高于 750～850 m 和 900～1000 m 区间的香果树种群密度。进入生殖期的香果树个体密度为 206.3 株/hm^2，也低于 1100～1200 m 海拔区间的香果树种群，但其幼苗的密度最大，为 456.3 株/hm^2。这主要是由于该海拔区间人为干扰较大，野外调查发现，香果树分布区附近有茶园、竹林等，部分山民会砍伐树木以改善茶树的光照条件，并在毛竹的收获季节，在拖运毛竹的过程中损伤香果树的露根，从而刺激了香果树萌蘖产生了较多的根萌苗。由表 3-10 可知，该海拔区间香果树Ⅰ龄级个体的死亡率最高，为 835.62，高于其他海拔区间（742.42～823.53）。这可能与其幼苗密度较大、竞争激烈有关。该海拔区间香果树种群的期望寿命大都小于其他海拔区间的香果树同龄级个体，表明该海拔区间生境对香果树的生长不利，香果树种群生存质量较差，其种群整体生长势较弱。

表 3-10 武夷山海拔 1300～1400 m 的香果树种群静态生命表

龄级	龄期	a_x	l_x	d_x	q_x	L_x	T_x	e_x	$\ln a_x$	$\ln l_x$	k_x
Ⅰ	5	73	1000.00	835.62	835.62	582.19	1198.63	1.20	4.29	6.91	1.81
Ⅱ	10	12	164.38	27.40	166.67	150.68	616.44	3.75	2.48	5.10	0.18
Ⅲ	15	10	136.99	27.40	200.00	123.29	465.75	3.40	2.30	4.92	0.22
Ⅳ	20	8	109.59	27.40	250.00	95.89	342.47	3.13	2.08	4.70	0.29
Ⅴ	25	6	82.19	13.70	166.67	75.34	246.58	3.00	1.79	4.41	0.18
Ⅵ	30	5	68.49	13.70	200.00	61.64	171.23	2.50	1.61	4.23	0.22
Ⅶ	40	4	54.79	13.70	250.00	47.95	109.59	2.00	1.39	4.00	0.29
Ⅷ	50	3	41.10	13.70	333.33	34.25	61.64	1.50	1.10	3.72	0.41
Ⅸ	100	2	27.40	13.70	500.00	20.55	27.40	1.00	0.69	3.31	0.69
Ⅹ	250	1	13.70	13.70	0.00	6.85	6.85	0.50	0.00	2.62	2.62

3.4　香果树种群的存活曲线

3.4.1　香果树种群存活曲线的一般规律

植物种群的数量特征是由该种群与环境相互作用的外在表现。根据不同分布区和不同海拔香果树种群静态生命表中各龄级的标准化存活数绘制存活曲线（图 3-4 和图 3-5）。由图 3-4 和图 3-5 可以看出，香果树种群基本呈 Deevey Ⅲ型，即幼苗数量相对较多，较小龄级个体的死亡率高，当到达某一龄级后其死亡率趋于平缓。从表面看其种群为增长型，但经野外调查发现，香果树在群落中呈零星分布，其实生苗数量稀少且Ⅰ龄幼苗占绝大多数，根萌苗是香果树幼苗的主要组成部分，而根萌苗多处于香果树母树周围，且距离母树较近，很难进入主林层，故其自然更新困难，此部分详见第 8 章。

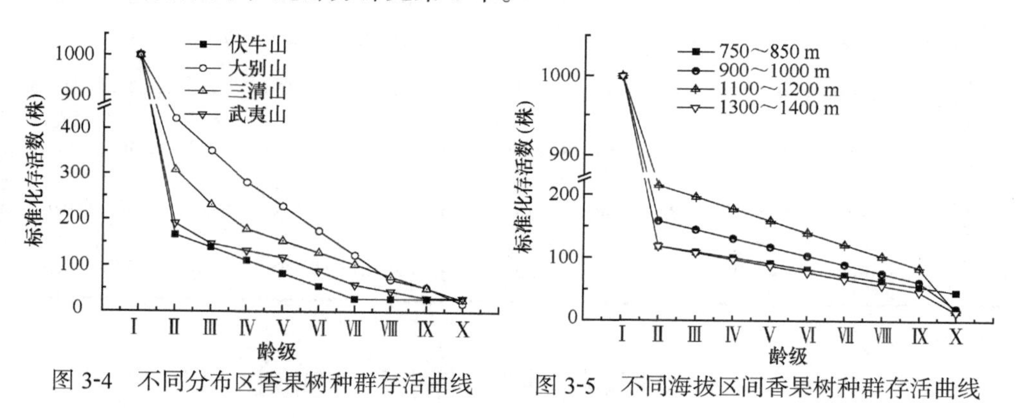

图 3-4　不同分布区香果树种群存活曲线　　图 3-5　不同海拔区间香果树种群存活曲线

3.4.2　分布区和海拔对香果树种群存活曲线的影响

由于标准化存活数是将种群中数量最多的龄级扩大到 1000，导致各分布区内差异大于分布区间，因此不能采用单因素方差分析。本研究对不同分布区香果树种群各龄级标准化存活数进行双样本 t 检验发现，四者相互间均存在极显著差异（$p<0.01$）。由表 3-3～表 3-6 可知，伏牛山香果树种群各龄级存活数和武夷山更接近，两者香果树种群各龄级标准化存活数均低于同龄级三清山和大别山，但在Ⅹ龄级存活数基本一致，表明 250 a 后该物种基本达到生理衰老期。经幂函数和线性函数拟合（表 3-11），发现香果树种群存活曲线更倾向于指数函数模型（$y=ae^{bx}$），即其存活曲线为 Deevey Ⅲ型，其中大别山香果树种群的存活曲线也较接近于线性模型（$y=a+bx$），表明该种群各个龄级的香果树的死亡率相近，种群结构相对稳定。

对 4 个海拔区间的香果树种群标准化存活数进行双样本 t 检验（表 3-11）发现，750～850 m 海拔区间与 900～1000 m 和 1300～1400 m 两海拔区间都存在显著差异，其余两两间均存在极显著差异，这表明海拔对香果树种群个体的存活存在显著的影响。低海拔 750～850 m 及高海拔 1300～1400 m 区间的香果树种群存活率较低，而分布于海拔 1100～1200 m 区间的香果树个体存活率相对较多，这表明 1100～1200 m 海拔区间的环境因子对香果树的生长及更新有利。

表 3-11　不同分布区香果树种群存活曲线的拟合方程（y 为标准化的存活数，x 为龄级）

分布区或海拔区间	指数函数方程	R^2	F	p	一元线性方程	R^2	F	p
伏牛山	$y=4342.040e^{-1.476x}$	0.952	123.299	0.000	$y=518.519-63.973x$	0.353	5.909	0.041
大别山	$y=1378.122e^{-0.422x}$	0.921	109.239	0.000	$y=716.959-80.914x$	0.690	21.030	0.001
三清山	$y=1925.736e^{-0.713x}$	0.895	69.050	0.000	$y=611.966-70.241x$	0.502	10.057	0.013
武夷山	$y=3632.270e^{-1.302x}$	0.924	81.811	0.000	$y=538.235-64.439x$	0.378	6.464	0.035
750～850 m	$y=6486.423e^{-1.873x}$	0.930	86.157	0.000	$y=485.656-56.699x$	0.266	4.259	0.073
900～1000 m	$y=4322.609e^{-1.473x}$	0.895	59.918	0.000	$y=522.917-60.495x$	0.332	5.464	0.048
1100～1200 m	$y=2532.177e^{-0.967x}$	0.822	38.813	0.000	$y=569.034-63.240x$	0.402	7.044	0.029
1300～1400 m	$y=6541.741e^{-1.881x}$	0.941	100.272	0.000	$y=491.781-59.029x$	0.290	4.675	0.063

3.5　香果树种群时间序列预测

3.5.1　不同分布区香果树种群的时间序列预测

以不同分布区香果树种群各龄级现有株数为原始数据，按照移动平移法对未来 10 a、20 a、30 a 和 50 a 各龄级株数动态变化进行预测，将结果绘制成龄级与存活数量的关系图（图 3-6）。由图 3-6 可以看出，不同分布区种群的年龄结构不同，其预测结果有所差异，但未来 10 a、20 a、30 a 和 50 a 部分龄级存活数量出现增加的趋势，其中，伏牛山香果树种群未来各龄级的这种变化趋势最明显。伏牛山Ⅱ龄级 10 a 后为 19 株，是现在的 9.5 倍，20 a 后的Ⅳ龄级存活数量是 10 a 后的 3.7 倍，是现在的 1.8 倍，但其Ⅳ龄级和Ⅸ龄级 10 a 后的存活数量少于现在，这主要是由于现在其前一龄级（Ⅲ和Ⅷ龄级）数量较少。

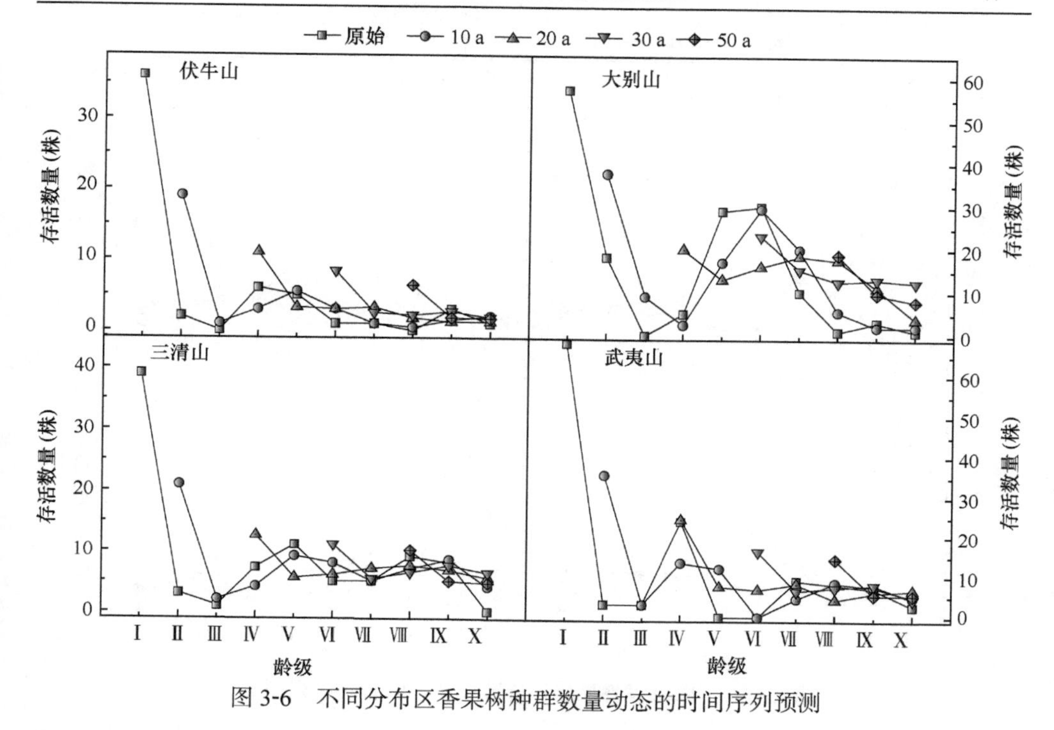

图 3-6　不同分布区香果树种群数量动态的时间序列预测

大别山香果树种群各龄级经时间序列预测发现其种群数量随着预测年限的延长，其种群存活数量变化趋势逐渐趋于平缓。10 a 后的Ⅳ龄级由现在 5 株降至 2.5 株，而 20 a 后该龄级增至 20 株。现在香果树种群Ⅴ、Ⅵ龄级存活数量相对较多，随着预测年限的增加其存活数量逐渐减少，且这种波动趋势逐渐减小且有后移现象，直至消失。

三清山和武夷山香果树种群各龄级的时间序列预测的基本趋势与前两个分布区类似，但三清山香果树种群Ⅶ龄级至Ⅸ龄级未来的存活数量存在波动的幅度较小，基本保持不变，这表明现有存活数量即为该分布区中香果树的最大环境容纳株数或接近其最大环境容纳株数。

3.5.2　不同海拔香果树种群的时间序列预测

图 3-7 为不同海拔香果树种群区间的样地合并后种群各龄级株数与龄级的关系图，由图可知，不同海拔区间的香果树种群未来低龄级存活数量增长幅度较大，高龄级基本与现在的种群数量相当。其中 750～850 m 和 1300～1400 m 两个海拔区间的Ⅸ龄级香果树株数随着预测时间年限的增加呈持续减小的趋势，这表明幼龄个体的增加占有了原生境中部分可利用资源，导致高龄级个体数量出现下降趋势。

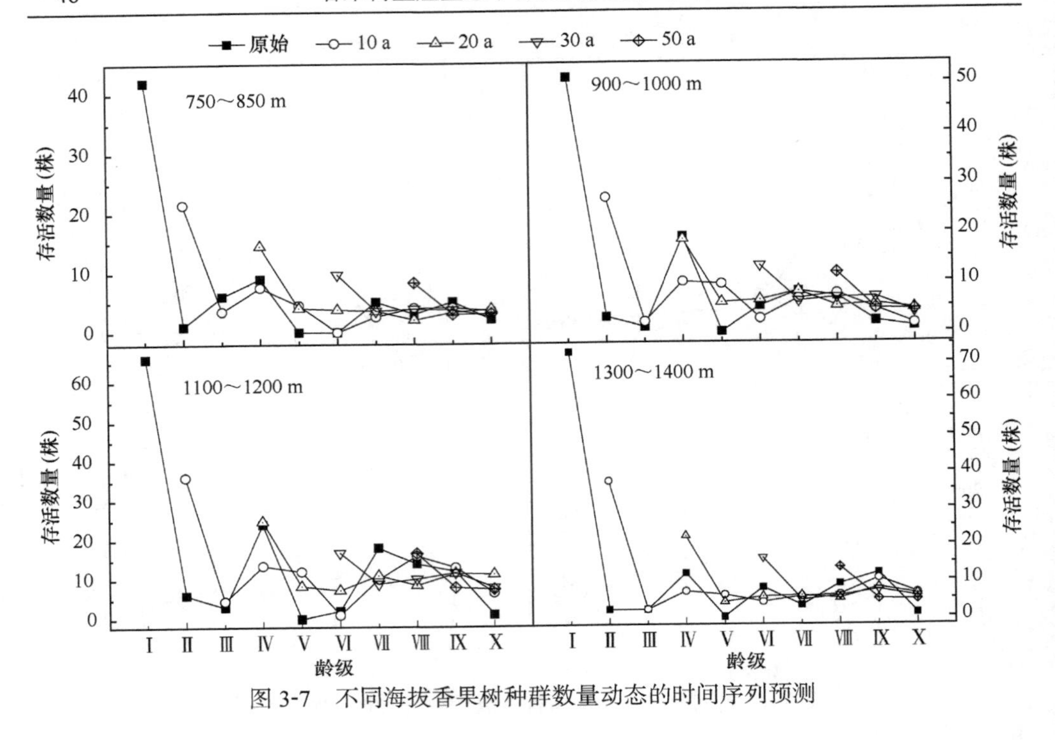

图 3-7　不同海拔香果树种群数量动态的时间序列预测

3.6　香果树种群谱分析

3.6.1　不同分布区香果树种群谱分析

级差的选择对反映植物种群的波动特征具有关键作用（郭连金和徐卫红，2007），为更详细地反映香果树种群数量周期波动性，本研究采用 5 a 一个龄级，统计其每个龄级的株数作为原始数据进行波谱分析，数据长度 n 即为所分龄级数，其实际时间系列长度为 $n\times5$ a，此时间长度即为基波的基本周期年限。利用谱分析公式计算不同分布区和不同海拔各个波形的振幅 A_k 值（$k=1, 2, \cdots, p$；$p=n/2$），所得各波序的振幅如图 3-8 和图 3-9 所示。图中 A_0 为基波；A_1～A_{11} 为各个谐波。每个谐波的周期为 1/2，1/3，…，$1/p$。A_k 值的大小反映了各周期作用大小的差别。

基波表现的是种群基本的周期波动，其周期波长为种群本身所固有，由种群波动特性所决定（吴明作和刘玉萃，2000）。由图 3-8 我们可以看出，不同分布区香果树种群基波最大，且不同分布区基波不同，表明香果树种群生长过程受其基波的显著影响，且环境对其种群波动具有显著影响。不同分布区香果树种群在基波周期下存在小周期波动，伏牛山、三清山和大别山香果树种群波动的小周期在

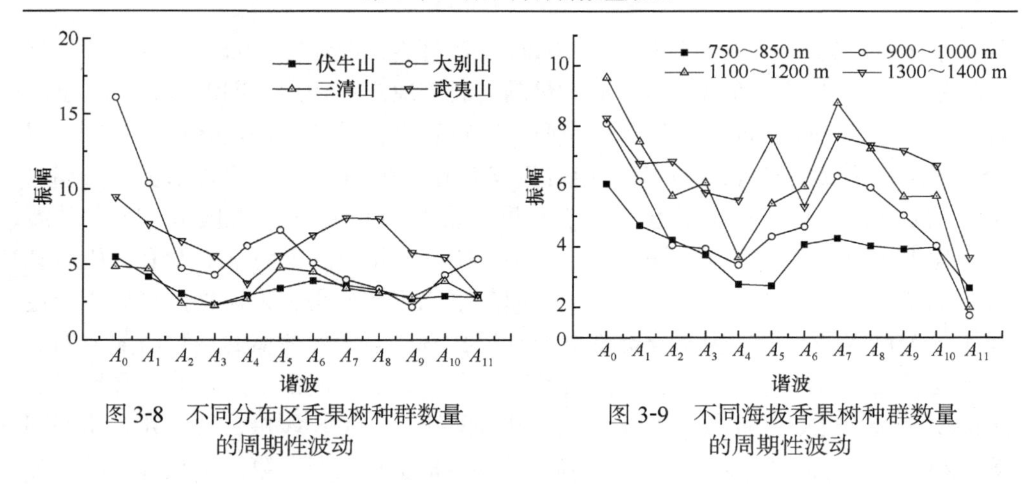

图 3-8　不同分布区香果树种群数量的周期性波动

图 3-9　不同海拔香果树种群数量的周期性波动

37～55 a（A_4～A_6），而武夷山则在 28～31 a（A_7～A_8），这可能与香果树的高生长特征有关，这两个年龄段的香果树生长达到了主林层，林分由郁闭变稀疏，局部林窗发生变化，使得林木产生分化数量发生变动，表现在年龄结构上，产生了不同龄级立木比例的波动，从而呈现出小周期波动特征。由于不同分布区香果树种群年龄有所不同，其基波、小周期波动有所差异，但基本上都表现出大周期内的 27～55 a 的小周期波动，这种波动是香果树种群对环境的一种适应，是其进行自然更新过程中维持自身稳定的一种机制。

3.6.2　不同海拔香果树种群谱分析

香果树种群数量波动同样受到分布海拔区间的影响。由图 3-9 可以看出，海拔对武夷山香果树种群基波产生影响，随着海拔的升高，其基波先上升，后下降，其振幅范围为 6～10。4 个海拔区间的香果树种群均存在小周期波动，其中 750～850 m 海拔区间的香果树种群小周期波动在 22～37 a（A_6～A_{10}），900～1000 m 和 1100～1200 m 海拔区间的小周期波动在 28～31 a（A_7～A_8）。高海拔的光照、温度、湿度等环境条件使得香果树高生长较为缓慢，进入主林层稍晚，从而导致小周期波动推迟，但研究发现，1300～1400 m 海拔区间的香果树种群波动存在两个小周期，即 44 a 和 24～31 a（A_5 和 A_7～A_9），这种现象可能与人为干扰程度较大有关（吴明作和刘玉萃，2000）。

3.6.3　环境因子对香果树种群数量的影响

对武夷山不同海拔的香果树种群原生境的 13 个环境因子进行主成分分析（表 3-12），结果表明前 4 个主成分累计贡献率分别为 35.063%、59.225%、71.816% 及 83.484%，提取的因子可以较好地反映出香果树生境中的环境特征。第一主成分的贡献率达 35.063%，是最重要的影响因子。在第一主成分中海拔（0.907）、大气温度（−0.900）、人为干扰强度（−0.863）和林内光照强度（0.694）载荷值的绝对值较大，这 4 者对香果树的种群数量动态起着决定性作用，即海拔升高、温度降低、减小人为干扰和较高的林内光照强度对香果树种群的稳定有利。第二主成分的贡献率为 24.162%，其载荷值绝对值较大的是 0～10 cm 土壤含水量（0.858）、土壤 pH（0.785）、0～10 cm 土壤层有机质含量（0.742）、大气湿度（0.753）及灌木层盖度（−0.721）。香果树种群原生境中表层土壤的含水量、pH 及有机质对其种子的萌发、根系的发育有关键作用，因此第二主成分是香果树种群自然更新过程中的关键因子。第三主成分贡献率为 12.591%，其中载荷值的绝对值最大的是乔木层盖度（0.913），该因子对香果树幼苗个体的生长存在较大影响，香果树幼苗耐阴喜湿，光照强度较大的环境致使其节间缩短、生长缓慢，甚至死亡（刘鹏等，2008），故乔木层盖度较大，有利于其幼苗的健康生长。第四主成分贡献率为 10.669%，其载荷值的绝对值最大的是坡向（0.827），该主成分主要是对进入主林层的香果树个体有较大影响，香果树在 20～40 a 进入主林层，此龄级的香果树已进入繁殖期，其习性已由耐阴转为喜光，对光照的要求较高，南向坡有利于其生长繁殖。综上所述，较高海拔区间的河谷、阳坡地段，土壤有机质丰富及适量的人为干扰等对香果树种群发育较为有利，是种群生存的适生环境。

表 3-12　不同环境因子的主成分量值

环境因子	主成分			
	1	2	3	4
海拔	0.907	0.048	−0.037	0.287
大气温度	−0.900	0.279	0.127	0.050
人为干扰强度	−0.863	−0.252	−0.014	0.047
林内光照强度	0.694	0.213	0.520	0.205
坡度	0.626	0.191	−0.288	−0.614
0～10 cm 土壤含水量	0.203	0.858	0.134	−0.130
土壤 pH	−0.079	0.785	−0.270	−0.226
大气湿度	0.050	0.753	0.453	0.181
0～10 cm 土壤有机质含量	−0.497	0.742	0.067	0.130
灌木层盖度	−0.397	−0.721	0.215	−0.294
坡位	0.546	0.587	0.179	0.056
乔木层盖度	−0.077	0.002	0.913	−0.237
坡向	0.203	0.061	−0.265	0.827
特征根	4.558	3.141	1.637	1.387
各分量贡献率（%）	35.063	24.162	12.591	10.669
累计贡献率（%）	35.063	59.225	71.816	82.485

3.7 小　　结

3.7.1 香果树种群年龄结构及其生存现状

植物种群数量动态不仅反映种群内不同个体的组配情况，也反映种群的结构、发展趋势与环境之间的相互关系。近年来，濒危植物种群的数量动态是植物种群研究的热点之一。濒危植物种群结构分为三种类型：增长型、稳定型和衰退型（戴月和薛跃规，2008；刘仲健等，2008；张小平等，2008），但以衰退型种群居多，特别是古老的、长寿命的孑遗濒危植物（张文辉等，2004b；张志祥等，2008；何永华和李朝銮，1999；谢宗强和陈伟烈，1994；张文辉等，2005a）。导致濒危植物衰退的原因主要有两个：一是自身适应力、繁殖力低下。天然条件下种子成苗率低成为濒危植物种群衰退的关键。例如，秦岭冷杉（*Abies chensiensis* Tiegh.）种子库的萌发率仅为 6.1%（张文辉等，2005a），银杉每株母树所产种子最终仅能转化为 3.1 株一年生幼苗（谢宗强和陈伟烈，1999）。二是外界干扰导致其数量迅速减少，人类采挖等破坏可导致植物种群加速灭绝。例如，攀枝花苏铁（*Cycas panzhihuaensis* L. Zhou et S. Y. Yang）原有 13 个种群，由于近 20 a 内的采挖，目前只幸存 5 个种群，分布面积（8800 km^2）不足原来的 29%，成年个体也减少 30%（何永华和李朝銮，1999）。Colling 等（2002）研究发现，濒危植物臭葱（*Scorzonera humilis* L.）所处生境独特，其群落组成与周围群落组成明显不同。Norman 认为濒危植物所依赖的生境破碎化、退化加速其濒危的进程（Ellstran and Elam，1993）。

本研究发现，不同分布区和不同海拔香果树种群年龄结构中幼苗相对较多，并没有发现其幼苗不足，这与康华靖等（2007a）研究的大盘山香果树种群结构有较大差距，与作者在 2009 年所研究的武夷山种群也有较大差异（郭连金，2009），主要是因为：①本研究将所有萌生苗进行了计数，使得幼苗数量有较大幅度的增加；②此前的研究大多是根据径级划分结构，而不是根据龄级进行划分；③调查时间不同，本研究调查时间为 6 月，处在香果树种子萌发后子叶展开、真叶开始出现的时期，香果树幼苗靠自身种子的营养可维持一个月的寿命（杨开军，2007），但之后会因环境原因大量死去（见第 6 章）。野外调查发现香果树生境中幼苗多为根萌苗，且往往密集生存，实生苗数量较少，这就给我们提出了两个问题，根萌苗在香果树更新过程中担任什么角色？它能否健康生长下去代替老龄个体进入主林层？关于这部分内容详见第 8 和 9 章。

不同分布区和不同海拔的香果树种群因其生境不同，种群结构存在差别，其中大别山幼苗的数量相对较多，且种群中进入生殖期的个体较多，种群较稳定，武夷山的香果树种群幼苗数量最多，但进入生殖期的个体较少，即表明该分布区香果树死亡率较高，尽管幼苗较多，但仅有少数个体担负起种群更新的任务。伏牛山香果树幼苗稀少，大树也较少，种群生长状况不良。不同海拔的香果树种群年龄结构表明，1100～1200 m 海拔区间的香果树幼苗数量较多，且进入生殖期的大树较多，生境较适宜，而低海拔和高海拔分布的香果树由于环境因子及人为干扰等原因导致其种群不稳定。由种群的静态生命表及存活曲线表明，香果树Ⅰ龄级个体在进入下一龄级时死亡率高达 60%～90%，即该种群自然更新相对困难。而Ⅵ、Ⅶ、Ⅷ和Ⅸ龄级死亡率相对较高，其原因是随着香果树个体的增大，其对环境资源的需求增大，竞争日趋激烈导致部分死亡。另外，人为砍伐也是香果树种群个体数量减少的一个主要原因，野外调查发现毛竹林及茶园边存在香果树母树被砍伐的现象。

3.7.2 香果树种群数量动态的预测、谱分析及主成分分析

为了清晰地了解未来香果树种群数量动态，本研究采用了时间序列预测，对其未来的 10 a、20 a、30 a 及 50 a 的种群结构进行了预测，发现不同分布区及不同海拔区间的香果树种群年龄结构随着预测年限的增加，各龄级株数增幅减缓。由同龄级比较可知，20 a 后大别山Ⅳ龄级香果树株数为现在的 4 倍，伏牛山为现在的 1.8 倍，三清山为现在的 1.7 倍，武夷山与现在相同，由此可见大别山香果树种群的稳定性高于其他分布区。

波动出现于所有植被中，伍业钢和韩进轩（1988）在研究阔叶红松林的演替与天然更新过程时，发现红松（*Pinus koraiensis* Sieb. et Zucc.）天然更新过程呈周期波浪式发展，这是其稳定的一个特点。因此，周期性波动可以成为种群稳定性维持的一个机制。本研究对香果树种群结构进行谱分析，结果表明：香果树种群更替存在周期性，香果树在其基波周期内存在 27～55 a 的小周期波动，说明香果树种群的天然更新过程呈波浪式发展，其波动与林窗效应的恢复及林分更新有关（张志祥等，2008），与种群生长周期长也存在一定关系，这反映了香果树种群数量变动的动态特征。

应用主成分分析，对香果树 13 个环境因子分析表明，影响程度由大到小依次为海拔、大气温度、人为干扰强度、林内光照强度、坡度、坡位、土壤含水量、土壤 pH、大气湿度、土壤有机质、灌木层盖度、乔木层盖度及坡向，其中灌木层盖度、大气温度和人为干扰为负影响。由于海拔不是一个独立因子，故第一主成分中大气温度、人为干扰强度及林内光照强度对香果树的种群结构起着决定作用。改善林内光照强度、降低林内温度及减小人为干扰强度可促进香果树幼苗的生长，有利于香果树种群结构的稳定。

第4章 香果树种群空间分布格局及其空间关联性

植物种群的空间格局是指种群内个体的空间分布方式或配置特征，是定量描述种群个体相对位置的一种途径，它一般代表了植物种群在一定环境内的空间分布结构，而这种结构特征的形成是该种群对环境条件长期适应和选择的结果，因此明确种群分布格局有助于了解植物种群特性、种内种间关系及其与环境的相互作用（曲仲湘，1983；操国兴等，2003）。种群是物种存在、遗传、进化的基本单位，是组成群落的基本单位，各种群有机地联系在一起，其生物学特征决定了群落的特征。由于各种群间存在相互影响、相互作用，并随着生境的变化，其分布格局相应地发生变化，因此研究植物种群的空间格局有助于认识它们的生态过程，以及它们与生境的相互关系。其中，判定种群的空间分布类型和空间关联性是空间格局研究的两个主要内容。

种群的空间分布类型与空间关联性是一致的，它们是种群生态关系在空间格局上的两种表现形式。植物种群的空间分布有 3 种基本类型：集群分布、随机分布和均匀分布。相应的，种群的空间关联有 3 种基本方式：空间正关联、空间无关联和空间负关联。集群分布和空间正关联体现了种群内部正向（相互有利）的生态关系，均匀分布和空间负关联反映了种群内部负向（相互排斥）的生态关系，随机分布和空间无关联则意味着种群内部没有明确的生态关系（Philips and Macmahon，1981；Kenkel，1988；Manuel，2000）。

本章采用分形维数、离散分布的理论及点格局分析方法，通过分析不同分布区和不同海拔的香果树种群的空间格局和空间关联性，探讨香果树种群空间格局和空间关联性对区域和海拔的响应，为深刻理解香果树种群对环境变化的响应机制，为解决香果树种群的更新问题及其保育、恢复与可持续经营提供理论依据。

4.1 研 究 方 法

4.1.1 取样方法

经充分踏查，武夷山香果树分布范围内共有 4 种典型生境，即香果树纯林、常绿落叶阔叶林、针阔混交林和毛竹林，分别选取了 5 个、4 个、3 个、4 个面积为 20 m×20 m 的典型样地进行群落调查（表 4-1），并对伏牛山、大别山、三清山及武夷山香果树的固定样地进行群落调查（表 2-1 和表 3-1），调查内容包括：①生境。地貌地形、土壤、坡向、坡位和砾石覆盖率及群落内环境因子，其中光照、大气温度和湿度分别利用了 ZDS-10 型光照计和 DHM2 型通风干湿温度计，在距地面 0.5 m 处测定（江洪，1992）。②群落特征。树种组成、高度、盖度等（郭连金等，2007；李帅锋等，2013）。③香果树个体定位。以样地一边为 *X* 轴，以其垂直边作为 *Y* 轴建立平面直角坐标系，记录每一株的坐标值，对样地内香果树幼苗、幼树及大树植株进行每木定位，记录每木的具体坐标、基径、胸径、树高、冠幅。

表 4-1　样地基本情况及香果树种群数量统计

群落类型	样地号	海拔（m）	坡向	坡度（°）	乔木层盖度（%）	灌木层盖度（%）	香果树				
							平均高度（m）	平均胸径 BHD（cm）	实生苗数（株）	总个体数（株）	重要值
香果树纯林	Q1	1350	阳坡	25	0.7	0.5	10.3±7.1	13.1±9.3	9	39	233.2
	Q2	1320	阳坡	15	0.6	0.4	9.1±7.8	12.2±10.7	9	48	247.8
	Q3	1285	半阳坡	21	0.8	0.7	8.9±9.1	9.7±11.1	15	51	245.2
	Q4	1335	半阳坡	18	0.8	0.7	10.7±7.5	13.7±9.9	10	36	238.6
	Q5	1320	半阴坡	28	0.7	0.6	11.4±7.8	14.5±11.2	8	36	245.7
常绿落叶阔叶林	Q6	1430	阳坡	30	0.6	0.4	12.1±5.5	11.8±5.2	3	28	119.0
	Q7	1380	阳坡	23	0.8	0.5	12.4±5.5	12.5±5.9	4	22	127.1
	Q8	1250	阳坡	26	0.7	0.7	11.5±5.1	12.3±4.7	4	25	140.6
	Q9	1195	半阴坡	28	0.8	0.7	11.8±4.8	12.6±5.2	2	31	130.1
针阔混交林	Q10	1500	半阴坡	25	0.6	0.7	11.5±2.5	12.7±3.1	0	15	88.4
	Q11	1458	阳坡	28	0.8	0.6	12.3±2.1	12.5±2.4	0	14	83.8
	Q12	1487	阳坡	30	0.6	0.6	12.6±1.9	13.1±2.7	0	11	70.2
毛竹林	Q13	1100	阳坡	19	0.7	0.6	9.6±2.5	9.6±2.3	0	16	63.7
	Q14	1340	阳坡	17	0.7	0.7	11.6±3.4	10.5±2.1	0	13	65.2
	Q15	1175	半阳坡	23	0.6	0.7	11.4±1.9	9.0±2.8	0	19	70.0
	Q16	1208	半阳坡	28	0.7	0.7	11.8±3.9	10.1±3.6	1	15	67.5

4.1.2　分形维数

分形模型可用于探讨生态学中涉及尺度、等级等的难题，且分形分析强调了尺度的重要性，尺度变化的内涵通过分形维数的变化反映出来，其是刻画尺度依赖问题的有力工具。采用分形维数研究种群的分布格局可以揭示在不同的观测尺度上种群空间分布的变化规律。分形维数包含计盒维数、信息维数及关联维数三种，其中计盒维数是对种群占据面积随尺度变化规律的反映，能揭示种群对生态空间的占据能力和程度（马克明和祖元刚，2000；宋萍等，2004）。种群分布格局在不同尺度上占据空间的程度不同，不同尺度对应不同的直线斜率。直线斜率的绝对值即计盒维数，其值为 0～2，值为 1～2 时可揭示林木以完整个体为单位对水平空间的占据，即了解林木个体的空间分布特征，维数值为 1～2 时最有意义（马克明和祖元刚，2000；向悟生等，2007）。而拐点尺度为 0～1 和 1～2 两段不同的线性区域的分界点，可指示种群个体的聚集尺度（郭华等，2005），在一定程度上也能体现群落的生境质量及环境容纳量，这对濒危植物的保护研究具有重要意义（周纪纶等，1992），其计算公式为

$$D_b = -\lim_{\varepsilon \to 0} \frac{\ln N(\varepsilon)}{\ln \varepsilon} \qquad (4\text{-}1)$$

式中，D_b 为计盒维数；ε 为划分尺度，即格子边长；N 为对应于划分尺度 ε 的非空格子数。

根据香果树种群的生物学特征，选择栅格化的尺度为样方边长的 2 等分（对应小格子为 10 m×10 m）至 20 等分（对应小格子为 1 m×1 m），将 $N(\varepsilon)$ 非空格子数与对应的划分尺度（ε）在双对数坐标系中进行直线拟合或分段直线拟合，所得直线斜率的绝对值为计盒维数的估计值（马克明和祖元刚，2000）。

信息维数是计盒维数的推广，在对种群格局实施网格覆盖的过程中，计盒维数只考虑了每个格子中是否有个体存在，而对每个非空格子中到底有多少个体未予区分。信息维数则进一步考虑到了这一点，它将每个格子均给出一个概率密度，进而通过信息量公式给出每一尺度与对应信息量的幂律关系。

根据信息维数的计算公式

$$D_i = -\lim_{\varepsilon \to 0} \frac{I(\varepsilon)}{\ln \varepsilon} \qquad (4\text{-}2)$$

式中，D_i 为信息维数；ε 为划分尺度，即格子边长；$I(\varepsilon)$ 为对应于划分尺度 ε 的信息量。计数网格边长值为 ε 时每个非空格子中拥有的个体数目 N_i，若样方内总个体数目为 N，单一格子中的概率为 $P_i=N_i/N$，信息量为 $I_i=-P_i\ln P_i$，对应网格边长为 ε 时的总信息量为 $I(\varepsilon)=\sum I_i$。根据香果树种群的生物学特征，选择栅格化的尺度为样方边长的 2 等分（对应小格子为 10 m×10 m）至 20 等分（对应小格子为 1 m×1 m），将信息量与相应的网格边长 ε 在双对数坐标下进行直线拟合（或分段直线拟合），得到的拟合直线斜率的绝对值即为信息维数 D_i 估计值（马克明和祖元刚，2000）。

4.1.3　离散分布拟合及聚集强度分析方法

1．离散分布拟合

（1）泊松分布

泊松分布是一种常见的离散概率分布，由法国数学家西莫恩·德尼·泊松

（Siméon-Denis Poisson）提出，其平均数与方差相等，可用来描述种群的随机分布，其特征是种群中的个体占据空间任何一点的概率相等且相互独立，即任一个体的存在不影响其他个体的存在。其概率（P_x）的计算公式为

$$P_x = m^x \frac{e^{-m}}{x!} \tag{4-3}$$

式中，P_x 为 N 个抽样单位中出现 x 个植株的概率；x 为植株数；m 为总体的平均数，可由样本平均数来估计（Schellner et al.，1982）。

（2）负二项分布

负二项分布也是一种离散概率分布，适合聚集分布的种群，本分布的特点是种群在空间的分布极不均匀，其理论表达式为（$q-p$）$^{-k}$，各项展开为

$$P_x = \frac{(k+x-1)}{x! \times (k-1)} \times p^x q^{-k-x} \tag{4-4}$$

式中，$k=\frac{x}{p}$，$p=\frac{s^2}{\bar{x}}-1$，$q=1-p$，s^2 为方差，$\bar{x}$ 为样本平均数（李俊清，1986）。

（3）奈曼分布

奈曼分布是泊松分布的特例，即由泊松分布的种群所组成。本分布的核心之间是随机的，核心大小约相等，核心周围呈放射状蔓延。其中 n 为参数，$n=0$ 称为 A 型，$n=1$，2，…，依次称为 B 型，C 型……（丁岩钦，1980）。本研究采用应用最广泛的 A 型分布，其概率计算公式为

$$P_0 = e^{-m_1}(1-e^{-m_2}) \quad x=0 \tag{4-5}$$

$$P_x = \frac{m_1 m_2 (1-e^{-m_2})}{x} \times \sum_{k=0}^{x-1} \left(\frac{m_2^k}{k!} P_{x-k-1} \right) \tag{4-6}$$

式中，$m_1=\frac{x^2}{s^2-1}$；$m_2=\frac{x}{m_1}$。

（4）χ^2 检验

由 Gleason 和 Svedburg 提出该方法，以泊松分布为基础，采用实测频数与理论频数作比较，检验其吻合性。其公式为

$$\chi^2 = \sum_{i=0}^{n} \frac{(\text{理论频数}-\text{实际观测频数})^2}{\text{理论频数}} \tag{4-7}$$

χ^2 检验要求其理论频数≥5，根据自由度 df（泊松分布$=n-2$，负二项分布和奈曼分布$=n-3$）及可靠性 p，查卡方分布表得 $\chi^2_{0.05}$ 的值，若 $\chi^2 > \chi^2_{0.05}$，则实际观测频数与理论频数差异显著，即实际观测频数不服从于该分布类型；若 $\chi^2 < \chi^2_{0.05}$，则差异不显著，表明实际观测频数服从于相应的分布类型。

2．分布系数及 t 检验

该方法由 Svedburg（1922）与 χ^2 检验同时提出，又称为方差/均值（C_x），可用于刻画种群总体格局，计算公式为

$$C_x=\sum_{i=1}^{n}(x_i-\overline{x})^2 / \overline{x}(n-1)=\frac{s^2}{\overline{x}} \tag{4-8}$$

$$\overline{x}=\sum_{i=1}^{n} f_i x_i / \sum_{i=1}^{n} f_i \tag{4-9}$$

式中，f_i 为第 i 个样方；x_i 为第 i 个样方个体数；n 为样方个体数；$\overline{x}$ 为平均个体数。当 $C_x<1$ 时，表示种群个体为均匀分布；$C_x>1$ 时，表示种群为聚集分布；$C_x=1$ 时，表示种群个体符合随机分布。

C_x 值对 1 的偏离可用 t 检验来检查，假定样本分布函数 H_0 服从泊松分布，测的方差/均值对 1.0 的离差的显著程度用 t 检验确定，对此比率偏差的标准差由式（4-10）得出

$$s^2=\sum_{i=1}^{n}[f_i(x_i-\overline{x})/(N-1)] \tag{4-10}$$

$$偏差的标准差=2/(N-1)$$

$$t=\frac{s^2/\overline{x}-1}{\sqrt{2/(N-1)}} \tag{4-11}$$

式中，N 为样方总数。将此 t 值按 $N-1$ 的自由度查表进行比较，若 $t>t_{0.05}$，说明 H_0 假设有误，该种群分布不服从泊松分布，否则服从泊松分布。

3．Morisita 指数（I_δ）的 F 检验

Morisita 分布指数，是由 Morisita 从 Simpson 多样性指数推导出的不直接依赖于泊松分布的随机测定指标，其最大的优点是分布型、抽样数、抽样单位大小之间都是独立的。其公式为

$$I_\delta=N\frac{\sum_{i=1}^{N}(x_i-1)x_i}{\sum_{i=1}^{N}x_i\left(\sum_{i=1}^{N}x_i-1\right)} \tag{4-12}$$

当 $I_\delta=1$ 时，种群个体为随机分布；若 $I_\delta>1$，则为聚集分布；$I_\delta<1$，个体趋于均匀分布。该方法可用 F 检验：

$$F=\frac{I_\delta\left(\sum_{i=1}^{N}x_i-1\right)+N-\sum_{i=1}^{N}x_i}{N-1} \tag{4-13}$$

计算出 F 值后，查 F 分布表，以分子的自由度为 $N-1$，分母的自由度为∞，如果 F 值落入［$F_{N-1,\ \infty,\ 0.025}$，$F_{N-1,\ \infty,\ 0.975}$］区间内，表明种群分布为随机分布，否则为聚集分布或均匀分布（张金屯，1995；Greig-Smith，1983）。

4．聚集强度指标

（1）负二项参数（K）

$$K=\frac{\overline{x}^2}{s^2-\overline{x}} \tag{4-14}$$

K 值与种群的密度无关，若 K 值越大（8 以上），越接近泊松分布；若 K 值越小，则种群越接近聚集分布（江洪，1992）。

（2）Cassie 指标（C_A）

$$C_A=1/K \tag{4-15}$$

式中，K 为负二项参数。$C_A=0$，种群为随机分布；$C_A>0$，种群为聚集分布；$C_A<0$，种群为均匀分布（江洪，1992）。

（3）丛生指标（I_C）

$$I_C=\frac{s^2}{x}-1 \tag{4-16}$$

当 $I_C=0$ 时，种群为随机分布；当 $I_C>0$ 时，种群为聚集分布；当 $I_C<0$ 时，种群为均匀分布。

（4）平均拥挤度（m^*）及聚块性指数（m^*/m）

$$m^*=\frac{\sum_{i=1}^{N}x_i}{N} \tag{4-17}$$

聚块性指数定义为平均拥挤度（m^*）与平均密度（m）的比例。

$$\frac{m^*}{m}=1+\frac{1}{K} \tag{4-18}$$

式中，K 为负二项参数。当 $m^*/m=1$ 时，种群为随机分布；当 $m^*/m<1$ 时，种群为均匀分布；当 $m^*/m>1$ 时，种群为聚集分布。

5．格局规模分析

运用 Greig-Smith 的方法计算各区组的均方并绘制格局规模图，具体分析过程为：首先划分区组面积，其次对每一区组面积计算均方，最后根据均方值与对应的区组面积绘制格局分析图（Greig-Smith，1983），格局分析图有三种情况：①无明显上升或没有峰值的上升图，表示为随机分布；②图形较低，不成峰，常与底线平行的图，呈均匀分布特征；③峰形或凸形是显著上升的曲线，表示聚集格局，

峰的位置即为格局的规模。均方值（MS_i）的计算公式为

$$MS_i=\frac{\frac{(x_1-x_2-\cdots-x_{2i})^2}{i}+\frac{(x_{i+1}-x_{i+2}-\cdots-x_{4i})^2}{i}+\cdots}{n-2i+1}+\frac{\frac{(x_{n-i+1}-x_{n-i+2}-\cdots-x_n)^2}{i}}{n-2i+1} \quad (4\text{-}19)$$

式中，i 为区组序号；n 为样本个数；x 为样本观测值（傅星和南寅镐，1992）。

为研究香果树种群分布格局强度及其规模，本研究将样地划分为 2 m^2、4 m^2、8 m^2、16 m^2、32 m^2、50 m^2、64 m^2、128 m^2 8 个区组。

4.1.4　点格局分析及空间关联性分析

以上方法为传统的空间格局研究方法，由于上述方法将二维的坐标资料转换为一维的样方指数的分布方法时丢失了许多信息，并且它们只能分析一个尺度所取样方的大小上的空间格局。而利用空间点格局分析种群空间格局则可以避免这些问题，它考虑了点的空间位置，故用其研究种群的空间格局更具有意义。

为研究香果树发育过程中点格局及其空间关联性的变化，本研究将香果树种群个体划分为 3 个年龄级别，由于香果树 20 a 左右开始开花，本研究将 20 a 以上的划分为繁殖期（Ⅲ级），10～20 a 为Ⅱ级，0～10 a 为Ⅰ级，共三级。

点格局的分布类型 $L(d)$ 公式为

$$L(d)=\sqrt{\frac{A}{n^2\times\pi}\sum_i^n\sum_j^n\frac{I_{ij}(d)}{W_{ij}(d)}}-d \quad (4\text{-}20)$$

式中，A 表示样方面积；n 是样方内某种群的个体数量；i、j 是样方内任意两点的某种群个体；$I_{ij}(d)=1$（当 $d_{ij}\leqslant d$ 成立时，d 为距离尺度；d_{ij} 是 i 到 j 之间的距离）；$W_{ij}(d)$ 是边缘校正的权重，等于以 i 为圆心，以 d_{ij} 为半径的圆落在研究区域内的弧长和整个圆周长的比值。在距离尺度 d 下，如果 $L(d)>0$，种群为聚集分布；如果 $L(d)=0$，为随机分布；如果 $L(d)<0$，则为均匀分布。

一般利用 Monte Carlo 方法来求解随机分布的上下包迹线，如果研究对象实际的值落在上下包迹线的区间内，则在此距离尺度下植物种群是随机分布的；如果研究对象实际的值落在上下包迹线的区间以上，则在此距离尺度下植物种群是聚集分布的；如果研究对象实际的值落在上下包迹线的区间以下，则在此距离尺度下植物种群是均匀分布的（张金屯，1998）。具体方法是选取 m 组 n 个随机数，每组都利用上述公式求解在不同距离尺度下的 $L(d)$ 值，然后把对应的每个 d 下的 m 个 $L(d)$ 由小到大进行排序，分别保留最大值和最小值作为上下包迹线的取

值范围。

种群间的空间关联性［$L_{12}(d)$］采用多元点格局分析的方法，其公式为

$$L_{12}(d)=\sqrt{\frac{A}{n_1\times n_2\times \pi}\sum_{i}^{n}\sum_{j}^{n}\frac{I_{ij}(d)}{W_{ij}(d)}}-d \tag{4-21}$$

式中，n_1和n_2分别为种群 1 和种群 2 的个体数，A、$I_{ij}(d)$、$W_{ij}(d)$、n、i、j和d的含义同式（4-20）。当$L_{12}(d)=0$时，表明两个种在d尺度下无关联性，当$L_{12}(d)>0$时，表明二者为正关联；当$L_{12}(d)<0$时，表明二者为负关联。用 Monte Carlo 检验拟合包迹线，以检验两个种是否显著地关联。如果研究对象实际值落在上下包迹线的区间内，则在此距离尺度下两个植物种群空间关联性不显著；如果研究对象实际的值落在上下包迹线的区间外且在上包迹线之上，则在此距离尺度下两个植物种群空间关联性为显著正关联；如果研究对象实际的值落在上下包迹线的区间外且在下包迹线以下，则在此距离尺度下两个植物种群空间关联性为显著负关联。本章运用 Monte Carlo 拟合检验的拟合次数为 99 次，即其置信区间为 99%。点格局及空间关联性分析通过 R 软件相关程序包完成。

4.2　香果树种群分布格局的分形特征

4.2.1　香果树种群分布格局的计盒维数

1．不同海拔香果树种群的计盒维数

图 4-1 为 4 个海拔的武夷山香果树种群个体分布格局点位图，可直观地看出香果树种群在不同海拔分布范围内的分布格局接近聚集分布，但它只能确定香果树在特定尺度上的分布位置，并可粗略地估测出种群在样地中的分布特征。为进一步分析香果树占据生态空间的能力，本研究计算了香果树空间格局的计盒维数，由图 4-2 可知，4 个香果树种群的 $\ln\varepsilon$-$\ln N(\varepsilon)$ 曲线图均存在两个较明显的线性区域，说明计盒维数可用来反映香果树种群的分布格局，并表明种群在两个不同尺度范围内存在不同空间自相似性，分别占据不同大小的生态空间（向悟生等，2007）。

由分段直线拟合，剔出对应尺度较小的线性区域，对尺度较大的线性区域进行直线拟合，所得到的直线斜率的绝对值即为香果树种群的计盒维数。香果树种群计盒维数计算结果直线拟合呈极显著线性相关（$p<0.01$）。由图 4-2 可知，4 个海拔段的种群格局具有明显的分形特征且存在一定的差别，海拔在 1100～1200 m 分布的种群个体数量较多，在样地中分布面积较广，占据空间的能力较强，其格局的计盒维数较大。其次为 1300～1400 m 海拔区间的香果树种群，该样地分布于

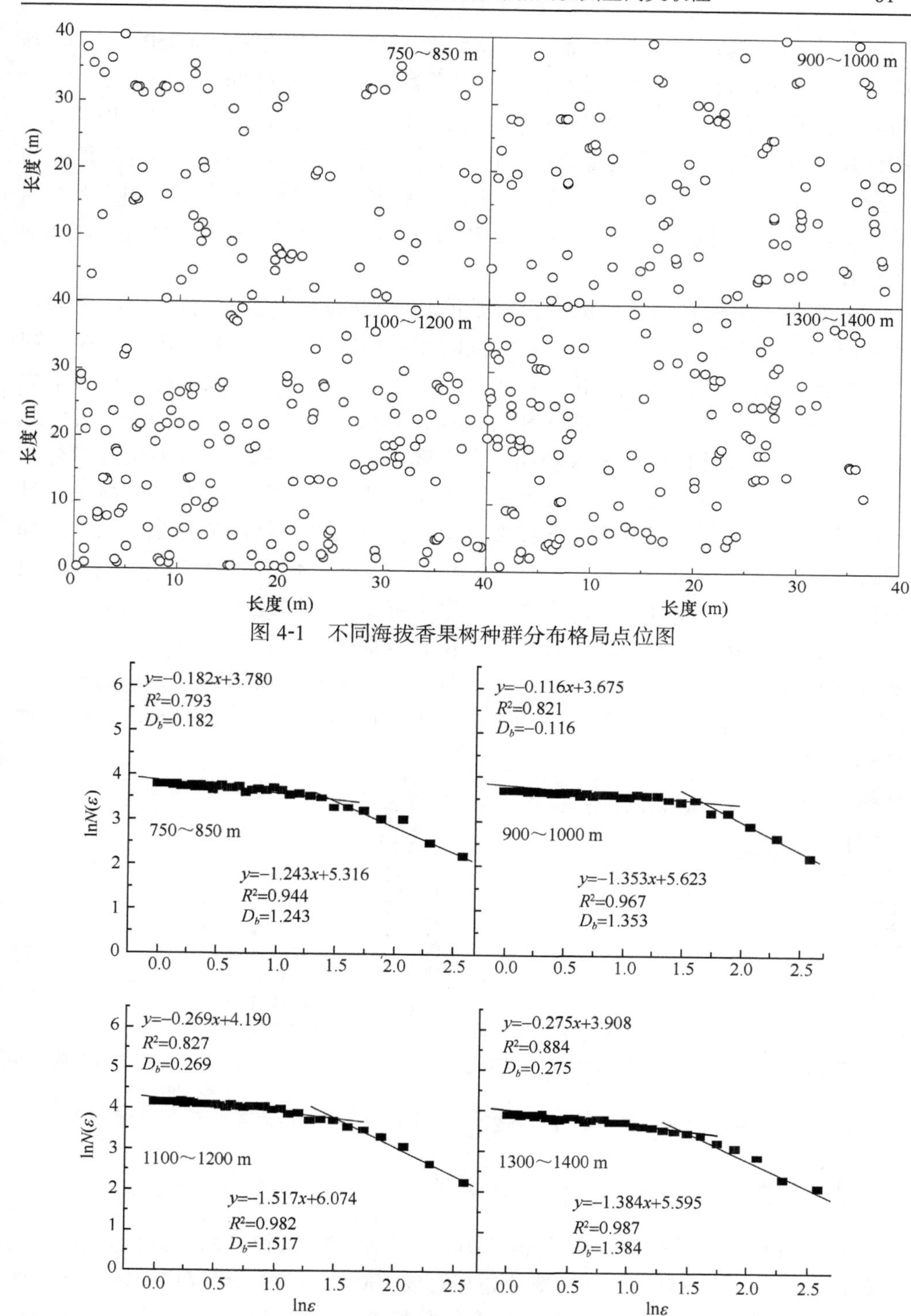

图 4-1　不同海拔香果树种群分布格局点位图

图 4-2　种群空间格局计盒维数的 $\ln\varepsilon$-$\ln N(\varepsilon)$ 曲线图

小溪旁，环境较适宜，林地外面有大量碎石，根萌苗相对较多。而 750～850 m 海拔生境中盖度较高，林地被杉木和灌丛所覆盖，导致香果树幼苗光照不足，无法与周围物种竞争，种群数量相对较少，在群落中占据空间的能力较弱，种群格局的计盒维数较小。种群内的每个个体在其生长发育过程中都需要占据一定的空间资源，由于个体发育程度及在群落空间中占据的位置不同，其实际利用生态空间的能力也有所不同（梁士楚和王伯荪，2002），因此不同海拔香果树种群的计盒维数存在差异。

分别以香果树种群格局的计盒维数值和拐点尺度值为纵坐标，以海拔为横坐标，绘制分形维数和拐点尺度随海拔的变化曲线图，分析香果树种群在不同海拔区间内的分形特征的变化。从图 4-3 和图 4-4 可知，经拟合所得计盒维数值与拐点尺度的二项式回归曲线相关性均达到极显著水平（$p<0.01$），说明二项式曲线可准确反映计盒维数和拐点尺度随海拔的变化趋势。香果树种群分布格局是其在群落中综合生存能力的外在表征，其计盒维数值随海拔升高呈先升后降的趋势，且在不同海拔之间存在波动；拐点尺度变化趋势与之相反，先降后升。说明香果树在中海拔 1200～1400 m 的分布区域，对生境的适应程度及占据生态空间能力较强，扩展潜力大，聚集程度高，因此中海拔是其生存较好的环境，应充分加以利用，进行人工育苗，以加速扩展其种群数量；而低海拔和高海拔地区，由于环境严酷、人为干扰等，香果树种群数量少，呈随机分布趋势，其扩展能力弱，因此对这两个海拔地段应加强保护，严禁破坏，以免种群消失。

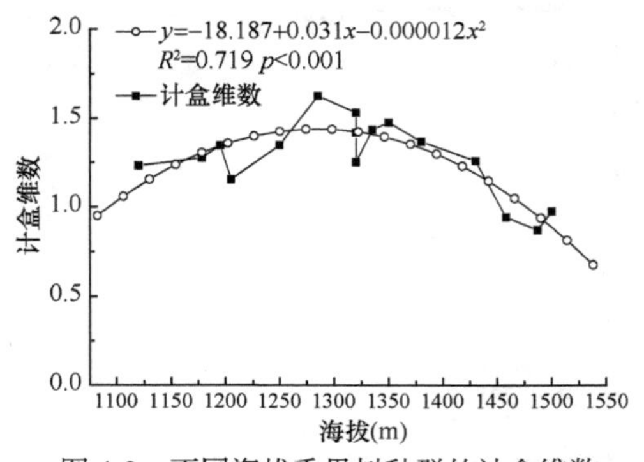

图 4-3　不同海拔香果树种群的计盒维数

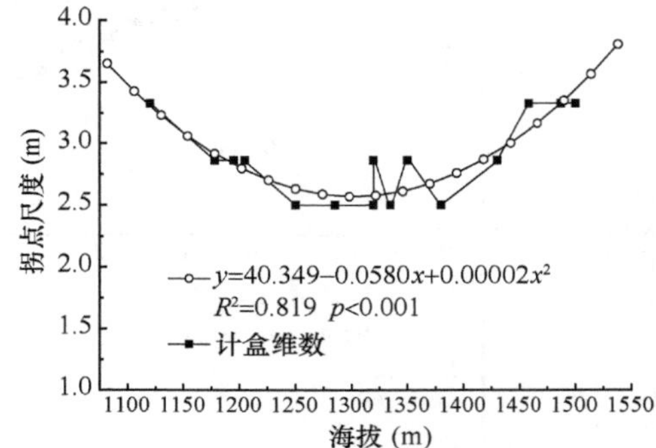

图 4-4　不同海拔香果树种群的拐点尺度

2．不同群落香果树种群的计盒维数

经野外调查，香果树主要分布于阳坡、半阳坡的温湿地段，群落盖度均较大（表 4-1）。其中，香果树纯林主要分布在海拔 1300 m 左右，研究样地中，除几株壳斗科植物外，其余均为香果树。其个体数量多，重要值高，在群落中占有绝对优势，为建群种。林下存在较多幼苗，且其平均高度和胸径比较大，说明该生境中香果树生长良好，存在一定自然更新；常绿落叶阔叶林中香果树分布于海拔 1000～1400 m、坡度较陡的向阳地段。该类型群落组成主要为香果树、甜槠、红脉钓樟等。香果树由于处于群落中亚乔木层，数量虽然较多，但个体生长较差，重要值与纯林相比明显降低，幼苗数量较少，样地中仅有 2～4 株；针阔混交林中香果树主要分布于 1400～1500 m，环境严酷，坡度较大（25°～30°），香果树散生于高大的柳杉、多脉青冈中，生长状况差，调查没有发现幼苗；毛竹林中香果树分布海拔较低，水热条件较好，但是在与毛竹竞争中处于劣势，加上人为干扰，导致香果树在毛竹林中零散分布，数量少，个体生长较差，调查的 4 块样地中仅发现 1 株实生苗。

样地中香果树种群分布格局的点位图、计盒维数见图 4-5、图 4-6 和表 4-2。图 4-5 表明了 Q1 样地内香果树个体的水平分布格局，香果树在 20 m×20 m 尺度下个体聚集分布。图 4-6 显示了香果树纯林 Q1 样方中香果树分布格局的拐点尺度，其他各样方拐点的出现情况与之类似，即拐点之前，计盒维数随取样尺度变化微弱，拐点之后，降低的趋势明显且呈显著的线性关系。拐点是香果树种群格局出现突变的空间尺度，从表 4-2 结果来看，不同群落类型香果树种群的拐点尺度具有较大差异。其中，针阔混交林中香果树种群 Q10～Q12 的拐点尺度均为 3.33 m，毛竹林中各样方拐点尺度大多为 2.86 m，常绿落叶阔叶林和香果树纯林中各样方拐点尺度较低，为 2.50～2.86 m。这表明常绿落叶阔叶林和香果树纯林聚集尺度较小，结合表 4-1 可知，这两种生境中存在相对较多的幼苗，其聚集程度高，而毛竹林和针阔混交林则聚集程度较低。图 4-6、表 4-2 可进一步揭示香果树在所有取样尺度上的聚集情况，所有样方格子边长对数值与非空格子数对数值之间的线性关系明显（$r>0.95$），直线拟合的结果均达到极显著水平（$p<0.01$），因此所得直线斜率的绝对值即为香果树种群格局的计盒维数值。

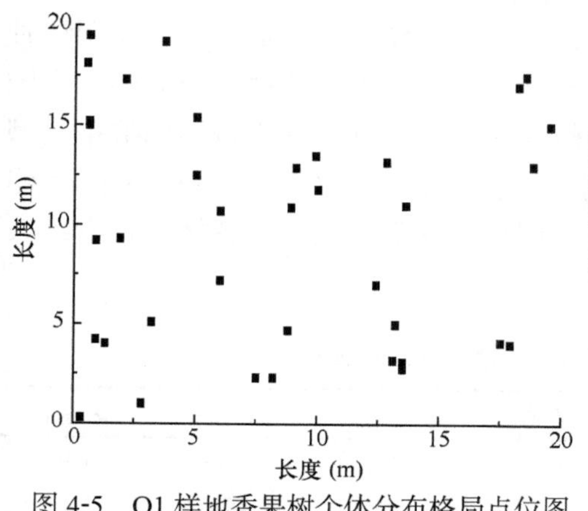

图 4-5　Q1 样地香果树个体分布格局点位图

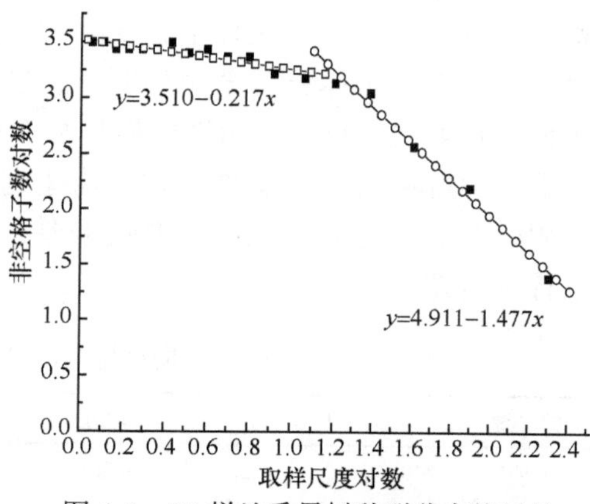

图 4-6　Q1 样地香果树种群分布格局的计盒维数图

表 4-2　不同样地中香果树种群格局的计盒维数

群落类型	样地号	回归方程	计盒维数	相关系数	拐点尺度（m）	平均冠幅（m）
香果树纯林	Q1	$y=-1.477x+4.911$	1.477	0.963**	2.86	2.1
	Q2	$y=-1.534x+4.986$	1.534	0.987**	2.50	2.0
	Q3	$y=-1.629x+5.203$	1.629	0.984**	2.50	2.2
	Q4	$y=-1.436x+4.762$	1.436	0.983**	2.50	2.1
	Q5	$y=-1.418x+4.424$	1.418	0.989**	2.50	1.9
常绿落叶阔叶林	Q6	$y=-1.260x+4.424$	1.260	0.963**	2.86	2.7
	Q7	$y=-1.368x+4.329$	1.368	0.989**	2.50	2.3
	Q8	$y=-1.349x+4.632$	1.349	0.968**	2.50	2.5
	Q9	$y=-1.346x+4.668$	1.346	0.962**	2.86	2.7
针阔混交林	Q10	$y=-0.976x+3.725$	0.976	0.961**	3.33	3.8
	Q11	$y=-0.945x+3.379$	0.945	0.951**	3.33	4.2
	Q12	$y=-0.872x+3.525$	0.872	0.970**	3.33	3.9
毛竹林	Q13	$y=-1.231x+4.414$	1.231	0.980**	3.33	3.1
	Q14	$y=-1.251x+3.569$	1.251	0.964**	2.86	3.4
	Q15	$y=-1.154x+4.228$	1.154	0.987**	2.86	3.2
	Q16	$y=-1.274x+4.155$	1.274	0.975**	2.86	3.1

** 表示相关系数达极显著水平（$p<0.01$）

香果树纯林中 5 个样方的计盒维数值均较高（≥1.418），表明香果树纯林中种群格局强度的尺度变化程度比较高，个体集群分布明显。常绿落叶阔叶林中，Q7～Q9 计盒维数也较高，香果树个体聚集分布的趋势明显，而 Q6 的计盒维数较低。针阔混交林中，Q10～Q12 样方的计盒维数均低于 1，说明该种生境中香果树个体集群分布不明显，趋于随机分布。毛竹林中各样方的计盒维数为 1.154～1.274，表明种群聚集分布程度较弱。经方差分析得不同群落类型香果树种群格局的计盒维数差异均达到极显著水平（$p<0.01$）（表 4-3），表明个体分布的非均匀性程度存在较大差异，同种群落类型内部，各样地计盒维数也有一定差别。

表 4-3　不同类型群落中香果树计盒维数方差分析

差异源	平方和	自由度	均方	F 值	p 值	$F_{0.05(3,12)}$	$F_{0.01(3,12)}$
处理间	0.625	3	0.208	50.005	4.69×10^{-7}	3.49	5.95
处理内	0.050	12	0.004				
总计	0.675	15					

4.2.2　香果树种群分布格局的信息维数

1．海拔对香果树信息维数的影响

信息维数是计盒维数的推广，它不但考虑所取格子是否非空，而且考虑了非空格子中个体数量，从而弥补了计盒维数因未区分非空格子的信息量大小而不能反映分形体内部的不均匀性和细微结构的缺点。图 4-7 是武夷山不同海拔区间香果树种群空间格局中格子边长对数值 $\ln\varepsilon$ 与总信息量 $I(\varepsilon)$ 之间的曲线图，对 $\ln\varepsilon$-$I(\varepsilon)$ 的分段直线拟合均达到极显著水平（$p<0.01$）。通常，如果更新幼苗和幼树较多，幼苗和幼树聚集成块，个体分布不均匀，会导致信息维数较高；反之，个体星散分布，随机性明显，或个体均匀分布，格局强度较低，则信息维数较低（马克明和祖元刚，2000），因此信息维数可揭示植物更新状况（向悟生等，2007）。本研究表明不同海拔香果树种群的信息维数的大小次序与计盒维数一致，为 1100～1200 m＞1300～1400 m＞900～1000 m＞750～850 m，即随着海拔的升高呈

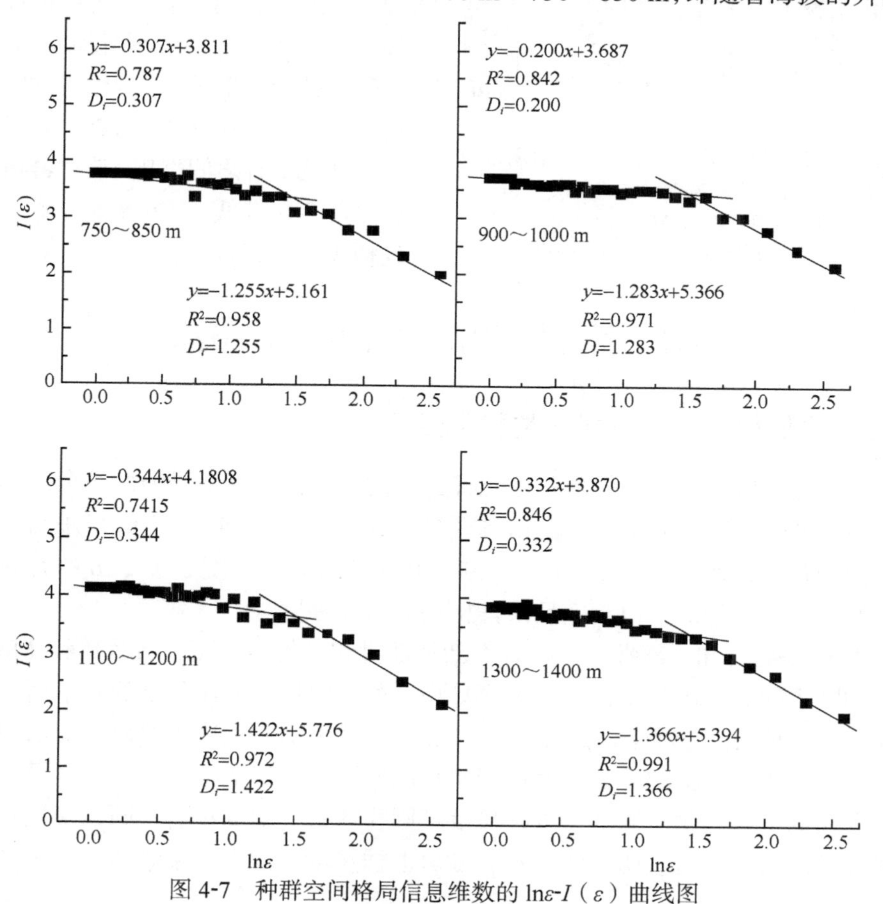

图 4-7　种群空间格局信息维数的 $\ln\varepsilon$-$I(\varepsilon)$ 曲线图

现先上升后下降的趋势，表明分布于较高海拔（1100～1200 m）的香果树更新幼苗或幼树较多，幼苗或幼数聚集，个体分布不均匀，这与野外调查结果一致。

2．群落类型对香果树信息维数的影响

香果树种群在各种不同组成的群落中，信息维数均呈显著线形相关（$p<0.05$）。由图 4-8 可知，香果树纯林中信息维数平均 1.57，较接近 2，表明该种群的格局强度尺度变化较大，个体分布不均匀，聚集明显，林下幼苗、幼树相对较多，更新状况较好，在群落中处于优势地位。常绿落叶阔叶林中香果树种群格局信息维数为 1.38，与香果树纯林差异不显著，表明该类型种群格局强度尺度变化也较大，个体聚集强度较强。但针阔混交林中香果树种群格局信息维数仅为 1.07，远离 2。该类型中香果树种群格局强度尺度变化低，个体随机分布，在群落中处于伴生种地位。毛竹林中香果树种群格局信息维数为 1.26，介于纯林和针阔混交林之间，表明该种群格局强度尺度变化较低，个体聚集较弱，幼苗、幼树少，更新较差。

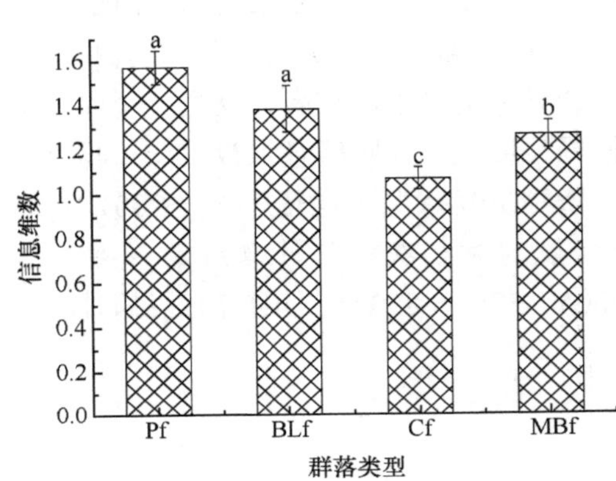

图 4-8　不同群落类型香果树种群信息维数

Pf 为香果树纯林；BLf 为常绿落叶阔叶林；

Cf 为针阔混交林；MBf 为毛竹林。

不同字母表示差异显著（$p<0.05$）

4.3　香果树幼苗种群的分布格局

4.3.1　幼苗种群分布格局的类型及强度

通过分形维数（计盒维数、信息维数）的计算得出香果树种群的个体聚集尺度（拐点尺度）为 4.44 m×2.22 m，选取与之尺度相近的 4 m×2 m 采用离散分布拟合、分布系数及 Morisita 指数进一步分析不同分布区高度小于 2 m 的香果树幼苗、幼树的分布格局，以真实反映其格局类型及强度。

由表 4-4 可知，离散分布拟合判断为随机和聚集型，而分布系数和 Morisita 指数判断不同分布区香果树种群为聚集型，说明聚集型是该种群的基本属性。由表 4-5 可以看到，当取样面积为 4 m×2 m 时，武夷山和大别山香果树幼苗为集群分布，伏牛山和三清山香果树幼苗聚集强度较弱，趋于随机分布。取样尺度在研究分布格局上是非常重要的，取样尺度不同往往格局强度有所不同，聚块性指数与取样尺度关系分析表明（图 4-9），随着取样尺度的增大，聚集强度逐步减小，且各样地间的差异也逐渐减小。聚块性指数与其他聚集强度指标显示结果较一致，由表 4-5 可知，武夷山香果树幼苗分布格局强度较大（均值、聚集强度指标较大），三清山香果树幼苗分布格局强度较小。武夷山香果树种群尽管多分布于自然保护区的核心区，但由于附近有村落，人为干扰较多，形成断根和伐桩，产生较多根萌苗，种群沿溪流纵向伸展，致使格局强度最大，而三清山的香果树种群分布区域环境较恶劣，林内光照强度较大，群落内砾石较多，幼苗只存在于砾石缝隙里，数量较少，聚集强度较低（康华靖等，2007a）。

表 4-4　香果树种群格局类型分析（取样尺度为 4 m×2 m）

分布区	离散分布拟合				分布系数			Morisita 指数			
	泊松分布	负二项分布	奈曼 A 分布	格局	C_x	t	$t_{0.05}$	I_δ	F	$F_{0.05}$	格局
伏牛山	3.935	0.267	1.173	RC	1.6	2.53*	1.98	2.21	1.74*	1.24	C
三清山	1.693	0.872	0.785	RC	1.1	0.48	1.98	1.23	1.07	1.24	RC
大别山	6.328	2.021	1.652	C	1.35	1.53	1.98	1.51	1.41*	1.24	C
武夷山	9.042	0.085	0.813	C	1.71	3.29*	1.98	2.29	1.57*	1.24	C

注：RC．介于集群分布和随机分布之间；C．集群分布。*示差异显著

表 4-5　香果树种群分布格局强度（取样尺度为 4 m×2 m）

分布区	均值（$\bar{x}$）	方差（S^2）	聚集强度指标			
			负二项参数（K）	Cassie 指标（C_A）	丛生指标（I_C）	平均拥挤度（m^*）
伏牛山	0.525	0.787	1.061	1.232	0.570	1.802
大别山	0.750	1.068	1.737	0.383	0.261	0.848
三清山	0.410	0.449	3.956	0.244	0.098	0.879
武夷山	0.638	0.844	0.731	1.200	0.638	1.838

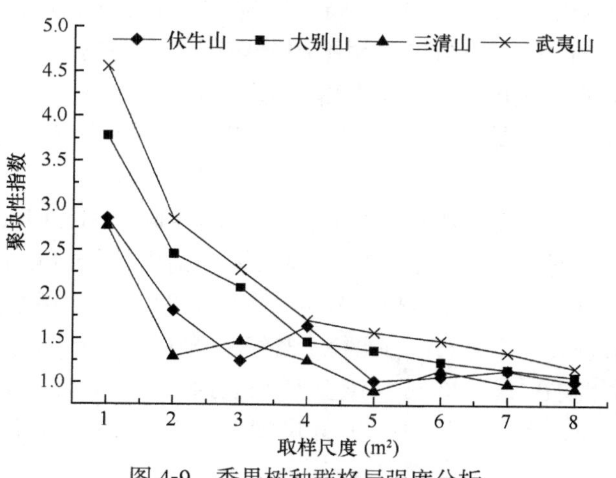

图 4-9　香果树种群格局强度分析

4.3.2 幼苗种群分布格局的聚集规模

香果树种群聚集规模如图 4-10 所示，不同分布区香果树种群格局分布图在区组 3～4 和区组 6～7 处有两个峰值，区组 3 斑块聚集尺度为 8 m^2，区组 4 聚集尺度为 16 m^2，区组 6 为 50 m^2，区组 7 为 64 m^2。表明不同分布区香果树幼苗个体为集群分布，在面积为 8～16 m^2 和 50～64 m^2 时聚集强度较大。由此可见，香果树的聚集强度远小于其他木本濒危植物（郭华等，2005；张文辉等，2005a），这与康华靖等（2007a）对大盘山不同生境香果树种群聚集规模所研究的结果基本一致。香果树种群均方的第一个峰值出现在区组 4，表明所取的起始区组面积偏小。为了更清楚地显示斑块性，均方峰值出现在区组 2 以后为佳（王伯荪等，1995），所以在以后对香果树种群格局的研究中起始区组面积以 4 m^2 为宜。

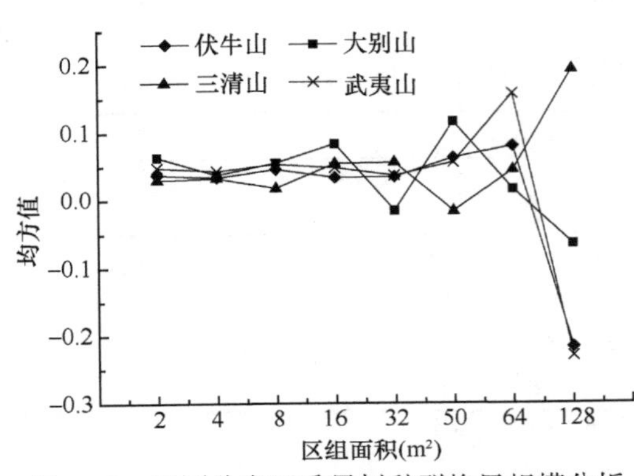

图 4-10 不同分布区香果树种群格局规模分析

4.4 香果树种群的点格局

4.4.1 不同分布区香果树种群的点格局

为进一步了解不同分布区香果树种群不同龄级分布格局，本研究将种群所有个体划分为 3 个龄级（Ⅰ为 0～10 a，Ⅱ为 10～20 a，Ⅲ为 20 a 以上），并进行点格局分析（图 4-11），结果表明不同分布区的香果树幼苗均呈不同程度的聚集分布，而随着龄级的增大，其聚集强度逐渐降低，扩散趋势明显，这与香果树幼苗多为萌生苗，聚集生存，且其实生苗抗逆性差，成活率低有关（刘鹏等，2008）。

在4个分布区，Ⅰ龄级香果树个体分布格局基本相同，伏牛山Ⅰ龄级香果树在0～11 m 尺度（距离尺度）上为聚集分布，大别山和三清山在 0～14 m 尺度上为聚集分布，武夷山在 0～13 m 尺度上为聚集分布，聚集强度以大别山和武夷山较强，三清山较弱，伏牛山最弱，4 个分布区香果树Ⅰ龄级种群在 2～4 m 尺度上聚集强度最强；伏牛山Ⅰ龄级香果树在 11～20 m 尺度上为随机分布，大别山和三清山在 14～20 m 尺度上为随机分布，武夷山在 13～20 m 尺度上为随机分布。4 个分布区香果树种

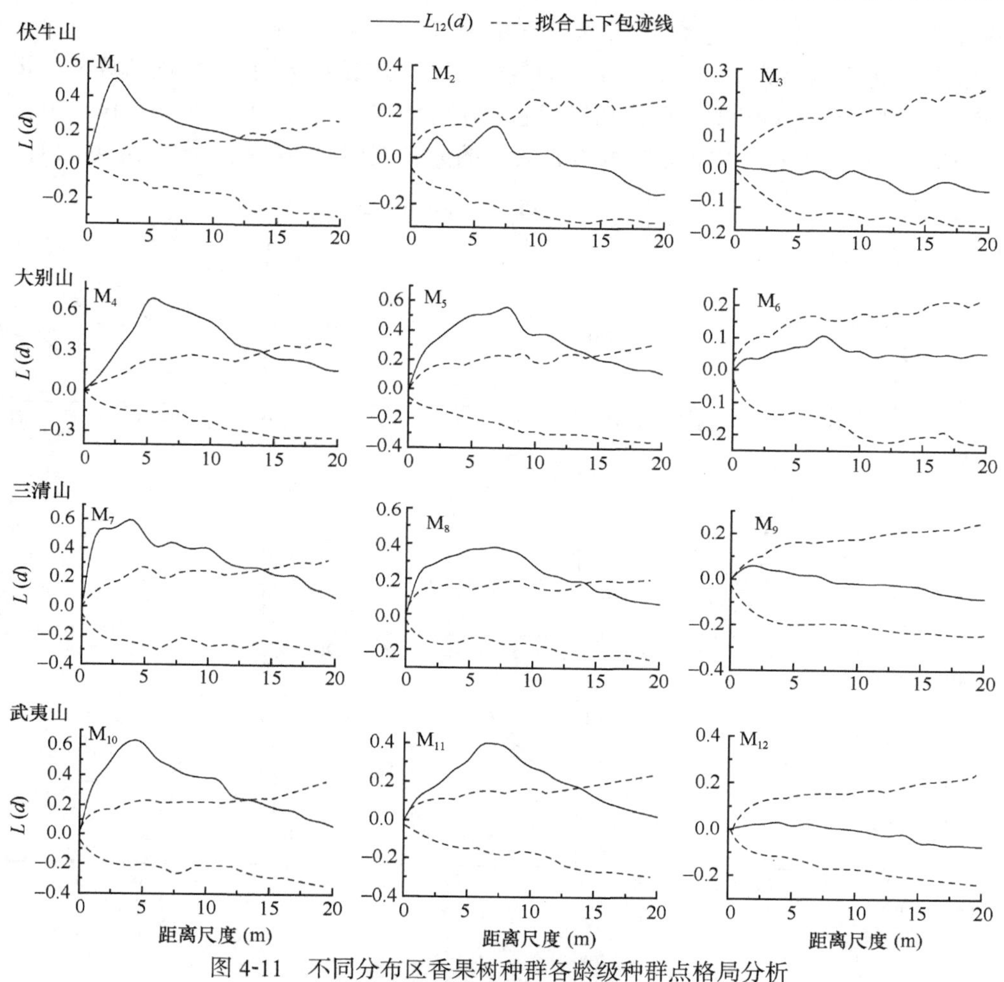

图 4-11　不同分布区香果树种群各龄级种群点格局分析

M_1、M_4、M_7和M_{10}为 4 个分布区香果树种群 Ⅰ 龄级点格局；M_2、M_5、M_8和M_{11}为 4 个分布区香果树种群 Ⅱ 龄级点格局；M_3、M_6、M_9和M_{12}为 4 个分布区香果树种群 Ⅲ 龄级点格局

群 Ⅱ 龄级的分布类型依次为：伏牛山 0～20 m 尺度上为随机分布，其余三者均在 0～13 m 尺度上为聚集分布，且在 7～8 m 的尺度上聚集强度最强，13～20 m 尺度上为随机分布。4 个分布区香果树种群 Ⅲ 龄级的分布类型均为随机分布。

4.4.2　不同海拔香果树种群的点格局

在 750～850 m、900～1000 m、1100～1200 m、1300～1400 m 的海拔上，Ⅰ 龄级香果树个体分别在 0～16 m、0～14 m、0～13 m、0～10 m 距离尺度范围内呈聚集分布，聚集强度随着海拔的升高而逐渐增大，*L*（*d*）最大值所对应的尺度逐渐减小，在 16～20 m、14～20 m、13～20 m、10～20 m 距离尺度范围内表现为随机分布；不同海拔Ⅱ龄级香果树个体分别在 0～15 m、0～14 m、0～14 m 及 0～12 m 距离尺度范围内呈聚集分布，即随着海拔的升高，其聚集分布的尺度逐渐减小。Ⅱ龄级香果树个体呈随机分布的距离尺度范围分别为 15～20 m、14～20 m、14～20 m 及 12～20 m。不同海拔香果树种群Ⅲ龄级的分布类型均为随机分布（图 4-12）。

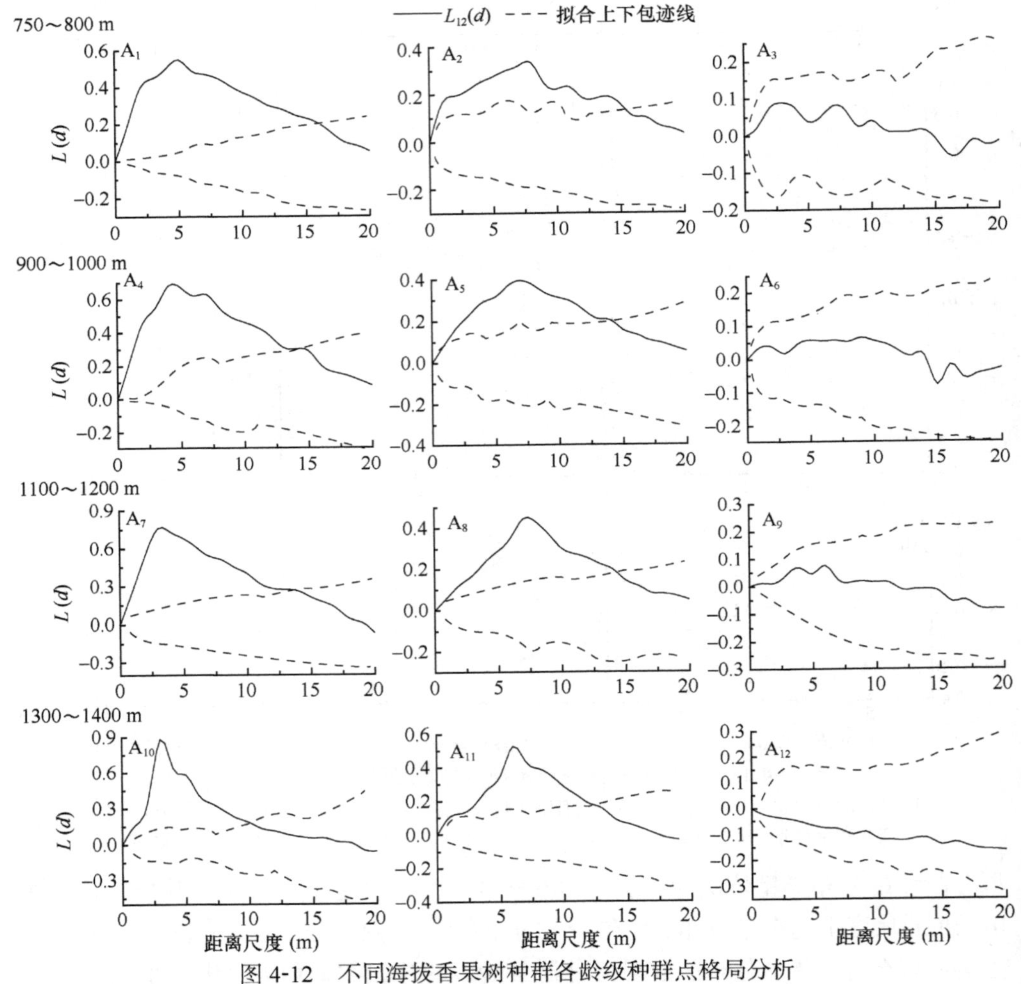

图 4-12　不同海拔香果树种群各龄级种群点格局分析

A_1、A_4、A_7 和 A_{10} 为不同海拔香果树种群Ⅰ龄级点格局；A_2、A_5、A_8 和 A_{11} 为不同海拔香果树种群Ⅱ龄级点格局；A_3、A_6、A_9 和 A_{12} 为不同海拔香果树种群Ⅲ龄级点格局

4.5　香果树种群的空间关联性

4.5.1　不同分布区香果树种群的空间关联性

4 个分布区的香果树种群Ⅰ和Ⅱ龄级个体在 0～20 m 的尺度（距离尺度）上

均表现为负关联。Ⅰ和Ⅲ龄级的关联性存在一定差异，其中伏牛山在 0～14 m 的尺度范围内呈正关联，在 14～20 m 的尺度范围内表现为无关联；大别山在 0～13 m 的尺度范围内呈正关联，在 13～20 m 的尺度范围内表现为无关联；三清山在 0～15 m 的尺度范围内呈正关联，在 15～20 m 的尺度范围内表现为无关联；而武夷山在 0～16 m 的尺度范围内呈正关联，在 16～20 m 的尺度范围内表现为无关联。香果树Ⅰ和Ⅲ龄级的正关联强度以大别山为最强，三清山次之，武夷山较弱，伏牛山最弱。4 个分布区香果树种群的Ⅱ和Ⅲ龄级之间在整个距离尺度上均存在负关联（图 4-13）。

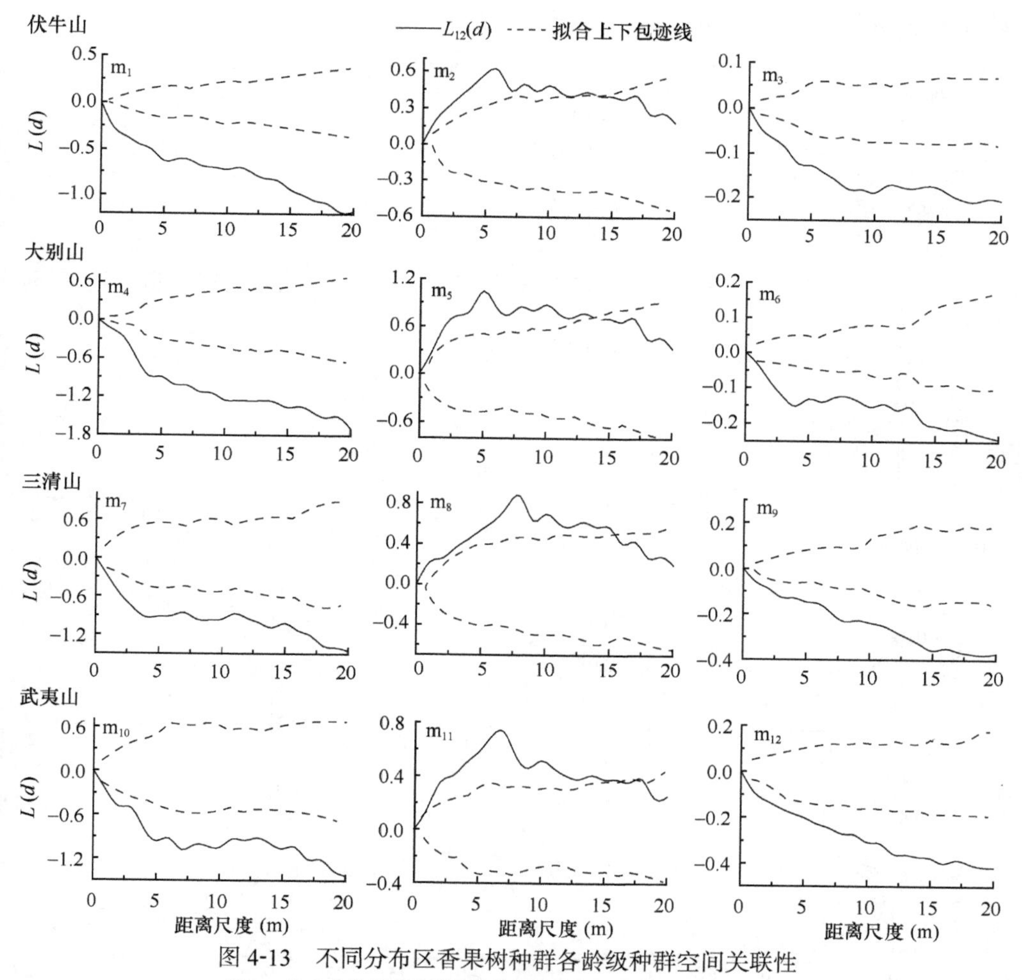

图 4-13　不同分布区香果树种群各龄级种群空间关联性

m_1、m_4、m_7 和 m_{10} 为 4 个分布区香果树种群Ⅰ和Ⅱ龄级的关联性；m_2、m_5、m_8 和 m_{11} 为 4 个分布区香果树种群Ⅰ和Ⅲ龄级的关联性；m_3、m_6、m_9 和 m_{12} 为 4 个分布区香果树种群Ⅱ和Ⅲ龄级的关联性

4.5.2　不同海拔香果树种群空间关联性

4 个海拔的香果树种群，Ⅰ和Ⅱ龄级之间在所有距离尺度上均为负关联。Ⅰ和Ⅲ龄级香果树个体分别在 0～14 m、0～13 m、0～13 m、0～11 m 尺度范围内呈现出正关联，关联强度随着海拔的上升逐渐增加，最大关联强度所对应的尺度逐渐减小，即海拔越高，正关联强度越大，所对应的尺度越小。Ⅰ和Ⅲ龄级香果树个体分别在 14～20 m、13～20 m、13～20 m、11～20 m 尺度范围内表现为无关联。与不同分布区一致，Ⅱ和Ⅲ龄级香果树个体在不同海拔区间上在所有尺度范围内均呈现出负关联（图 4-14）。

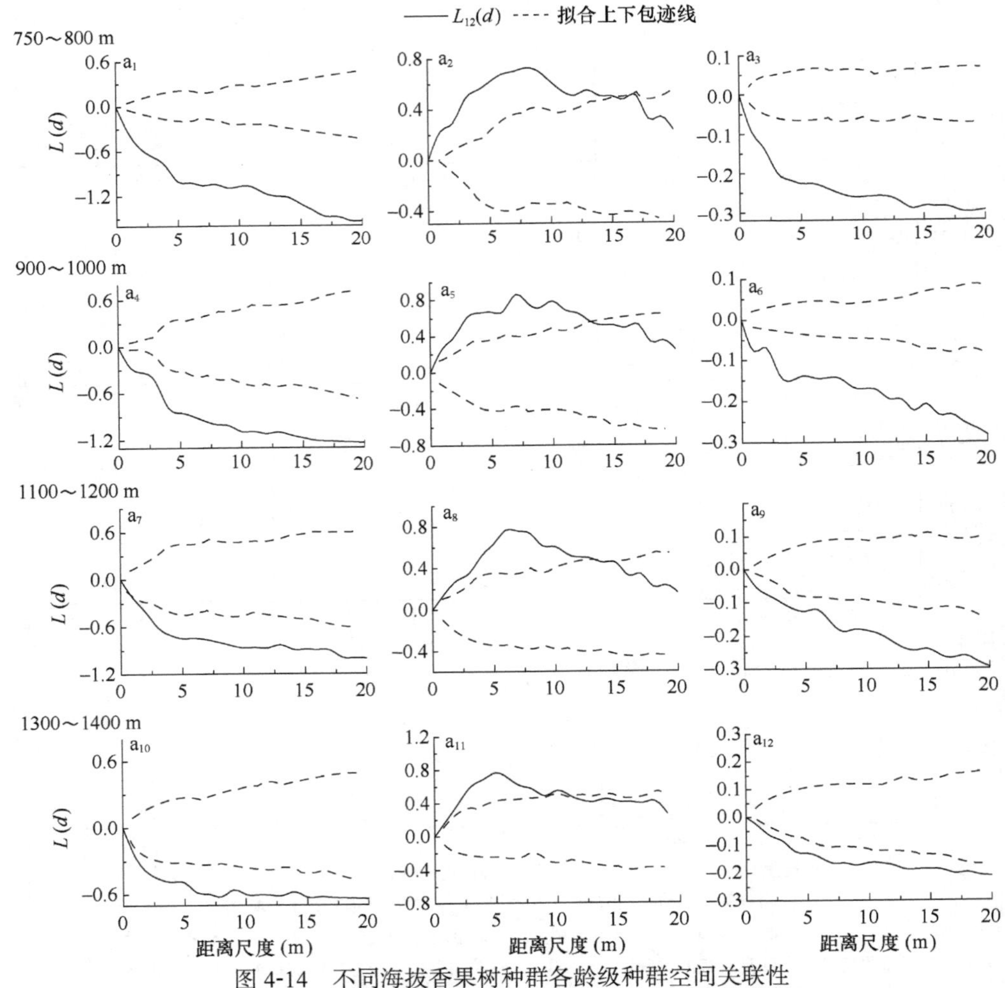

图 4-14　不同海拔香果树种群各龄级种群空间关联性

a_1、a_4、a_7 和 a_{10} 为不同海拔香果树种群Ⅰ和Ⅱ龄级的关联性；a_2、a_5、a_8 和 a_{11} 为不同海拔香果树种群Ⅰ和Ⅲ龄级的关联性；a_3、a_6、a_9 和 a_{12} 为不同海拔香果树种群Ⅱ和Ⅲ龄级的关联性

4.6 小　　结

4.6.1 香果树种群分布格局的分形维数

计盒维数能够定量地反映出种群占据空间的能力，这对于濒危植物的保护研究极为重要（张文辉等，1999）。植物在群落中占据空间的能力，是植物种群适应能力、竞争力的综合反映。计盒维数可在一定程度上揭示种群更新状况的差异。通常，如果种群内更新幼苗较多，个体分布不均匀，会导致计盒维数较高；反之个体星散分布，格局强度较低，则计盒维数较低（马克明和祖元刚，2000）。采用计盒维数对武夷山香果树种群水平空间分布格局进行分析，发现其种群空间格局存在分形特征。武夷山香果树种群格局的计盒维数为 0.872～1.629，与元宝山南方红豆杉种群格局分形维数相当（向悟生等，2007），远小于太白红杉（郭华等，2005），这反映了该种群格局强度变化较慢，对空间占据程度较低，个体分布聚集程度不高，更新能力较差。

不同群落中香果树的计盒维数差异明显，由高到低依次为香果树纯林、常绿落叶阔叶林、毛竹林、针阔混交林，表明不同类型群落中香果树占据生态空间的能力不同，个体分布的非均匀性存在较大差异。不同群落中拐点尺度为 2.50～3.33 m，变动幅度较小，其格局规模的差异较小。康华靖等（2007a）采用相邻格子法对大盘山香果树种群的分布格局进行研究，结果显示种群整体呈集群分布。本研究对 4 个不同类型群落中的香果树种群进行研究，由于各种组成的群落，其影响因子不同，分析结果存在一定差异，这对于分析不同因素对分布特征的影响具有意义。

随海拔上升，武夷山香果树种群计盒维数呈现先升后降的趋势。中海拔（1100～1200 m）香果树个体数量较多，重要值高，经计算计盒维数最高，其拐点尺度较小，说明种群占据生态空间的能力较强、个体集群分布明显。1100～1200 m 海拔区间的香果树种群多位于山体下坡位的溪边，受人为干扰较少，林地光照充足，幼苗数量较多，形成了沿河流分布的较强聚集度的分布格局。1300～1400 m 海拔区间的香果树计盒维数也较高，该海拔人为干扰相对较多，为香果树的无性繁殖提供了一定的空间，根萌苗相对较多，说明其具有一定的扩展能力。低海拔香果树的计盒维数值较低，该海拔区间的香果树种群所在的群落盖度较大，对林下幼苗的生长及幼树进入主林层有较大的影响，导致其更新困难，从而致使其计盒维数较低。

4.6.2 香果树幼苗种群的分布格局的类型、强度及格局规模

香果树幼苗的空间分布格局在不同分布区基本呈集群分布，武夷山香果树幼

苗分布格局强度较大，三清山较小。香果树幼苗分布格局聚集强度受取样尺度影响较大，随着取样尺度的增大，其强度逐步减小。运用 Greig-Smith 方法对聚集规模进行分析，不同分布区的香果树幼苗聚集规模大体上都介于 8～16 m^2 和 50～64 m^2 之间。武夷山香果树种群计盒维数为 0.872～1.629，表明其个体分布聚集程度较低，与其幼苗分布格局存在一定差异，这表明香果树在生长过程中存在自疏和他疏作用，部分幼苗在竞争过程中死亡，导致其整体聚集程度下降，对空间占据程度较弱。香果树在我国为衰退种群，出现明显的退化迹象（康华靖等，2007a）。其分布面积虽然较广，但是大树大多散生于疏林中，加之该种群数量较少，更新能力差（李中岳和班青，1995），这种分布格局特征不仅与其本身特性和竞争有关，而且与其生境有密切联系。武夷山香果树受人为干扰较多，林地光照较为充足，幼苗数量较多，形成了沿河流分布的较强聚集度的分布格局。

4.6.3 香果树不同龄级种群的点格局

植物在原生境中，随着个体的增大，其占有的空间逐渐增大，所需要的资源也逐渐增加，即植物个体的生长会影响同龄级及其他龄级个体的生长和存活，所以分析不同龄级个体间的空间格局和种间关联可以更好地理解群落的时空动态和小龄级个体生长过程的影响因素（Li et al.，2008）。Hegazy 等（1998）研究认为植物种群的空间格局会随着生境的改变而变化。对不同分布区和不同海拔的香果树种群进行点格局分析，结果表明分布区和海拔均对香果树种群的分布格局具有显著的影响。不同分布区的Ⅰ龄级香果树个体在 0～11 m 距离尺度上均表现出了不同程度的聚集分布，其中大别山香果树聚集强度最大，其次为武夷山、三清山较弱，伏牛山最弱。Ⅰ龄级和Ⅲ龄级个体也在较小尺度上表现为正关联，且其正关联的强度与其聚集强度变化规律类似。这可能与Ⅲ龄级个体已经进入生殖期，部分个体产生的种子萌发形成了实生苗，且香果树大树的枯枝落叶可以为幼苗提供避风场所，并降低其被昆虫等捕食的危险，使得这两个龄级呈现出正关联。而相邻两龄级的香果树个体呈现出负关联是由于相邻两个龄级之间个体相互接近，存在资源竞争，导致出现相互排斥的现象。

随海拔的升高，香果树种群各龄级的聚集强度增强，且其聚集距离尺度减小，其中Ⅲ龄级香果树在所有尺度范围内表现出随机分布。Ⅱ龄级香果树个体在所有海拔区间上，小尺度范围内表现为聚集分布。随着海拔的升高，聚集强度增加，聚集尺度减小，但是聚集强度明显低于Ⅰ龄级。Ⅰ龄级香果树个体与Ⅲ龄级个体在小尺度范围内表现出正关联关系，并随着海拔区间的升高，其相应的尺度逐渐减小，这可能是人为干扰的增加导致了大量萌生苗的产生，而萌生苗均在母树的附近，形成的聚集分布较强，故两者呈正相关关系。低海拔的香果树种群所在的生境中乔木层盖度较大，导致林窗稀少，不利于幼苗的生长。香果树个体对可利用资源竞争较激烈，致使萌生苗较难存活，实生苗仅存在于林窗中，故导致其聚集强度较低，与Ⅲ龄级个体的正关联性较弱。Ⅰ龄级与Ⅱ龄级香果树在不同分布区、不同海拔上各个尺度上均表现为负关联，这是因为它们处于同一个斑块内，个体之间具有较强的竞争能力，相互之间的竞争导致负关联和随机分布。

综上所述，由不同分布区和不同海拔香果树种群的点格局可知，香果树种群对不同环境存在一定的响应机制，随着环境的恶化，香果树可以通过缩小空间范围、增强各龄级的聚集强度及幼苗与母树的正关联性来抵御不良环境。

第5章 香果树种群开花物候及生殖构件特征

环境因子的变化影响了植物种群的生殖能力，导致植物的生殖过程、生殖对策、生殖时间、生殖频率产生变化。只有在适宜的生存条件下植物才能够完成生殖过程，使其种群得以繁衍（祖元刚，1999）。开花是植物从营养生长转变为生殖生长的生理过程，在植物的生产和物种进化中具有重要作用（罗睿和郭建军，2010），其物候是植物重要的生活史特征之一，研究植物的单花花期、开花期、花期持续时间等开花物候可以了解植物的自身特性及其对环境的适应性（Ollerton and Lack，1992）。而植物生殖构件的分布及其数量特征是判别有性生殖成功与否的标志，关系到种群的更新与维持（张文辉等，2002），是植物个体和种群水平上生殖生态学研究的新方向（祖元刚和袁晓颖，2000）。有关植物开花物候和生殖构件特征方面的研究国内外已有许多报道，国外主要集中于开花物候对温度等气候因子的敏感性，开花物候与海拔的关系，对种子被捕食概率的影响，开花与传粉者之间的相互作用，以及控制开花时间的等位基因等方面（Sandra，2014；Lessard-Therrien et al.，2014；Gaur et al.，2015；Bock et al.，2015；Park and Schwartz，2015）；国内则主要集中于植物开花期、开花量、结果特性及繁育系统等方面（刘方炎等，2015；高媛等，2015；吕冰等，2015；李在留等，2015）。但国内外在此领域的研究对象主要局限于窄布种（刘方炎等，2015；李在留等，2015）和局部地区的广布种（Sandra，2014；吕冰等，2015），而对于较大尺度上的广布种的种群开花物候、生殖构件的时空分布的研究则较少，尤其是对珍稀濒危植物在该方面的研究鲜见报道。对于濒危植物进行大尺度开花物候及繁殖特性的研究可以为进一步了解濒危植物的有性生殖特征及今后的抚育、种群恢复策略的制定提供理论依据和实践参考。

本章通过研究香果树的开花物候及生殖构件特征对不同分布区域、海拔及母树年龄的响应，以探讨香果树种群的开花物候及其数量动态特征、香果树种群的生殖构件及其空间差异性及开花物候与繁殖成功的关系等问题，有助于进一步了解植物有性繁殖这一复杂过程，对于珍稀濒危植物而言则可以为研究其生殖生态学特征及濒危机制提供参考，为种群恢复及有效经营管理提供理论依据。

5.1 研究方法

5.1.1 样地设置

由于香果树 2～4 a 开花一次，且母树分布较分散，故其样地位置及面积会依据母树的开花状况进行选择。在伏牛山、大别山、三清山及武夷山香果树分布区内选择数量较多的有代表性的香果树种群为研究对象，在以上 4 个分布区内分别设置 4 个 20 m×100 m 的样地，共计 16 个样地进行生境调查（表 5-1）。

表 5-1　不同香果树种群样地概况

环境因子	伏牛山	大别山	三清山	武夷山
地理坐标	北纬 33°26′～33°33′，东经 111°48′～111°57′	北纬 31°05′～31°11′，东经 115°35′～115°45′	北纬 28°53′～28°56′，东经 118°1′～118°3′	北纬 27°41′～27°45′，东经 117°38′～117°40′
海拔（m）	630～900	670～930	750～1150	920～1350
坡向	阳坡	阳坡	半阳坡	半阳坡
坡位	下坡	下坡	下坡	下坡
土壤含水量（%）	13.9±2.1	26.2±2.3	31.6±2.7	35.7±2.5
土壤有机质含量（%）	2.7±0.1	5.3±0.2	4.9±0.3	6.2±0.1
乔木层盖度	0.68±0.17	0.73±0.20	0.82±0.18	0.87±0.21
相对光照强度（%）	35.38±4.26	29.57±4.63	32.01±5.98	24.59±4.67
种群密度（Ind./100 m^2）	8.5±3.5	10.5±2.9	7.3±4.6	12.8±2.5
伴生种	黑桦＋栓皮栎＋紫荆＋小叶青冈＋大叶朴	枫香＋大叶榉＋杉木＋多脉鹅耳枥＋灯台树	甜槠＋多脉青冈＋细叶青冈＋云锦杜鹃＋黑柃	瘿椒树＋毛竹＋亮叶杨桐＋伞形绣球＋一年蓬

为研究海拔和年龄对香果树生殖特征的影响，本研究在武夷山国家级自然保护区沿海拔由低到高分别设置不同生境的 4 个 20 m×100 m 的长形样地进行调查（记作 A、B、C 和 D）（表 5-2）。

表 5-2　香果树种群 4 个生境概况

环境因子	生境			
	A	B	C	D
海拔（m）	819±57	980±61	1 140±49	1 301±50
坡向	阳坡、半阳坡	半阳坡	阳坡、半阳坡	阳坡

续表

环境因子	生境			
	A	B	C	D
坡度（°）	25.37±4.35	21.98±5.01	24.64±6.74	22.98±3.02
坡位	下坡	下坡	下坡	下坡
林冠层光照强度（lx）	62 448±1 376	60 722±1 693	72 434±2 107	75 209±2 132
大气温度（℃）	26.30±1.01	24.51±1.25	23.57±1.33	23.82±0.98
大气湿度（%）	85±12	76±8	73±5	68±10
土壤含水量（%）	38.76±4.65	31.90±4.51	35.63±5.27	31.98±5.81
种群密度（Ind./100 hm^2）	901±109	1 125±197	1 150±124	1 327±180

注：林冠层光照强度、温度、湿度、土壤含水量等的测定于 2010 年 6 月进行，每样地连续观测 3 日，于每日 10:00、13:00、15:00 进行测定

5.1.2 生境调查的内容及方法

于 2010 年 6 月 20～22 日（6 月 17～22 日无雨，天气晴朗）对样地进行样地概况调查，调查内容包括：①生境，包括海拔、坡向、坡位、土壤含水量、林内外光照强度及林冠层光照强度等。②群落特征，包括物种组成、高度、盖度等。③样地内香果树母株特征，包括数量、胸径、树高等。在每样地均匀布设 5 个样点采用便携式土壤水分速测仪（TRIME-TDRZ）测定其土壤含水量；林冠层光照强度采用照度计（ZDH-10）进行测定，首先在样地乔木密度相对均匀的地点，选择高度适中的一株乔木为测定光照强度的对象，通过攀爬到达其树冠中部，采用照度计测定其树冠东、南、西、北 4 个方向树冠边缘的光照强度，取其平均值作为林冠层光照强度；利用 GPS（Garmin map629sc）、地质罗盘仪（DZL-1J）等测定海拔、样地坡向和坡度等其他环境因子。记录每个样地中木本植物的种类、数量；利用测高仪（Trupulse360）测定木本植物的高度；利用围尺测定木本植物主干 1.3 m 处的直径（胸径）；利用树冠在地面的垂直投影面积测定其长和宽，其平均值作为冠幅直径；由于植物树冠投影基本为圆形或椭圆形，利用圆和椭圆的面积公式，计算每株木本植物的盖度，用以估测乔木层盖度。

5.1.3 研究对象的选择

根据研究目的将研究对象分为 4 组，ⅰ组研究不同分布区香果树开花物候，采用整个样地所有开花母树进行调查；ⅱ组研究香果树不同树龄对其开花物候及生殖构件特征的影响，对象为同一生境不同年龄的香果树母树；ⅲ组研究光照、大气温度、大气湿度等环境因子对香果树生殖的影响，对象为相同年龄不同生境的香果树母树；ⅳ组研究树龄和环境因子与香果树生殖指标的相关性，对象为不同树龄不同生境中的香果树母树。

i 组：为研究不同分布区香果树种群开花物候及生殖构建特征，选取 4 个分布区样地中树高、胸径等形态指标相似的、具有花蕾的母树作为研究对象。

ii 组：由于武夷山生境 D（表 5-2）香果树母树数量较多，母树树龄分布比较分散，为消除外界环境对香果树母树开花物候及生殖构件特征的影响，于生境 D 中选择环境相对一致，生长健康、树冠边缘与其他较高乔木植物树冠边缘相距大于 10 m 的香果树母树为研究对象，划分为 20～50 a、50～80 a、80～110 a 和 110～140 a 4 个年龄段，每个年龄段观测 5 株香果树母树，共计观测 20 株不同年龄的母树。

iii 组：对分布于武夷山的 4 个生境的香果树进行充分调查，发现 63 a 的香果树母树在 4 种生境中均有分布，数量相对较多，具有一定的代表性，本研究于每种生境中选择生长健康、树高和胸径等形态指标类似的 63 a 的香果树母树 5 株作为研究对象，共计 20 株 63 a 的香果树母树。

iv 组：于武夷山每种生境中随机选择香果树母树 5 株，共计 20 株，用以研究树龄、光照强度、大气温度和湿度与其生殖特征的相关性。

4 组研究对象的形态指标详见表 5-3。

表 5-3　香果树形态指标

组别	树龄或生境	树高（m）	胸径（cm）	枝下高（m）	冠幅直径（m）
i	伏牛山	14.62±1.61	45.36±2.99	7.83±2.25	8.34±0.97
	大别山	15.73±1.55	49.95±3.21	8.20±1.55	8.02±1.20
	三清山	15.50±1.67	50.21±3.17	8.50±2.72	8.27±1.10
	武夷山	16.38±2.43	53.06±4.34	8.60±2.95	8.99±2.28
ii	20～50 a	11.27±3.46	24.36±1.39	8.14±3.10	6.27±1.72
	50～80 a	14.36±2.51	46.51±2.01	9.35±2.76	6.54±1.89
	80～110 a	16.32±2.13	57.03±3.49	8.97±3.60	8.91±1.96
	110～140 a	16.74±3.00	67.06±3.22	9.46±2.52	10.70±2.25
iii	A	15.53±2.20	49.28±2.41	7.52±2.16	7.66±1.85
	B	15.17±2.71	47.85±1.76	9.22±2.34	6.42±1.52
	C	16.38±3.04	47.36±2.35	8.37±2.49	7.25±1.46
	D	14.20±2.74	46.55±2.74	8.19±1.98	8.37±0.95
iv	A	13.62±5.31	47.97±4.70	9.33±2.68	7.94±2.42
	B	14.30±2.95	47.33±5.33	8.21±1.90	9.14±1.78
	C	14.25±4.80	48.96±4.96	8.72±2.78	8.27±2.14
	D	15.97±2.14	43.28±2.39	9.76±1.20	8.65±1.59

注：A～D 为表 5-2 中所示的武夷山的 4 个生境

5.1.4 开花物候及生殖构件的调查与统计

1．单花花期

于每个观测母树树冠南侧标记 30 个花蕾，每 3 d 观察 1 次，直至花朵开放。花朵开放后，每天 12:00～14:00 观察 1 次，并利用照度计（ZDH-10）和温湿度计（Testo645）测定花朵所在位置的光照、气温和湿度，直至花朵脱落。观测记录花朵开放的起始时间、持续时间及单花所在位置的光照、温度和湿度。

2．开花物候

在花蕾期，将每株观测母树树冠分为上、中、下 3 层和东、西、南、北 4 个方向，由于香果树花序为圆锥状聚伞花序，本研究选择标准枝法统计调查其开花物候及生殖构件，每个标准枝长 1 m，包括了当年生、二年生和三年生的枝条。在母树树冠每个方位随机标记 3 个标准枝，共计 36 个标准枝（数量不足的按实际数目观测），待标准枝上的花开放后，每 3 d 对其记录一次，并利用照度计和温湿度计测定标准枝所在位置的光照、气温和湿度，由于标准枝较大，故随机选择其表面 3 个点进行测定，取其平均值作为标准枝的光照、气温和湿度值。记录标准枝上每朵花开花时间及凋落时间、标准枝开花的数量及其凋落的数量，以及光照、气温和湿度等环境因子。以 5%个体开花视为始花，50%个体达到开花高峰期视为种群开花高峰期，95%的植株开花结束时视为种群花期结束（Picketing，1995）。

3．生殖构件的调查与统计

同开花物候方法一致，自母树第一朵花开放开始，每隔 3 d 观察一次所标记的标准枝上的花枝、花和果实的数量变化情况。于测定当日 12:00～14:00，利用照度计和温湿度记录仪测定每个标准枝所处地点的光照、气温及湿度，直至母树落叶。于 2010～2015 年每年 11 月，通过观察并记录母树树冠不同方向、不同层位的标准枝总数量，估算所标记的标准枝在各层及方向所占的比例，用以计算单株母树花枝、花和果实的数量及其比例。

4．香果树果实特征及产种量统计

香果树基本在每年的 11 月果实成熟，2010～2015 年每年 11 月，待生殖构件数量统计结束，在种子雨散布前，选择 4 组中的母树，利用标准枝法采集果实，测量果实长宽、果皮厚度、种子长宽、种子厚度、种翅的大小、果实重量、种子重量、种子数、饱满数等特征。

5.1.5　数据处理

香果树单花开放时间，花期持续时间，花枝、花、果实的数量均以每个种群所观测母树相关指标的算术平均值为统计数。对ⅰ、ⅱ、ⅲ组的香果树单花花期，花期持续时间，花枝、花和果实的数量均以单株或标准枝为单位，算术平均值为统计数，运用 SPSS19.0 进行 LSD 多重比较及回归分析，对ⅳ组的香果树环境因子、树龄、开花物候及生殖构件数量进行双变量相关性分析，其中始花期是 7 月 1 日，为第 1 天（计为 1），7 月 2 日为第 2 天（计为 2），以此类推；为消除不同树龄对香果树生殖构件数量的影响，对ⅲ组的 63 a 的香果树按其标准枝对生殖构件进行统计，分析光照、大气温度和湿度对香果树生殖构件的影响；对不同年龄及海拔的香果树（ⅱ和ⅲ组）开花物候指标及生殖构件数量进行多重比较时，由于野外采集的数据差异较大，不能满足方差齐性检验，且部分数据出现观测值为 0 的现象，故采用 log（1+x）进行数据转换以满足方差分析的基本要求。

5.2　香果树种群单花花期及开花进程

5.2.1　分布区对香果树单花花期及开花进程的影响

在野外，通过采用生长锥对胸径最小的开花香果树进行年轮测定，发现香果树一般在 20 a 左右树龄时开始开花，不同分布区香果树种群间单花花期存在显著差异（$F_{(3,\ 476)}=16.58$，$p=2.91\times10^{-10}$）。由图 5-1 知，伏牛山香果树种群单花花期以 5～6 d 为最多，其余 3 个种群为 7～8 d。

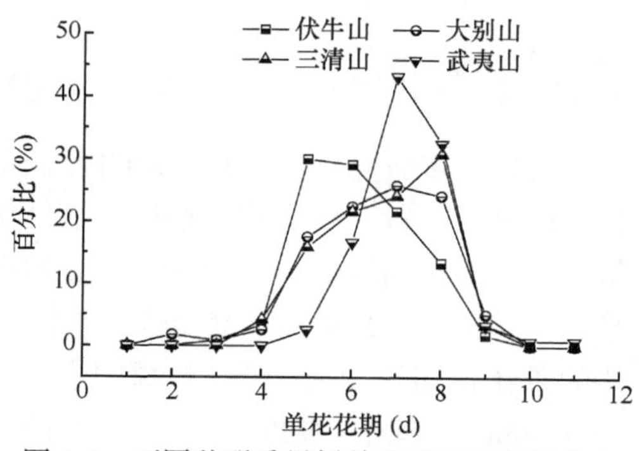

图 5-1　不同种群香果树单花开放时间的分布

不同分布区香果树种群的始花时间、开花持续时间及终花期均差异显著（图 5-2）。伏牛山种群始花期最早，大约在每年的 7 月 1 日，终花期也最早，约在 8 月 3 日。大别山、三清山及武夷山种群的始花期依次推迟 3 d 左右，但三者的终花期差异较大，其中大别山种群的终花期约在 9 月 2 日结束，武夷山种群则最迟在 9 月 17 日结束。即随着香果树产地的南移，香果树种群的开花持续时间逐渐延长。由单日开花数可知，尽管伏牛山香果树种群花期持续时间较短，但其单日开花数峰值最大，其次为大别山。武夷山花期持续时间最长，其单日开花最大数最小。

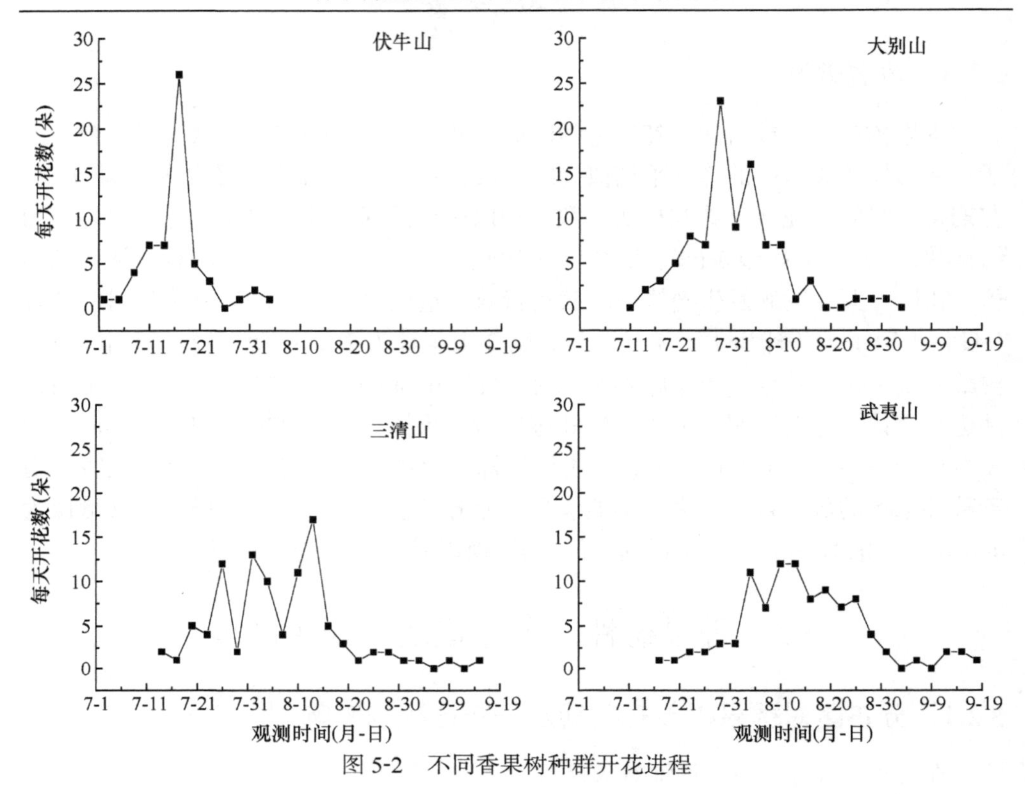

图 5-2　不同香果树种群开花进程

5.2.2　树龄和海拔对香果树单花花期的影响

为进一步研究单花花期的影响因素，本研究对母树的年龄及不同海拔 63 a 的香果树母树进行了单花花期跟踪。结果显示，随着树龄的增加，香果树单花花期呈幂函数上升趋势［$y=2.192x^{0.271}$（$p=0.000$）］。其中 63 a 香果树母树的单花花期平均为（6.62±0.94）d。海拔对其同样产生一定影响，随着海拔升高，63 a 母树的单花花期呈增加趋势。经单因素方差分析，4 个海拔的香果树存在显著差异（$p=0.000$），其中，980 m 和 1140 m 两个海拔的香果树种群的单花花期差异不显著，其余两两之间均存在显著差异（图 5-3）。

由图 5-4 可知，香果树种群树龄越大，香果树种群的花期持续时间越长。20～50 a 树龄的香果树母树始花期最晚，花期持续时间约为 36 d；110～140 a 树龄的香果树始花期最早，花期持续时间可达到 61 d，约为前者花期持续时间的 1.7 倍；单日开花数占单花枝花量比例与开花持续时间相反，低龄香果树单日开花数比例较高，而高龄香果树母树的单日开花数比例较低。随着海拔的升高，香果树母树的始花期出现推迟现象，低海拔（A）分布的香果树种群的始花期在 7 月 9 日左右，而高海拔（D）推迟到 7 月 25 日，花期持续时间与海拔没有必然联系，相对比较稳定，约为 40 d。香果树母树树龄越小或香果树种群分布的海拔越高，其日均开花高峰基本越高。

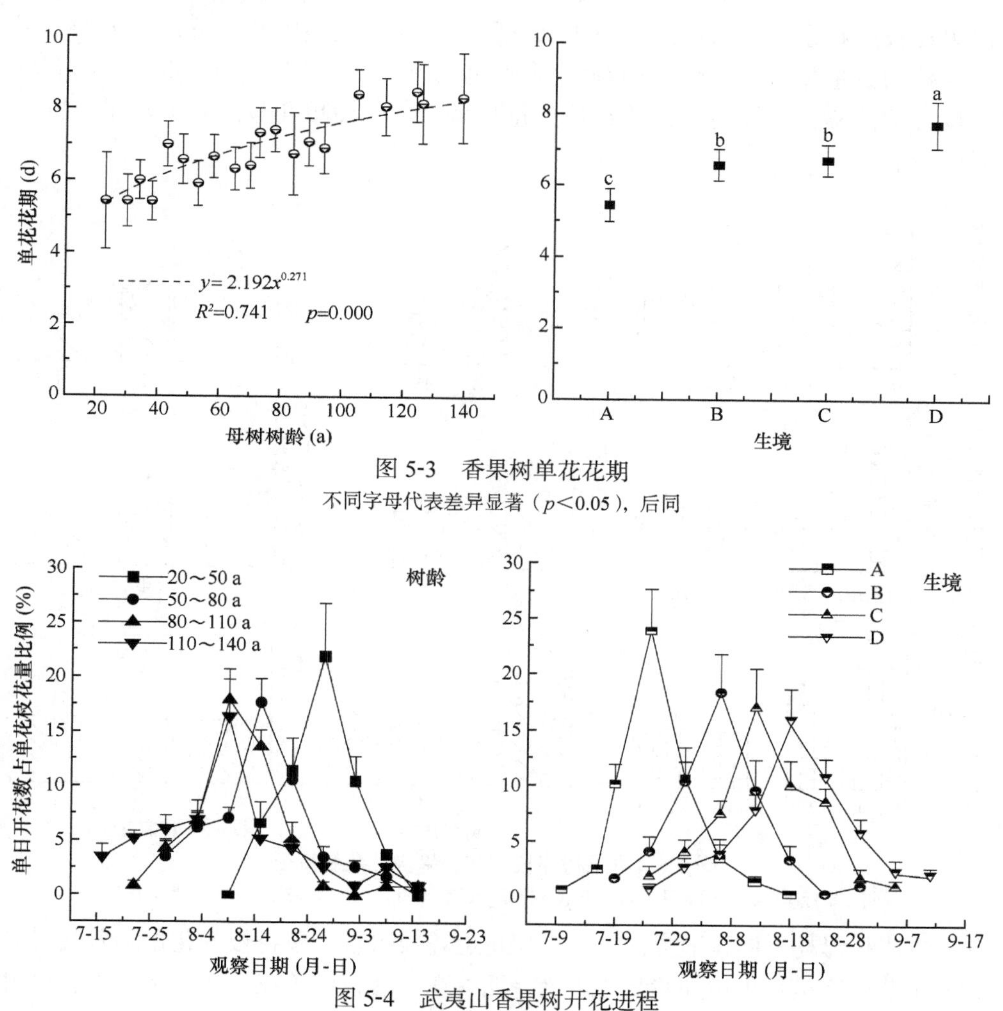

图 5-3　香果树单花花期

不同字母代表差异显著（$p<0.05$），后同

图 5-4　武夷山香果树开花进程

5.3　香果树生殖构件分布格局及数量特征

5.3.1　分布区、树冠方向和层位对香果树生殖构件数量特征的影响

图 5-5 是不同分布区单株香果树母树花枝、花和果实的数量特征，经单因素方差分析显示，不同分布区、不同树冠方向和层位的花枝、花和果实数量均存在显著差异。由图 5-5 可知，不同分布区（除三清山和武夷山）的香

果树种群生殖构件的数量之间存在显著差异，并呈现出花多果少的格局（每38～128朵花形成1个果实），其中伏牛山香果树种群花枝构件的数量最少，但单花枝产花量、产果量显著高于其他种群；而在武夷山和三清山种群中，尽管花枝的数量显著高于伏牛山和大别山，但其单花枝产果量却较低。即随着种群位置的南移，香果树母树的花枝产量显著增加，而单花枝产花、产果量则逐渐减少。

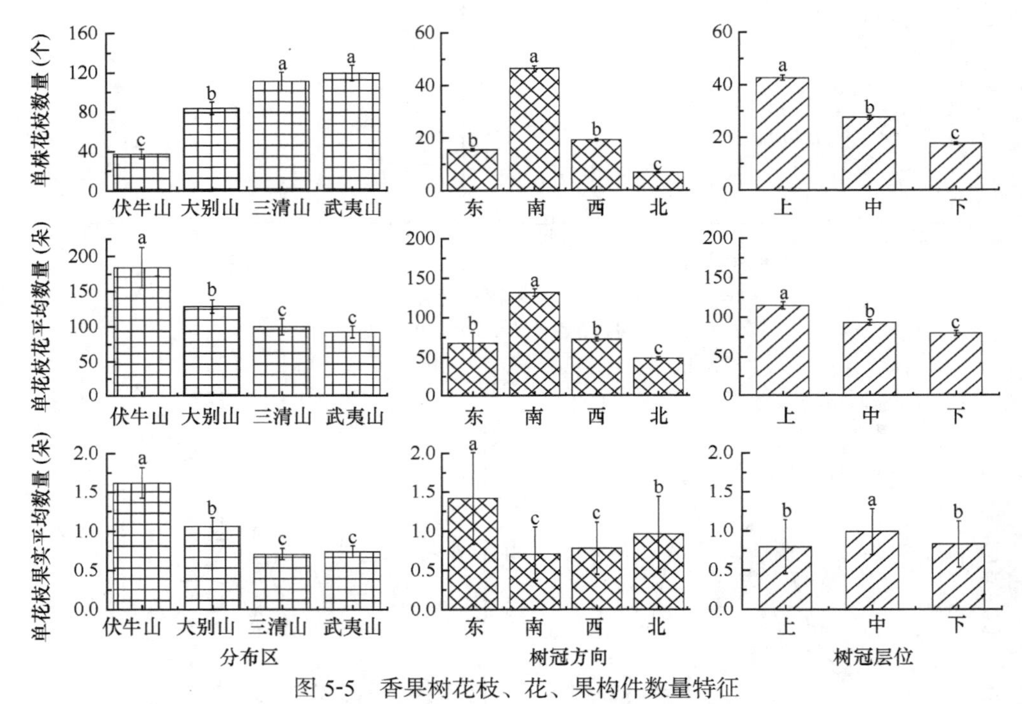

图 5-5　香果树花枝、花、果构件数量特征

同一坐标图中，所标字母不同，表示差异显著；字母相同，表示差异不显著（α=0.05）

香果树母树不同树冠方向、树冠层位上花枝数量和单花枝产花量随着其树冠方向由北到南呈现出增加趋势，即南＞西＞东＞北，而单花枝产果量却以香果树母树树冠东侧最多，北侧次之，南侧和西侧较少，其中南侧和西侧单花枝坐果量未见显著差异。单株香果树母树的花枝数量、单花枝产花量在母树树冠的上层最多，中层次之，下层最少；单花枝产果量则在树冠中层最多，下层次之，上层最少，这表明光照强度越大，香果树母树花枝数量和开花量越多，但结果量未见明显的趋势，可能是香果树母树开花量较大，导致其局部营养缺乏，无法满足其果实形成过程中所需要的足够养分，而使部分果实凋落。

表5-4反映了不同分布区、不同树冠方向及不同树冠层位3个因素对香果树母树花枝产量、单花枝产花量及坐果量的影响。多因素方差分析结果表明，香果树花枝、花和果实的数量受分布区、树冠方向以及树冠层位3个因

素的影响均达到极显著水平（$p<0.01$）。另外，树冠方向和层位两个因素的交互作用对香果树母树各生殖构件数量的影响也达到极显著水平。分布区与母树树冠方向的交互作用则对花枝和果实的产量具有显著影响，分布区与母树树冠层位的交互作用对花枝和产花量的影响较小，对果实的产量具有显著影响。不同种群、树冠方向和层位三者交互作用仅对香果树单花枝产果量的影响达到显著水平。

表 5-4　香果树花枝、花、果实数量方差分析

变异来源	自由度	花枝		花		果实	
		F 值	*p* 值	*F* 值	*p* 值	*F* 值	*p* 值
分布区	3	29.214	0.000	4.782	0.003	10.895	0.000
树冠层位	2	41.110	0.000	29.924	0.000	18.114	0.000
树冠方向	3	99.141	0.000	85.961	0.000	25.442	0.000
分布区×树冠层位	6	0.876	0.512	0.432	0.857	2.762	0.012
分布区×树冠方向	9	3.435	0.000	1.625	0.106	4.319	0.000
树冠层位×方向	6	4.440	0.000	9.295	0.000	4.859	0.000
分布区×树冠层位×方向	18	0.213	1.000	0.822	0.675	1.800	0.023

5.3.2　香果树母树树龄和海拔对香果树种群生殖构件的数量特征的影响

树龄和香果树种群分布的海拔对香果树花枝、单花枝产花量和单花枝产果实量影响显著（表 5-5）。随着树龄的增加，单株母树花枝数量及单花枝产花量逐渐增加，但其结果量呈现出先增加后减小的趋势，80～110 a 的香果树母树的单花枝结果量最大。随着海拔的升高，单株母树产花枝的数量及单花枝产花量逐渐减小，但结果数量则呈显著增大趋势。香果树单株花枝、花和果实总数随着母树树龄的增加均呈二项式增长趋势（图 5-6），其中，20～50 a 的个体花枝、花和果实的总量均最小，分别为（42.20±21.14）个、（3095.20±1617.14）个、（15.80±3.83）个，而 110～140 a 的单株香果树花枝、花和果实的总产量最大，分别为 20～50 a 单株相应产量的 3 倍、3 倍和 9 倍。2013 年 10 月在伏牛山野外调查发现银壶沟的一株约 215 a 的香果树，枝繁叶茂，开花数量较大，这表明香果树的生殖年龄比较长，200 多年还没有进入其生理衰老期。随着海拔的升高，香果树单株母树花枝总数和开花总数呈现出显著下降趋势，但果实总数则变化较小，这可能是香果树的一种生殖策略，以减少花枝和花的数量来积累营养物质供果实利用，使其在较高海拔分布的种群获得更多的种子，为其有性生殖自然更新提供基础。

表 5-5　香果树生殖构件数量特征

组别	树龄或生境	花枝	花/花枝	果/花枝	果/花
树龄	20～50 a	42.20±21.14d	74.09±9.01d	0.69±0.43d	1∶108
	50～80 a	70.20±28.73c	80.37±18.89c	1.04±0.44c	1∶77
	80～110 a	101.60±21.97b	86.40±24.67b	1.28±0.56a	1∶68
	110～140 a	128.33±22.68a	93.54±31.23a	1.14±0.25b	1∶78
海拔	A	85.56±15.37a	94.70±10.29a	0.84±0.10d	1∶113
	B	82.54±16.33a	82.69±11.56b	0.91±0.13c	1∶91
	C	62.30±13.70b	69.78±9.84c	1.11±0.15b	1∶74
	D	58.25±16.88c	69.08±11.59c	1.29±0.12a	1∶62

注：同列数值后字母不相同表示差异显著；字母相同表示不显著（α=0.05）。后同

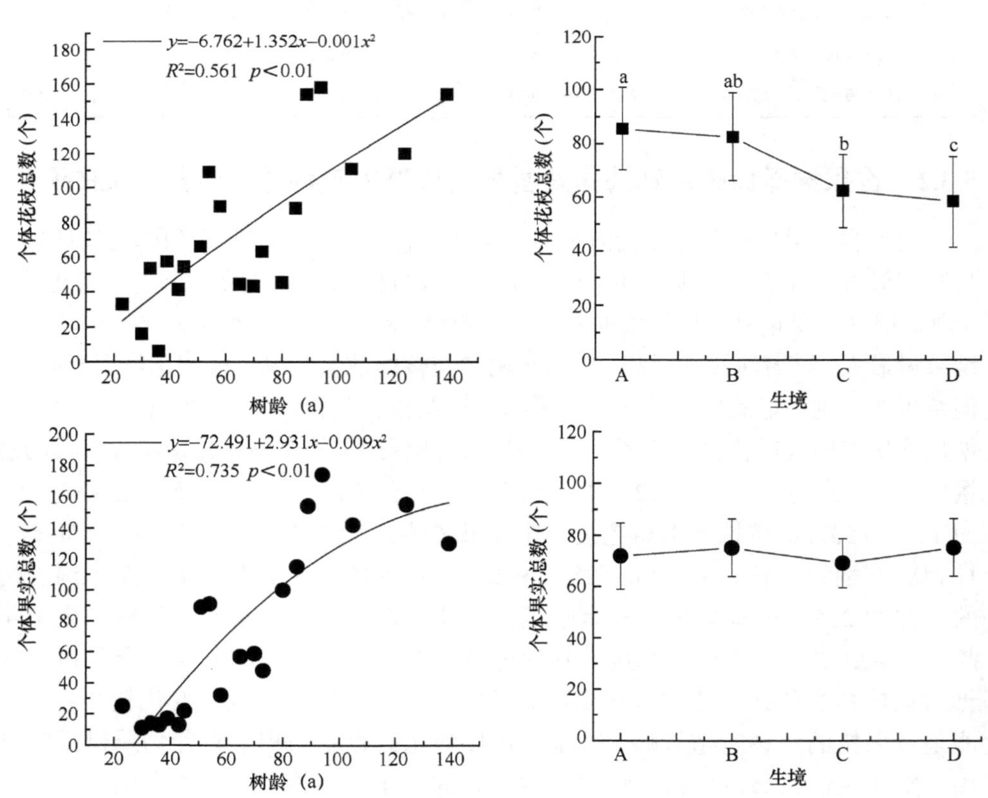

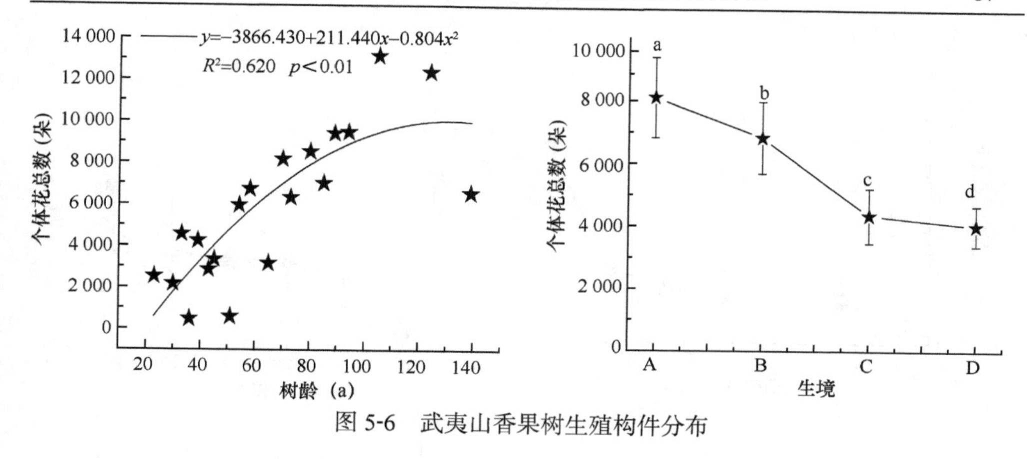

图 5-6　武夷山香果树生殖构件分布

5.3.3　环境因子对香果树生殖构件数量的影响

在香果树显现花蕾时，将照度计和温湿度计固定在香果树母树不同方位的 3 个标准枝的上、中和下 3 个部位上，记录其光照、温度和湿度，待果实成熟后取下仪器，将数据按天取其平均值作为花枝处的环境因子数据。由图 5-7 可以看出，香果树生殖构件数量与其标准枝处的光照强度、大气温度和大气湿度

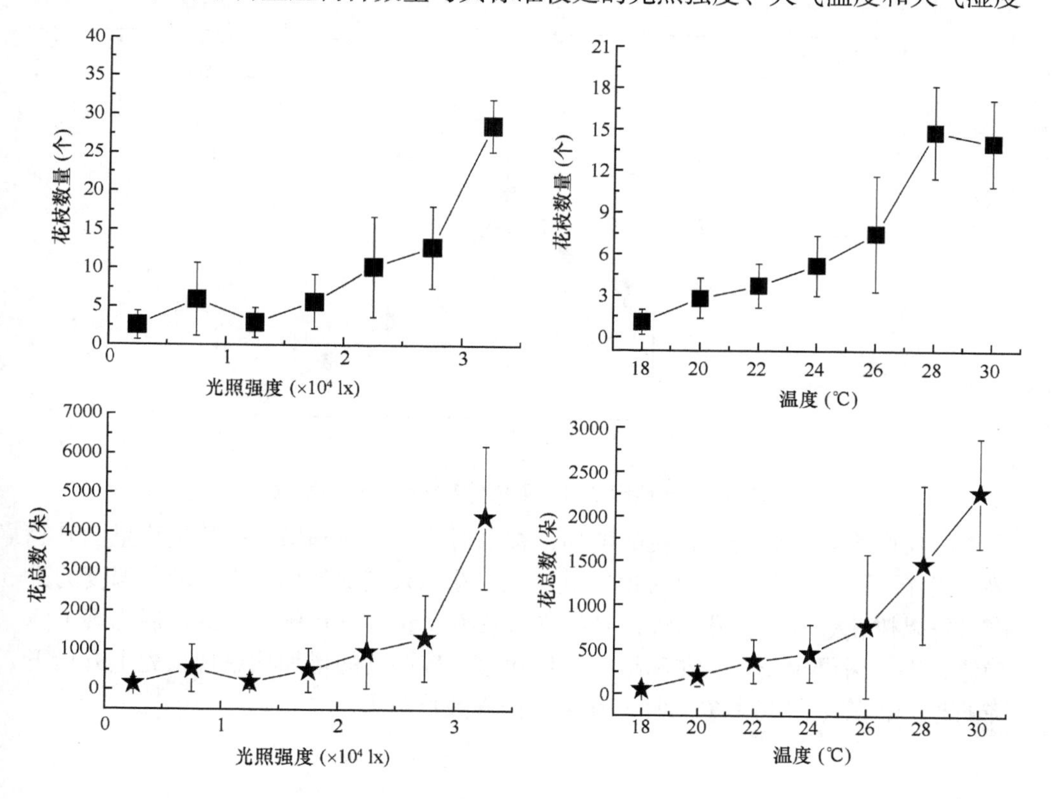

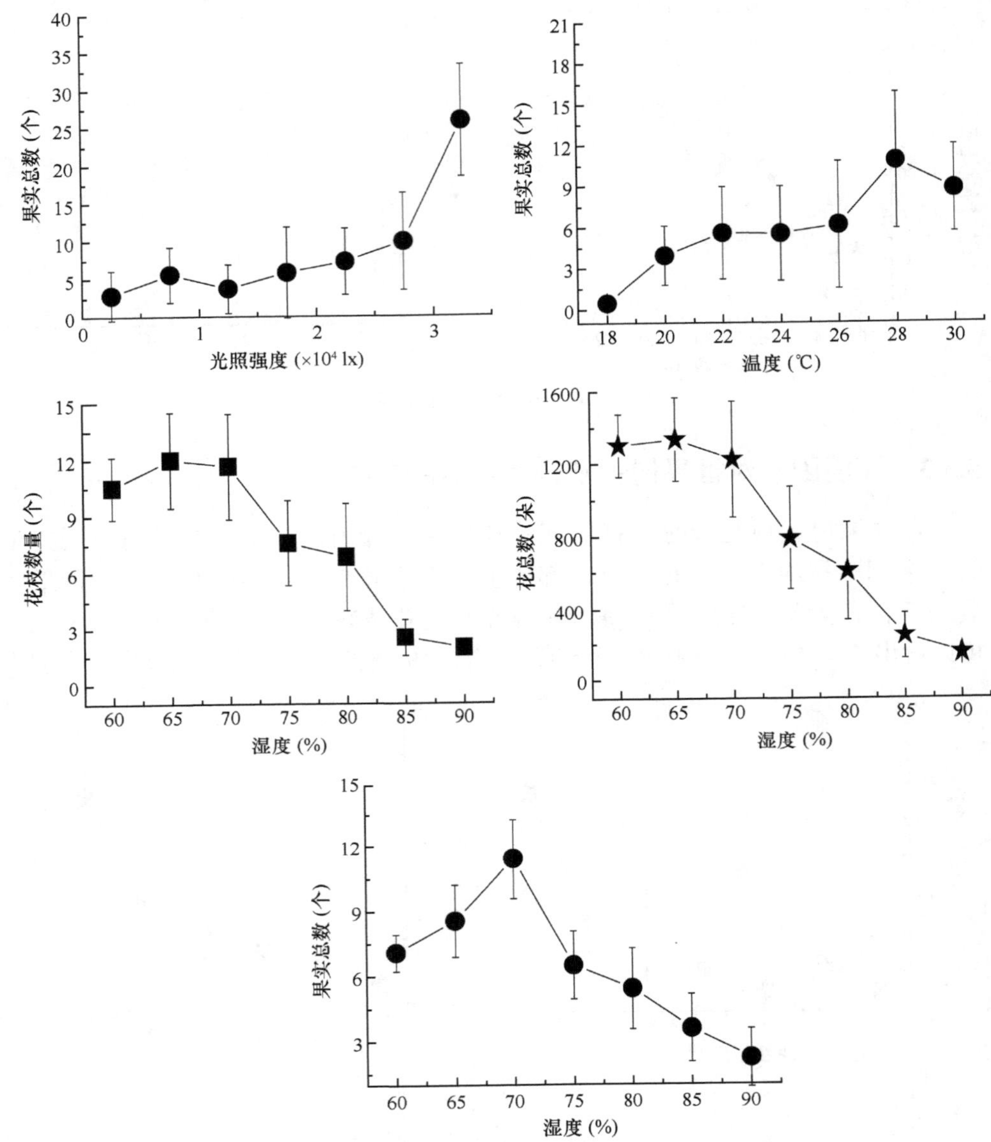

图 5-7　环境因子对香果树生殖构件数量的影响

存在密切联系。随着光照强度的增加，香果树花枝、花和果实的数量均呈上升趋势，当光照强度大于 30 000 lx 时，其花枝、花和果实数量均较大；随着温度的升高，香果树花数量呈上升趋势，但花枝和果实数量则先上升，在 28℃后出现下降趋势；香果树母树花枝、花和果实数量随着大气湿度的增加均呈现出先上升后下降的趋势，其中湿度为 70%时，其生殖构件数量较大。

5.4　香果树果实及种子的特征及分异

5.4.1　香果树果实特征及分异

1．不同分布区香果树果实特征及分异

由表 5-6 知，伏牛山分布的香果树的果实大小及干重普遍较小，在大别山分布的种群平均值普遍较大，三清山和武夷山种群介于两者之间。而每个果实的种子产量则有所不同，伏牛山最多，大别山其次，三清山最少。不同分布区香果树果实表型性状的差异性以伏牛山最大，大别山最小，三清山和武夷山介于两者之间。各表型性状中以单果产种量变异最大，干重其次，其他性状变异较小。

表 5-6 不同分布区香果树果实表型性状

果实性状	伏牛山		大别山		三清山		武夷山	
	$\bar{x}$	CV	$\bar{x}$	CV	$\bar{x}$	CV	$\bar{x}$	CV
轴长（mm）	21.536	0.361	28.470	0.292	24.274	0.323	22.965	0.304
直径（mm）	10.093	0.348	11.206	0.309	9.006	0.340	9.747	0.260
果皮厚度（mm）	0.492	0.255	0.388	0.202	0.443	0.375	0.453	0.428
单果种子数（粒）	180.747	1.050	177.018	0.726	130.190	0.865	146.952	0.956
干重（g）	0.281	0.667	0.544	0.498	0.358	0.473	0.329	0.634

注：$\bar{x}$ 为平均数；CV 为变异系数。后同

2．不同海拔香果树果实特征及分异

对武夷山不同海拔香果树果实表型性状进行测定与计数，结果表明，不同海拔对香果树果实产生显著影响，随着海拔的升高，果实轴长和干重呈持续减小趋势，果实直径先增大后减小，而果皮厚度和单果种子数则呈先下降后增加的趋势，即高海拔和低海拔果皮较厚、种子产量较高，而中海拔果皮较薄、种子产量较低（表 5-7）。海拔对香果树果实表型性状的变异产生一定影响，与不同分布区相同，其中海拔对单果产种数量影响最大。随着海拔的升高，其对香果树果实干重的变异产生的影响逐渐减小，但对果皮厚度的影响则呈增加趋势。

表 5-7　不同海拔香果树表型性状

果实性状	生境 A		生境 B		生境 C		生境 D	
	$\bar{x}$	CV	$\bar{x}$	CV	$\bar{x}$	CV	$\bar{x}$	CV
轴长（mm）	23.563	0.316	23.373	0.296	23.166	0.335	21.877	0.268
直径（mm）	9.987	0.275	10.028	0.263	9.970	0.273	9.072	0.214
果皮厚度（mm）	0.483	0.365	0.441	0.419	0.422	0.463	0.471	0.453

续表

果实性状	生境 A		生境 B		生境 C		生境 D	
	$\bar{x}$	CV	$\bar{x}$	CV	$\bar{x}$	CV	$\bar{x}$	CV
单果种子数（粒）	166.375	1.084	133.359	0.784	141.356	0.888	147.073	0.979
干重（g）	0.295	0.767	0.287	0.606	0.278	0.666	0.264	0.625

3．不同层位、方向香果树果实特征及分异

表 5-8 是果实表型性状在香果树树冠不同层位上的变化。由表 5-8 可知，香果树树冠上层的果实果皮最薄，但单果种子数最多，中层树冠上的果实最小，干重最小，下层树冠形成的果实最大，果皮最厚，干重最大，种子产量介于上层和中层树冠之间。不同香果树树冠层位同样对其果实性状的变异产生影响，其中越靠近下层，果实干重变异越小，单果产种量和果实直径变异越大，而果皮厚度及果实轴长以中层变异最小，上层变异最大。

表 5-8　香果树树冠层位对其果实表型性状的影响

果实性状	上		中		下	
	$\bar{x}$	CV	$\bar{x}$	CV	$\bar{x}$	CV
轴长（mm）	22.354	0.307	22.192	0.297	24.945	0.299
直径（mm）	9.839	0.248	9.595	0.249	9.873	0.292
果皮厚度（mm）	0.439	0.523	0.455	0.356	0.466	0.414
单果种子数（粒）	172.625	0.831	117.061	0.908	159.395	1.091
干重（g）	0.279	0.636	0.254	0.652	0.483	0.319

香果树树冠不同方向对其果实的表型性状存在显著影响，果实大小及其种子产量由大到小的顺序是：西＞南＞东＞北，尽管香果树树冠西侧的果实表型性状值最大，但其变异较小，北侧和东侧的果实表型性状平均值较小，但变异较大（表 5-9）。

表 5-9　香果树树冠方向对其果实表型性状的影响

果实性状	东		南		西		北	
	$\bar{x}$	CV	$\bar{x}$	CV	$\bar{x}$	CV	$\bar{x}$	CV
轴长（mm）	19.977	0.283	25.012	0.244	31.734	0.230	14.502	0.356
直径（mm）	8.795	0.296	10.194	0.238	12.335	0.286	7.468	0.273
果皮厚度（mm）	0.457	0.372	0.495	0.403	0.500	0.405	0.365	0.494
单果种子数（粒）	94.814	0.622	140.750	0.513	284.956	0.661	55.610	0.886
干重（g）	0.196	0.538	0.291	0.258	0.506	0.331	0.110	0.350

5.4.2　香果树种子特征及分异

1．不同分布区香果树种子特征及分异

由表 5-10 知，大别山香果树种群种子表型性状中，种子长、宽数值最大，其次为三清山和武夷山，伏牛山最小；武夷山香果树种群种子厚度和千粒重最大，大别山和三清山居中，伏牛山最小；种子饱满率则以伏牛山香果树种群最高，其次为武夷山和大别山，三清山最低。由香果树种子表型性状各指标变异系数知，伏牛山和武夷山变异较大，而大别山变异较小。

表 5-10　不同分布区香果树种子表型性状

种子性状	伏牛山		大别山		三清山		武夷山	
	$\bar{x}$	CV	$\bar{x}$	CV	$\bar{x}$	CV	$\bar{x}$	CV
种翅长（mm）	5.786	0.987	7.794	0.259	7.640	0.328	6.490	0.354
种翅宽（mm）	1.986	0.345	1.722	0.285	1.974	0.309	1.890	0.320
种子长（mm）	1.597	0.366	2.249	0.324	1.992	0.339	1.827	0.353
种子宽（mm）	0.955	0.329	1.184	0.242	1.101	0.291	1.059	0.296
种子厚（mm）	0.327	0.483	0.344	0.437	0.350	0.439	0.378	0.430
千粒重（g）	0.437	0.959	0.512	0.906	0.461	0.944	0.520	0.962
饱满率（%）	0.345	0.495	0.276	0.490	0.261	0.442	0.297	0.598

2．不同海拔香果树种子特征及分异

表 5-11 为武夷山不同海拔香果树的种子表型性状。由表 5-11 可以看出，低海拔（A）种翅、种子长宽均最小，其千粒重和饱满率最小，而中海拔（C）种翅和种子长宽最大，但其种子厚度、千粒重较低，高海拔（D）香果树种子与 C 相反，种翅和种子长宽较小，而种子厚度、千粒重最大，中海拔（B）介于 C 和 D 之间。对 4 个海拔香果树单果中各种子表型性状指标进行单因素方差分析，结果表明四者均存在显著差异（$p<0.05$）。由变异系数知，低海拔（A）和高海拔（D）香果树种子表型性状特征大多变异较大，而中海拔（B、C）大多变异较小。

表 5-11　不同海拔香果树种子表型性状特征

种子性状	生境 A		生境 B		生境 C		生境 D	
	$\bar{x}$	CV	$\bar{x}$	CV	$\bar{x}$	CV	$\bar{x}$	CV
种翅长（mm）	5.288	0.185	6.534	0.103	6.945	0.168	6.559	0.254
种翅宽（mm）	1.764	0.281	1.876	0.259	1.916	0.213	1.865	0.286

续表

种子性状	生境 A		生境 B		生境 C		生境 D	
	$\bar{x}$	CV	$\bar{x}$	CV	$\bar{x}$	CV	$\bar{x}$	CV
种子长（mm）	1.638	0.281	1.846	0.255	1.935	0.266	1.853	0.291
种子宽（mm）	0.986	0.281	1.063	0.264	1.102	0.267	1.077	0.326
种子厚（mm）	0.333	0.445	0.342	0.412	0.333	0.409	0.344	0.459
千粒重（g）	0.490	0.388	0.577	1.222	0.540	0.378	0.596	1.167
饱满率（%）	0.266	0.604	0.307	0.589	0.317	0.593	0.310	0.503

3．不同层位、方向香果树种子特征及分异

香果树树冠层位对其种子表型性状存在影响。由表 5-12 知，树冠上层所生产的香果树种子种翅小、种子小，千粒重和饱满率最低，而中层果实的种子长、宽和厚度最大，千粒重和饱满率最高，下层冠层生产的种子种翅最大，但种子较小，千粒重和饱满率较低。香果树种子千粒重和饱满率的变异系数以中层最大，上层次之，下层最小，而其他种子各表型特征多呈现出下层最大，中层次之，上层最小的趋势。

表 5-12　不同树冠层位的香果树种子表型性状特征

种子性状	上		中		下	
	$\bar{x}$	CV	$\bar{x}$	CV	$\bar{x}$	CV
种翅长（mm）	6.259	0.242	6.341	0.262	6.969	0.248
种翅宽（mm）	1.841	0.237	1.883	0.259	1.959	0.279
种子长（mm）	1.705	0.248	1.911	0.281	1.842	0.308
种子宽（mm）	1.005	0.248	1.088	0.273	1.079	0.362
种子厚（mm）	0.326	0.405	0.361	0.433	0.315	0.433
千粒重（g）	0.443	0.420	0.612	1.247	0.483	0.319
饱满率（%）	24.306	58.274	34.613	60.001	29.103	57.560

表 5-13 为香果树不同树冠方向所生产种子的表型性状特征。由表 5-13 可知，香果树树冠南侧和西侧生产种子的种翅长较大，东侧次之，树冠北侧最小。而种翅宽以树冠西侧最大，北侧次之，东侧最小。树冠南侧种子最长，北侧宽度和厚度最大。香果树不同树冠方向生产的种子千粒重由大到小的顺序是：北、东、西、南。饱满率与之略有不同，由大到小的顺序是：东、北、西、南。由不同树冠方向种子表型性状变异系数可知，南侧和西侧树冠生产的种子表型性状指标变异系数大都较低，东侧和北侧大都较大。

表 5-13　不同树冠方向的香果树种子表型性状特征

种子性状	东		南		西		北	
	$\bar{x}$	CV	$\bar{x}$	CV	$\bar{x}$	CV	$\bar{x}$	CV
种翅长（mm）	6.200	0.250	6.618	0.236	6.967	0.245	6.161	0.267
种翅宽（mm）	1.839	0.327	1.874	0.272	1.968	0.283	1.877	0.344
种子长（mm）	1.694	0.254	1.890	0.246	1.845	0.313	1.868	0.320
种子宽（mm）	1.010	0.351	1.031	0.281	1.086	0.366	1.107	0.356
种子厚（mm）	0.317	0.374	0.331	0.372	0.313	0.432	0.388	0.445
千粒重（g）	0.520	0.485	0.421	0.351	0.506	0.322	0.627	0.440
饱满率（%）	0.361	0.626	0.260	0.509	0.285	0.573	0.291	0.611

5.5　香果树开花物候与生殖成功的相关性

5.5.1　香果树开花物候和生殖构件的相关性分析

香果树的单花花期、始花期、花期持续时间、花枝数、花数、果实数之间的相关分析结果（表 5-14）显示：始花期、花期持续时间和花枝数三者间存在极显著正相关关系；花枝数与果实数之间存在显著正相关关系，并与花数之间呈极显著正相关关系；花数与果实数呈极显著正相关关系。以上相关关系表明，花枝数越多、开花数量越多的香果树母树的结实量越多；花期持续时间越长的个体，其结实量越多；始花期较早的个体开花、结实量较大，但单花开放时间较短。

表 5-14　香果树母树开花物候、生殖构件各指标间的相关分析

生殖指标	单花花期	始花期	花期持续时间	花枝数	花数
始花期	−0.206				
花期持续时间	0.192	0.887**			
花枝数	0.068	0.541**	0.566**		
花数	0.047	0.257	0.559**	0.642**	
果实数	−0.160	0.302	0.474**	0.315*	0.499**

*相关性显著，$p<0.05$；**相关性极显著，$p<0.01$

5.5.2　香果树有性生殖的主要环境因子及其与生殖指标的相关性

香果树母树有性生殖过程中的光照、温度和湿度观测值见表 5-15。随海拔的升高，香果树母树生殖构件的光照强度有所增强，气温逐渐降低，大气湿度也呈逐渐降低趋势；而同生境所选不同树龄个体没有其他植被遮蔽，其光照强度、温度略大于不同海拔的母树，但湿度略低。

表 5-15　香果树有性生殖过程中的光照强度、大气温度和湿度

组别	光照强度（lx）				温度（℃）				湿度（%）			
	A	B	C	D	A	B	C	D	A	B	C	D
树龄	—	—	—	22 457.14 ±9 280.56	—	—	—	27.77 ±3.45	—	—	—	64.45 ±13.15
生境	12 509.09 ±4 922.05	13 538.46 ±5 693.25	13 495.33 ±5 687.77	14 071.54 ±7 849.33	28.53 ±1.97	28.17 ±2.54	27.48 ±2.52	26.69 ±1.78	86.77 ±9.10	78.58 ±17.77	72.83 ±16.80	65.25 ±15.43

“—”表示无数据

对香果树开花物候、生殖构件及其主要影响因子进行双变量 spearman 相关分析，结果（表 5-16）表明：光照强度、大气温度和湿度及树龄与香果树有性生殖特征存在显著的相关性，光照强度和大气温度与单花花期和花期持续时间存在极显著、显著负相关，而与花枝数、花数和果实数呈极显著正相关关系；大气湿度与香果树开花物候及生殖构件指标相关性与前者相反；树龄仅与始花期存在极显著负相关，与其他各指标均存在显著、极显著正相关关系。

表 5-16　香果树母树开花物候和生殖构件指标与其树龄及环境因子的相关性

生殖指标	光照强度	大气温度	大气湿度	树龄
单花花期	-0.333^{**}	-0.407^{**}	0.308^{**}	0.212^{*}
花期持续时间	-0.252^{*}	-0.278^{*}	0.257^{*}	0.909^{**}
始花期	-0.021	-0.106	0.045	-0.890^{**}
花枝数	0.699^{**}	0.626^{**}	-0.581^{**}	0.504^{**}
花数	0.646^{**}	0.513^{**}	-0.516^{**}	0.539^{**}
果实数	0.487^{**}	0.349^{**}	-0.406^{**}	0.644^{**}

*相关性显著，$p<0.05$；**相关性极显著，$p<0.01$

5.6 小　结

5.6.1 香果树开花物候特征

不同香果树种群的各开花物候指标之间差异显著，伏牛山种群单花花期较短（5～6 d），始花期最早，花期的持续时间最短，仅为 34 d；其余种群随着位置的南移，其单花花期变长，始花期和终花期均有所推迟，花期持续时间延长，武夷山种群花期延长至 65 d。温度和光照被认为是影响植物开花物候的主要因素（Park and Schwartz，2015；Blionis et al.，2001），野外观测发现，伏牛山香果树种群连续 4 年始花期至终花期平均气温为（23.83±1.97）℃，阴雨天仅为（6.28±1.32）d，而大别山种群所在位置始花到终花期平均气温为（23.38±2.54）℃，阴雨天达到

(10.51±2.37)d，三清山香果树种群开花期间平均气温为(22.73±2.52)℃，阴雨天为(15.10±7.64)d，武夷山为(21.69±1.78)℃，阴雨天达(27.96±5.04)d，即随着香果树种群位置的南移，香果树在开花结实的时间段内自然生境中的温度逐渐降低，阴雨天的天数逐渐增加。伏牛山香果树开花结实时间段内自然分布区的高温晴天较多，这种较适宜的气候有利于香果树母树的生理代谢，导致其始花期提前，单花花期及种群开花期持续时间缩短，而武夷山分布区较多的低温阴天天气导致母树生理代谢缓慢，花朵开放时间较长。本研究显示香果树种群开花时间比较分散，开花持续时间长达 34～65 d，即其开花同步性指数较低(郭连金等，2011)，但程喜梅(2008)研究认为香果树单株的开花同步性指数较高，这使得同种群内个体间传粉受精变得困难，增加了种群败育的风险。

同一生境中不同年龄的同种植物开花物候有所不同(祖元刚和袁晓颖，2000)，随着树龄的增加，武夷山香果树种群单花花期呈幂函数上升趋势，其变异系数为 0.15，而其始花期逐渐提前，花期持续时间出现延长趋势。有研究表明分布于不同地区或同一地区不同海拔(Pigliucci，2002；Stenøien et al.，2002)，甚至同一地区不同微生境(Hammad and Tienderen，1997)的同种植物开花物候存在一定差异，这主要是生境中光照、温度及降雨等作用的结果(罗睿和郭建军，2010；Park and Schwartz，2015；Butt et al.，2015；Cortés-Flores et al.，2015；Huish et al.，2015；Jorgensen and Arathi，2013)，香果树分布区不同海拔由于其光照、温度和湿度的不同，其同龄香果树(63 a)的开花物候有所差异。随着海拔的升高，其单花花期呈上升趋势，即海拔越高，单花花期越长，而其始花期逐渐推迟，其花期持续时间约为 40 d，变化较小。

5.6.2　香果树生殖格局及其变异

1．不同分布区香果树种群生殖格局的差异

植物生殖构件的分布主要与其自身的同化能力及对植株内营养物质的获取和要求有关(边才苗等，2005)。本研究表明，不同分布区的香果树种群花枝、花和果实的分布存在显著差异，随着香果树产地的南移，单株母树花枝和果实的比例显著增加；武夷山和三清山种群的开花数量也显著高于伏牛山和大别山种群。李国尧等(2014)和杨永花等(2014)研究认为，植物在生长发育过程中需要从土壤中获取大量的营养物质，尤其是生殖生长阶段。伏牛山种群分布区的土壤相对贫瘠，尽管花期温度和光照条件较好，始花期早，但由于香果树母树不能从土壤中获得足够的营养物质以制造有机物，从而产生的花较少，花期持续时间较短；武夷山种群始花期滞后，土壤有机质丰富，能满足母树的生殖需要，从而单株母树花枝、花和果实产量较高。

不同植物的生殖构件在树冠上的分布有所不同。濒危植物水青树(*Tetracentron*

sinensis Oliv.）果穗和果实主要分布于树冠的阳面（甘小洪等，2009），矮沙冬青［*Ammopiptanthus nanus*（M. Pop.）Cheng f.］树冠阳面和阴面开花数量差异不显著（焦培培和李志军，2007），而金花茶的花主要分布于树冠的下层（柴胜丰等，2009）。作者前期研究发现光照影响香果树花芽的分布（郭连金等，2011），本研究证实分布区、树冠方向、层位，以及方向和层位的交互作用均对香果树花枝、花和果实数量有极显著影响，香果树树冠上层光照强度较强，其单株花枝、花和果实数量显著高于中层和下层，这与白桦（*Betula platyphylla* Suk.）的雌花序分布情况类似（祖元刚和袁晓颖，2000）。树冠南侧花枝、花和果实分布最多，北侧最少，这主要是由于树冠的上部或阳面光照条件充足，有利于光合作用的进行，能满足生殖阶段母树对养分的需要（甘小洪等，2009）。单花枝坐果数量在母树树冠中层及树冠的东侧达到最大值，树冠上层和南侧较低，这说明香果树母树在生殖过程中存在自适应现象；由于树冠上层和南侧局部产花量过大，部分生殖构件无法从附近叶片获得足够的营养物质，进而导致单花枝坐果数量较少，甚至树冠南侧和上层出现花枝死亡，这可能是开花过程中消耗过多营养所致。

开花、结果时间的变化可影响花和果实的发育，开花物候的变化影响母树产生花和果实的数量（Wheeler et al.，2015）。尽管伏牛山和大别山香果树种群单株花枝、花的分布比例较低，但单花枝坐果量显著高于武夷山和三清山种群。我们推测其原因是：香果树花开放的顺序是沿花枝由下而上逐步开放（程喜梅，2008），伏牛山和大别山种群开花期光照和积温相对较好，始花期早、花期持续时间短，单花枝产花量大，结果时间早，果实有充足的时间发育成熟，从而单花枝结果量大；而武夷山和三清山单株香果树母树在开花期内开花量较大，导致营养消耗殆尽，且开花延迟，导致结果时间滞后，晚期同化产物供给减少，单花枝结果量少。

2．不同树龄和海拔对香果树种群生殖格局的差异及生殖策略

不同植物的生殖构件分布有所不同，其主要由自身遗传物质及外界环境影响所致（Hendry and Day，2005）。有研究表明，白桦母树年龄与其生殖构件存在密切联系，壮年期个体生殖构件数量最大，而结实初期最少，老龄个体生殖构件较少，其原因是生殖枝减少，而不是由于每个生殖枝上的花和果实数量的减少（祖元刚和袁晓颖，2000）。本章研究发现，单株香果树的花枝、花和果实总数均随着其树龄的增加而显著增加，单花枝产花数随着树龄的增加而呈显著上升趋势，单花枝果实数量随着树龄的增加呈增加趋势，但在 110 a 后呈减小趋势，说明香果树母树可能存在自适应，这与其本身的同化能力及对植株内营养物质的获取和要求有关（边才苗等，2005）。

香果树花果转化率极低，62～113 朵花将来发育形成 1 个果实，这主要是由于香果树将过多的物质资源分配给花，但果实和种子成熟同样需要耗费亲本大量

物质资源，这势必导致它们之间对资源产生竞争，从而大部分生殖器官不能正常发育（陈波等，2003）。树龄较小的香果树花果转化率低于树龄较大的个体，其原因是树龄较小的香果树母树位于林下，与树龄较大的个体在资源竞争中处于劣势，导致其资源不足，这致使其将更多的资源分配给营养器官以提高资源的获取能力，故其花果转化率较树龄高的母树低，这与栲（*Castanopsis fargesii* Franch.）和金花茶等植物类似（柴胜丰等，2009；陈波等，2003）。

随着海拔的升高，香果树花枝、单花枝花数量呈减小趋势，单花枝果实数量有所增加，这导致其单株母树结果量相对稳定，表明香果树在不同的生境中可通过改变自身生殖投资策略以提高其生殖成功的可能。大量研究表明，植物的生殖构件与其在树冠上的位置有关，究其原因是其接受的光照不同（肖宜安等，2005；何淼等，2014；Chaves and Avalos，2014）。本研究通过测定标准枝处的光照强度、大气温度和湿度来研究香果树生殖构件数量特征，结果发现，香果树生殖构件对光的要求较高，光照强度大于 30 000 lx 时，可增加其生殖构件的产量；而 28℃的气温和 70%的大气湿度是其生殖构件形成的最佳温湿度。

5.6.3　香果树果实和种子的特征及分异

分布区位置、海拔、树冠方向及层位均对香果树果实及种子的形态产生显著影响，地理分布边缘地区的香果树果实轴长、直径、果实干重、种翅长、种子长、种子宽等均较小；地理分布内部的香果树果实外形、干重等指标较大，而单果产种数量、果皮厚度、种子饱满率与之相反。从性状变异来看，地理分布区内部各指标变异较小，而边缘地带变异较大。随着产地海拔的升高，香果树果实轴长、干重逐渐降低，而种子厚度、千粒重波动增加；中海拔香果树单果产种数量较少，但其种翅长、宽和种子长、宽较大，高低海拔单果产种数量较大但其饱满率低。母树树冠西侧、下层果实各形态指标及种翅长宽数值较大，单果产种量以西侧、上层最多，种子大小以北侧、中层最大，东侧、中层饱满率最高。操国兴等（2004）、郭连金等（2012）研究发现，植物的生殖投资策略会随着环境的变化而变化，一般认为恶劣的环境下植物会增大生殖投资，以获得种群的稳定发展。这可能是地理分布边缘、高低海拔及光线较差的树冠方位香果树单果产种量多、饱满率高的原因。

5.6.4　香果树开花物候与生殖适合度

开花物候可影响植物的生殖成功（Ollerton and Diaz，1999）。Augspurger（1983）研究了 6 种植物的开花与结果特征，认为植物的开花数是决定其坐果量的重要因素。李新蓉等（2006）研究认为沙冬青[*Ammopiptanthus mongolicus*（Maxim. ex Kom.）Cheng f.]在花序水平上开花数与结果数呈显著正相关关系，肖宜安等

（2005）则研究发现长柄双花木的始花期与开花数及坐果数呈显著负相关关系，马文宝等（2008）研究发现准噶尔无叶豆［*Eremosparton songoricum*（Litv.）Vass.］开花数和花期持续时间分别与坐果数存在显著正相关关系。本研究发现花期持续时间越长的个体，其结实量越多；始花期较早的个体开花、结实量较大，但单花开放时间较短，即香果树开花时间越晚，花枝数越多，花期持续时间越长，开花数和坐果数越多，这可能是由于开花量大，有利于吸引更多的传粉者（Wheeler et al.，2015），从而增加花朵传粉机会，而花期持续时间长有利于提高传粉者的传粉效果（边才苗等，2005；李新蓉等，2006）。

植物的生殖成功受多种因素的影响。例如，由于植物年龄过小或过大不具备足够的储存资源以保证果实成熟；又如，开花时间不适合（柴胜丰等，2009），导致没有昆虫访问，也就是环境因子不适宜，有效传粉者缺乏活动力或数量少，无法完成传粉。香果树花粉量大，活力较高（程喜梅，2008），花粉质量不是影响其生殖成功的原因。本研究对树龄、光照强度、大气温度和湿度与生殖指标进行相关性分析，结果表明光照越强、温度越高及湿度越小，始花期越早，花期持续时间越长，单株母树所产花枝数、花数和果实数量越大。树龄与其有性生殖特征指标的相关性表明香果树树龄越大，其始花期越早，单花花期越长，花期持续时间越长，花枝、花和果实数量越大。

第6章 香果树种群种子雨、土壤种子库及其实生苗数量动态

种子是植物有性生殖的一个重要的繁殖器官，是植物种群生活史的起点和终点，在种子植物的更新中具有重要作用。充足的、有活力的种源是物种更新成功的必备条件之一，而物种种源的多少是由种子产量、种子雨和种子库动态所决定的（Simpson，1989）。植物的种子靠自身重力、果实的重力、果实开裂的机械力及外力等从母体上散布到地表的过程，称为种子雨（Janzen，1972）。种子雨散布的时空格局对植物的种子萌发、幼苗的存活及种群更新具有决定性影响，对种群的适应性、生活史的特征演化具有重要作用（Heredia et al.，2015）。植物种子落地后，存在于土壤上层的地被物和土壤中，其总和为土壤种子库（Simpson，1989），Harper（1977）将土壤种子库称为潜种群阶段，研究土壤种子库对于种群生态对策、物种进化等问题的解决具有重要的学术价值。研究植物土壤种子库的组成、数量及分布等内容有助于了解植物的自然更新（于顺利和蒋高明，2003；Zepeda et al.，2014）。近年来，已有不少国内外学者对不同植物的种子雨、土壤种子库及成苗定居等进行了大量的研究（Bertiller and Carrera，2015；Li et al.，2014；Li et al.，2015；Bebawi et al.，2015）。岳红娟等（2010）研究了南方红豆杉的种子雨和土壤种子库，发现其种子雨持续3个多月，种子主要落在树冠内，土壤中大量种子被捕食，导致其更新困难。花楸［*Sorbus pohuashanensis*（Hance）Hedl.］种子雨则以果实散落的形式到达地表，96.1%的果实分布于母树周边2 m范围内，土壤含水量增加可降低其幼苗的死亡率（许建伟等，2010）。意大利槭亚种granatense（*Acer opalus* subsp. *granatense*）土壤种子库中种子大部分已腐烂而丧失生活力，影响其自然更新（Gómez-Aparicio et al.，2007）。尽管国内外学者已对大量植物的种子雨、土壤种子库和幼苗进行了研究，但有关濒危乔木树种（种子微小、种子具翅等）的种子雨、种子库等方面的研究鲜见报道。植物的种子雨、种子库、天然条件下幼苗的定居率是生活史中的关键，对种群自然更新尤为重要，研究植物的种子雨、种子库及幼苗的形成，对揭示珍稀濒危植物的致濒机制和促进其恢复有重要意义。

本章以武夷山、伏牛山和大别山香果树母树为研究对象，主要探讨：①不同年龄、不同海拔、不同群落中香果树种子雨的时空格局及种子特征；②不同年龄、不同海拔、不同群落中香果树土壤种子库（以下简称种子库）分布格局及种子质量的变化；③林下香果树实生苗的数量变化动态，以阐明香果树种群自然更新过

程、寻找其更新脆弱环节及影响因素，为种群恢复与有效经营管理提供依据。

6.1 研 究 方 法

6.1.1 样地设置及母树选择

在伏牛山选择香果树分布比较典型的区域设置16块样地，进行群落学调查（表6-1），调查方法同第5章。由于武夷山不同海拔区间分布的香果树种群（A、B、C和D）可以寻找到符合做海拔对其种子雨及种子库影响研究的对象，故选用A、B、C和D 4个海拔区间的香果树种群分布区作为研究样地（表5-2）。为掌握不同群落对香果树种群自然更新过程的影响，本研究于2012年10月在武夷山挂墩山海拔 1300 m 左右选择了常绿阔叶林和毛竹林两种群落中生存的香果树种群为研究对象，跟踪调查了两个样地香果树种群的种子雨至幼苗存活状况，其群落特征见表6-2。

表6-1 伏牛山香果树种群海拔概况

海拔（m）	坡向	坡度（°）	坡位	林内光照强度（lx）	大气温度（℃）	大气湿度（%）	土壤含水量（%）
850.25±80.18	阳坡、半阳坡	20.34±2.17	下坡、中下坡	565.05±116.39	28.10±0.59	58.63±2.50	24.38±3.00

注：林冠层光照强度、温度、湿度、土壤含水量等的测定于2014年10月进行，每样地连续观测3 d，于每日10:00、13:00、15:00进行测定

表6-2 香果树种群两种群落的概况

环境因子	群落类型	
	常绿落叶阔叶林	毛竹林
海拔（m）	1254±49	1313±50
坡向	阳坡、半阳坡	阳坡
坡度（°）	13.0±2.8	29.5±6.3
坡位	中坡	中坡、下坡
林内地表光照强度（lx）	518.0±107.5	318.6±89.7
大气温度（℃）	15.2±2.1	14.6±1.7
相对湿度（%）	67.1±8.4	74.3±9.8
土壤含水量（%）	35.4±3.1	43.1±7.2
0～10 cm 土壤有机质含量（%）	8.6±1.7	5.3±1.2
乔木层密度（Ind./hm^2）	1384.3±230.9	2873.0±413.6
乔木层盖度	0.6±0.2	0.8±0.2

续表

环境因子	群落类型	
	常绿落叶阔叶林	毛竹林
乔木层高度（m）	10.3±2.5	17.0±3.8
灌木层盖度	0.5±0.2	0.3±0.1
优势种	香果树+瘿椒树+甜槠	毛竹+香果树
人为干扰	砍伐	砍伐、踩踏

注：林内地表光照强度、温度、湿度、土壤含水量等的测定于 2012 年 10 月 10～12 日进行，每样地连续观测 3 d，于每日 10:00、13:00、15:00 进行测定

母树的选择：为研究不同树龄对种子雨、种子库的影响，本研究于 2014 年 8 月 1 日，在伏牛山银壶沟、七星潭等样地利用瑞典生长锥（haglof CO-500-53）测定母树的年龄，分为 4 个龄级，S1（20～50 a）、S2（50～80 a）、S3（80～110 a）和 S4（110～140 a），并分别于每样地选择并标记每个年龄段 3 株母树（表 6-3），1 株用于种子采集，另外 2 株用于种子雨和种子库研究。为研究海拔对其种子库、种子雨的影响，于 2014 年 10 月 2 日（种子雨前），在武夷山 A、B、C、D 4 个固定样地中每样地选择并标记 35～40 a 的树冠、树高、胸径及年龄相近的母树 6 株，其中 1 株用于采集种子，另外 5 株用于种子雨和种子库研究，共选择 24 株（表 6-4）。于武夷山挂墩山两个群落中选择树高、胸径等相近的开花母树作为研究对象，用于研究不同群落香果树自然更新的差异（表 6-5）。

为避免香果树母树间种子雨的影响，本研究所标记的用于种子雨和种子库研究的母树生存环境相对开阔，其周围 200 m 内没有其他母树处于繁殖期。

表 6-3　伏牛山不同龄级香果树母树形态指标

龄级	树高（m）	枝下高（m）	胸径（cm）	冠幅（m）
S1	11.35±4.82	6.95±3.96	31.74±4.07	5.81±2.07
S2	13.51±4.27	8.05±3.82	34.71±5.91	6.12±1.72
S3	14.56±4.56	8.13±4.46	43.00±5.09	7.23±1.91
S4	15.68±5.09	8.80±4.90	47.62±5.27	7.74±1.80

表 6-4　武夷山不同海拔香果树母树的形态指标

种群	海拔（m）	年龄（a）	树高（m）	枝下高（m）	胸径（cm）	冠幅（m）
A	819±57	36.35±4.79	12.8±2.4	7.9±0.9	35.1±14.8	7.1±1.5
B	980±61	36.57±3.25	13.2±1.9	8.2±0.8	35.4±12.5	7.4±1.2
C	1140±49	36.28±3.57	12.6±2.7	8.3±1.4	35.7±12.8	7.3±1.3
D	1301±50	38.74±2.96	13.7±2.3	8.0±1.5	35.3±12.4	6.9±1.2

表 6-5　不同群落中香果树母树的形态指标

群落	树龄（a）	树高（m）	胸径（cm）	枝下高（m）	冠幅（m）
常绿落叶阔叶林	58.3±4.7	14.1±2.3	43.4±9.3	8.3±2.9	9.8±3.0
毛竹林	59.8±5.1	16.3±3.1	40.8±13.9	11.4±3.7	7.4±2.6

6.1.2　种子雨收集

2014 年 9 月底，在大别山香果树样地标记母树树冠下（M1）、树冠边缘（简称冠缘）（M2）、林窗（M3）和林缘空地（M4）4 种微生境分别布设 4 个种子收集框，框口面积为 100 cm×100 cm，框深 20 cm（刘足根等，2007）。由于香果树种子微小，本研究采用网眼 0.5 mm×0.5 mm 的尼龙网进行种子收集，为避免小动物的破坏，收集框四周用 4 根 1.3 m 高的木棍撑起，使框底距地面 1 m 左右，每隔 3 d 观察并记录收集框内种子的数量，直至连续 7 d 种子数量不变结束观察。待香果树母树种子雨结束后，将收集框内种子按饱满（健康）、干瘪（扁平）、空粒（仅有种翅，种子没发育）及虫蛀分别进行记录，并计算其种子的千粒重（ISTA，1996）。

4 种微生境的选择：树冠下位于母树树冠半径 1/2 处；树冠边缘位置位于母树树冠垂直投影的边缘；林窗位置在相邻乔木树冠垂直投影的中间位置（投影边缘的间距为 2～5 m，林窗面积为 4～20 m^2）；林缘则位于林地边缘（当香果树树冠与其一侧乔木树冠垂直投影间距均大于 10 m 时，可视为林缘），所选位置距香果树树冠垂直投影的距离在 5 m 以上，微生境中无灌木生存，仅有草本植物少量分布。所选 4 种微生境相互独立，互不影响。

2014 年 10 月底，依据 2008～2013 年对武夷山香果树物候观察和结实情况，在标记母树的周围按东、西、南、北 4 个方位，选取距离母树树干 5 m、10 m、20 m、40 m 和 80 m 均匀布设 20 个种子收集框。种子雨收集方法同前。

6.1.3　种子库收集

1．不同树龄和不同海拔香果树种子库收集

于 2015 年 1 月，在与收集框相邻区域分别设置 9 个 50 cm×50 cm 的土壤种子库样方，用于对香果树种子进行观测。每个土壤种子库样方分别取枯落物和苔藓层、0～1 cm 土壤层、1～5 cm 土壤层。武夷山分布区于 1 月、3 月和 5 月对香果树种子库分别观测 3 次，每次每个样地共观测 600 份土样；伏牛山由于样地地理位置过于偏僻等，仅于 1 月和 3 月观测 2 次，每次每个样地共观测 768 份土样。采用网筛法分离土壤种子库中的香果树种子，并记录不同层筛选出的健康、扁平（种子已发育，扁平无活力）、虫蛀及霉烂种子数。

2．不同群落中的香果树种子库收集

不同群落的香果树种子库收集方法与前者不同，于每株标记的香果树母树东、南、西、北4个方位分别设置6个样点，在每个样点上，设置3个0.5 m×0.5 m的小样方用于估计种子库（p1代表种子库小样方）、种子萌发率（p2代表种子萌发小样方）及幼苗生长（p3代表幼苗生长小样方）。每个母树共选择72个小样方（图6-1）。

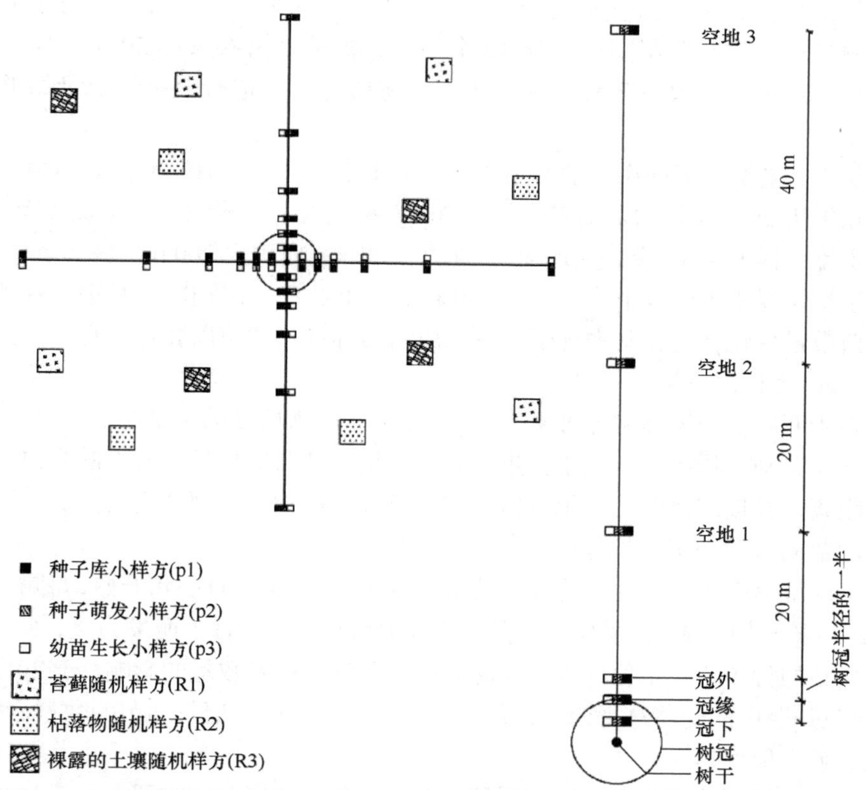

图6-1　不同群落中调查香果树种子库、种子萌发及幼苗生长的样点和小样方位置

图中圆圈表示树冠，正方形所在位置表示样点所选位置，冠下即为前述M1，冠缘为M2，冠外到树冠边缘的距离与树冠的半径相等，空地1到冠外的距离为20 m，空地2到空地1的距离为20 m，空地3到空地2的距离为40 m

香果树原生境中地表存在苔藓、枯落物、裸露土壤、砾石及水面5种类型，砾石和水面香果树无法生存，故本研究在枯落物层、苔藓层和土壤表面进行播种实验，用以研究地表覆盖物对香果树种子萌发及幼苗形态建成的影响。在两个群落中的每株选定母树周围随机选择12个微生境，每种群落中共选择120个微生境。

于 2013 年 1 月将 p1 中的土壤按枯落物和苔藓、0～1 cm、1～2 cm、2～3 cm、3～4 cm、4～5 cm 的土层分成 6 层，利用土壤筛筛分香果树种子，筛网眼大小为 1.0 mm×1.0 mm，将筛出的种子按健康、扁平、霉烂、虫蛀等进行分类，并利用四唑实验法测定种子生活力（Behtari et al.，2014）。

6.1.4 香果树种子萌发及实生苗数量的调查

于 2014 年 10～11 月，在伏牛山和武夷山香果树样地中选择用于采集种子的香果树母树，在每株母树树冠的上、中层分别选取 20 个果实；由于下层果实普遍较少，故在下层随机选择 10 个果实，每株母树共采集 50 个果实。自然阴干后，用游标卡尺测定种子的大小，并将所有种子进行分类，记录每类种子的数量。

从不同龄级和不同海拔的香果树所产种子中，选取饱满种子各 20 000 粒，在距开花母树 200 m 外的未结实香果树周围选择其冠下、冠缘、林窗及林缘空地 4 种微生境的样方各 10 个，共计 40 个样方，每样方面积为 200 cm×200 cm，将饱满种子均匀播撒于样方中，每样方 500 粒。次年 6 月、8 月和 10 月进行种子萌发及幼苗数量变化调查，其中种子萌发以露白为标准，幼苗以胚根入土、地上部分高于 1 cm 为标准。

本研究以香果树母树为对象，5 月确定种子生根所处的土壤层次，自 5 月起，每隔 2 个月对其周围所有实生苗进行观测，记录幼苗的数量、所处的方位及距母树的距离，并按东南西北、距母树不同距离及地被物和土壤层进行分类，以对香果树幼苗的数量动态进行分析。

不同群落中香果树种子萌发及幼苗调查于 2013 年 4 月中旬开始，每隔一周观测 p2 小样方中的种子萌发情况，直至 7 月中旬确定没有种子萌发为止，每次调查后将发芽的种子移栽至他处以消除对以后观测种子萌发数量的影响。于 2013 年 5 月中旬对 p3 中的幼苗进行调查，每个月中旬调查一次，记录幼苗的数量、株高、基径、死亡原因等。

为研究不同地表类型对香果树种子萌发及幼苗的影响，本研究在毛竹林和常绿落叶阔叶林所选母树周围随机设置 12 个小样方[其中苔藓随机样方（R1）4 块、枯落物随机样方（R2）4 块、裸露的土壤随机样方（R3）4 块，见图 6-1]，在种子雨散布前，用种子雨收集框将小样方覆盖收集种子，待种子雨结束，将所有种子分类，随机选取 1000 粒播于每个小样方中，如遇种子不足，在附近同类型同面积的微生境中利用土壤筛分离其所有种子，直至补足为止。

6.1.5 数据处理

统计分析采用数据软件 SPSS19.0，利用非参数科尔莫戈罗夫-斯米尔诺夫检验

（Kolmogorov-Smirnov test）与里尔福斯（Lilliefors）检验并校正单样本数据的正态性。采用单因素方差分析的方法确定数据间的差异性，利用 LSD 对数据两两间的差异做进一步的显著性检验，显著水平为 0.05。利用怀特检验（White test）对数据进行齐性检验，对于服从正态分布的异方差数据采用布朗-福赛斯（Brown-Forsythe）修正。

6.2　香果树种子特征及组成

6.2.1　不同年龄香果树的种子特征及组成

2014 年 11 月，将从伏牛山采集的香果树果实以母树为一个单位收集种子，测量种子的形态及千粒重，将所得种子分为饱满、干瘪、空粒及虫蛀 4 类，计算这 4 类种子在总种子中所占的比例，结果见表 6-6。由表 6-6 可知，不同龄级香果树的种子特征存在显著差异，其中 S1 龄级母树产生的种子大小（长、宽和厚度）、千粒重及饱满率均显著小于其他龄级母树（$p<0.05$），S1 龄级母树所产种子大小仅为高龄级的一半左右，而千粒重也仅为 0.28 g，其他龄级均在 0.50 g 左右。种子形态、千粒重及饱满率在 S2、S3 和 S4 之间无差异。4 个龄级香果树母树的种子干瘪率、空粒率及虫蛀率存在差异显著。与其他龄级母树的种子相比较，S1 龄级母树的种子干瘪率、空粒率较高。

表 6-6　不同年龄香果树的种子特征

龄级	平均值（mm）			千粒重（g）	饱满率（%）	干瘪率（%）	空粒率（%）	虫蛀率（%）
	长	宽	厚					
S1	3.35±0.78b	0.81±0.42b	0.17±0.05b	0.28±0.10b	20.75±6.24b	43.43±12.87a	31.09±8.67a	4.73±4.16b
S2	6.73±0.81a	1.75±0.43a	0.34±0.09a	0.46±0.13a	35.22±10.66a	33.03±5.35b	24.57±4.57b	7.19±12.52a
S3	6.80±1.62a	1.62±0.46a	0.30±0.07a	0.51±0.10a	38.89±16.13a	32.33±8.91b	24.1±8.13b	4.69±5.85b
S4	6.61±1.47a	1.66±0.46a	0.32±0.08a	0.51±0.16a	38.87±22.74a	31.89±9.94b	23.06±9.65b	6.18±9.18a

注：此处种子长、宽、厚均包含种翅在内。同列数值后所标字母不同，表示差异显著；字母相同，表示差异不显著（LSD 多重比较，$\alpha=0.05$）。如无单独说明，后同

6.2.2　不同海拔的香果树种子特征及组成

武夷山香果树种子（含种翅）长、宽和厚度分别为 0.55～12.3 mm、0.1～4.0 mm、0.07～0.48 mm，种子饱满率最高仅为 35%，种子不饱满率最高达 50%，其余种子被虫蛀。不同种群香果树种子雨中种子特征及组成存在显著差异，其中种子形状

指标值以低海拔种群 A 最小，其次为高海拔种群 D，中海拔的种群 C 最大，饱满种子的密度随海拔的升高基本呈上升趋势，干瘪和空粒种子的密度随海拔的升高而降低，但千粒重与干瘪和空粒种子呈相反趋势。除饱满种子外，各类种子的密度随海拔升高呈下降趋势，但其所占比例存在一定差异，不饱满种子占总种子的比例随海拔的升高呈上升趋势，虫蛀种子占总种子数的比例随海拔的升高呈下降趋势，饱满率则呈上升趋势（表 6-7）。

表 6-7　不同海拔种群香果树种子质量

		种群 A	种群 B	种群 C	种群 D
平均值（mm）	长	5.73±1.76b	8.56±1.46a	8.82±1.12a	7.85±1.52a
	宽	1.24±0.62a	1.42±0.77a	2.08±0.85a	1.41±0.70a
	厚	0.26±0.16a	0.31±0.13a	0.41±0.16a	0.30±0.11a
最大种子（mm）	长	8.88±1.76a	9.68±1.83a	10.46±2.86a	9.80±1.80a
	宽	1.99±0.44a	2.14±0.61a	2.76±0.92a	2.69±0.62a
	厚	0.42±0.11a	0.47±0.11a	0.48±0.13a	0.49±0.16a
最小种子（mm）	长	1.35±0.55a	2.04±0.81a	1.79±0.90a	2.15±0.80a
	宽	0.33±0.32a	0.55±0.40a	0.36±0.28a	0.53±0.37a
	厚	0.10±0.07a	0.14±0.09a	0.11±0.07a	0.11±0.07a
千粒重（g）		0.49±0.29c	0.54±0.20bc	0.59±0.27b	0.67±0.16a
种子密度（粒/m^2）	饱满	26.00±13.45b	23.50±17.07b	31.38±5.98a	31.31±8.71a
	干瘪	22.63±5.07a	21.63±3.62a	20.63±5.42a	18.88±3.18a
	空粒	17.25±5.73a	16.63±4.93a	16.50±4.07a	14.88±2.53a
	虫蛀	18.00±7.15a	14.38±9.90ab	7.50±5.92b	7.19±6.54b

注：同行数值后标注的字母不同，表示差异显著；字母相同，表示差异不显著（LSD 多重比较，$\alpha=0.05$）

6.3　香果树种子雨特征

6.3.1　不同树龄的香果树母树种子雨散布时间动态

图 6-2 是伏牛山不同龄级香果树的种子雨变化动态，其中 *Y* 轴为不同龄级香果树母树微生境中种子雨密度平均值。由此图可知，伏牛山香果树种子雨始于 10 月 20 日，终于 11 月 29 日，其持续时间约为 40 d。不同龄级香果树的种子雨持续时间有一定差异：随着年龄的增大，种子雨持续时间会延长，种子雨高峰期推迟。年龄最小的 S1 母树在 10 月 30 才开始种子飘落，而 11 月 26 日结束，种子雨持续

时间最短，其种子下落量最大仅为 4 粒/m²。经单因素方差分析知，4 个年龄段香果树母树的种子雨密度存在极显著差异（$p<0.01$）。

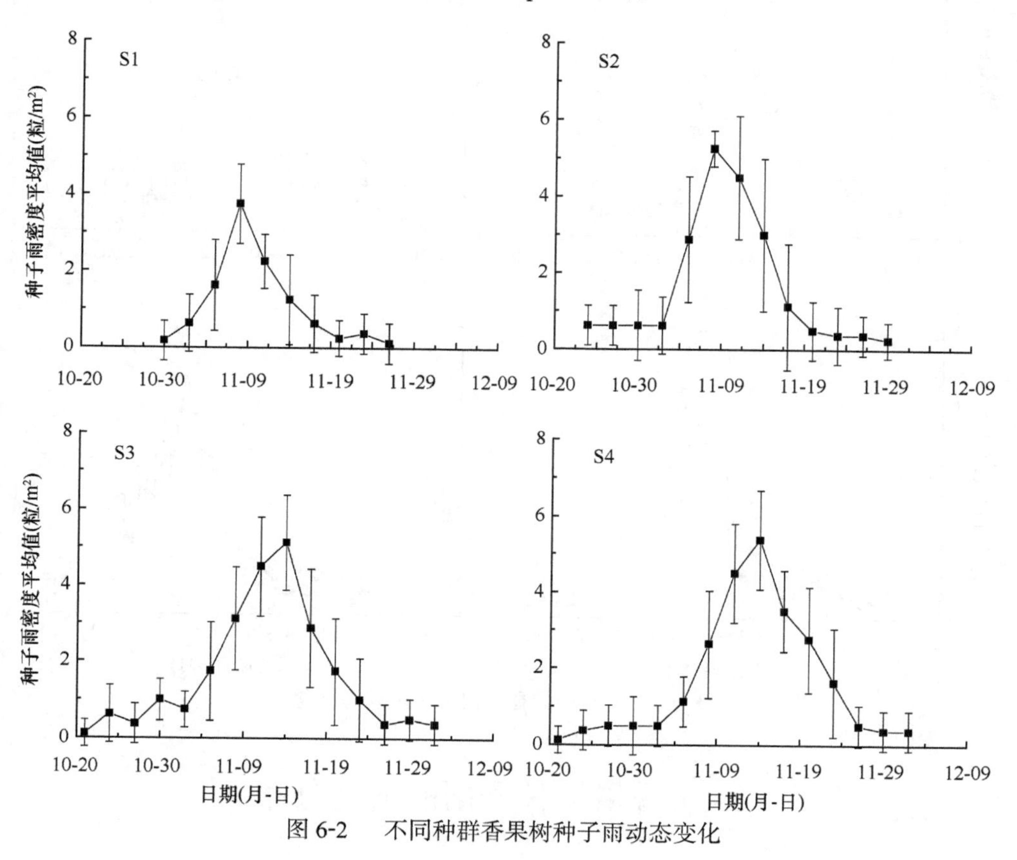

图 6-2　不同种群香果树种子雨动态变化

6.3.2　不同海拔香果树母树种子雨散布时间动态

研究发现，武夷山香果树天然林多沿沟谷、溪流分布，且主要存在于阳坡和半阳坡，结实母树多集中于光照充足的林缘，种子雨持续时间近 2 个月。10 月底种子开始成熟，11 月初蒴果开裂种子散落，11 月中旬为种子雨起始期，11 月底至 12 月中旬种子雨强度最大，为种子雨高峰期，12 月下旬为其末期。不同种群香果树种子雨高峰期种子下落量均占种子雨总量的 70%以上，种子雨起始期和末期下落量较少（图 6-3）。不同海拔的香果树种群种子雨高峰期存在一定差异，随着海拔的上升，香果树种子雨高峰期逐渐推迟，低海拔高峰期前上升慢，但下降较快，由最大下落量当天仅需 5 d 左右就可进入种子雨末期，而高海拔由最大下落量日至末期需要 10 d 左右，种子雨末期相应向后推迟。

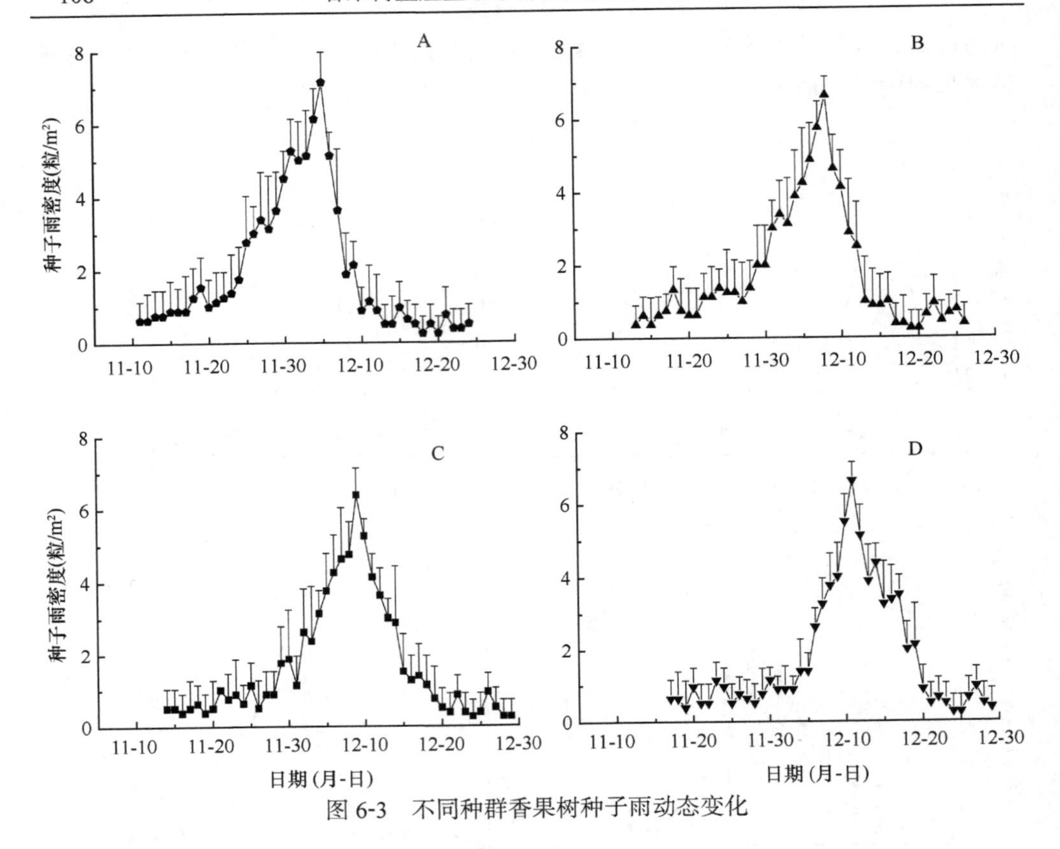

图 6-3　不同种群香果树种子雨动态变化

6.4　香果树种子雨的强度分布

6.4.1　不同树龄的香果树种子雨强度分布

图 6-4 为不同龄级香果树各不同微生境中种子雨的强度格局，不同微生境中 4 个龄级香果树母树的种子雨强度变化趋势基本一致，由母树冠下至林缘，种子雨强度呈显著下降趋势，其中冠下和冠缘的种子雨强度差异不显著，但两者显著高于林窗的种子雨强度，林缘空地中种子雨的强度最低。经对 4 个龄级的香果树母树不同微生境的种子雨强度进行 LSD 多重比较分析知，S1 母树的种子雨强度均小于其他年龄段母树种子雨强度，S2、S3 和 S4 3 个龄级不同微生境中种子雨强度之间差异未达显著水平。

6.4.2　不同海拔的香果树种子雨强度分布

由图 6-5 知，香果树种子可飘至距母树 80 m 远的地方，其种子雨大部分落在母树 40 m 范围内，40 m 外仅有少量分布。不同海拔种群香果树种子雨强度分布格局存在显著差异（$p<0.05$），其中中海拔的种群 B 和种群 C 差异不显著。随着

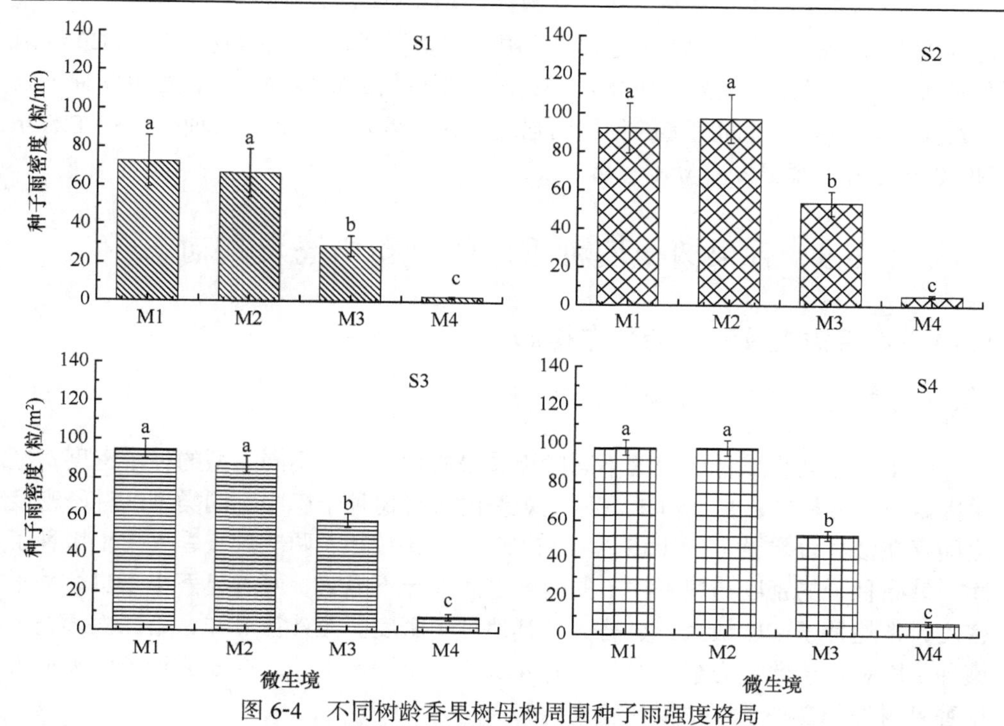

图 6-4　不同树龄香果树母树周围种子雨强度格局

同一坐标图中，所标字母不同，表示差异显著；字母相同，表示差异不显著（$\alpha=0.05$）。如无单独说明，后同

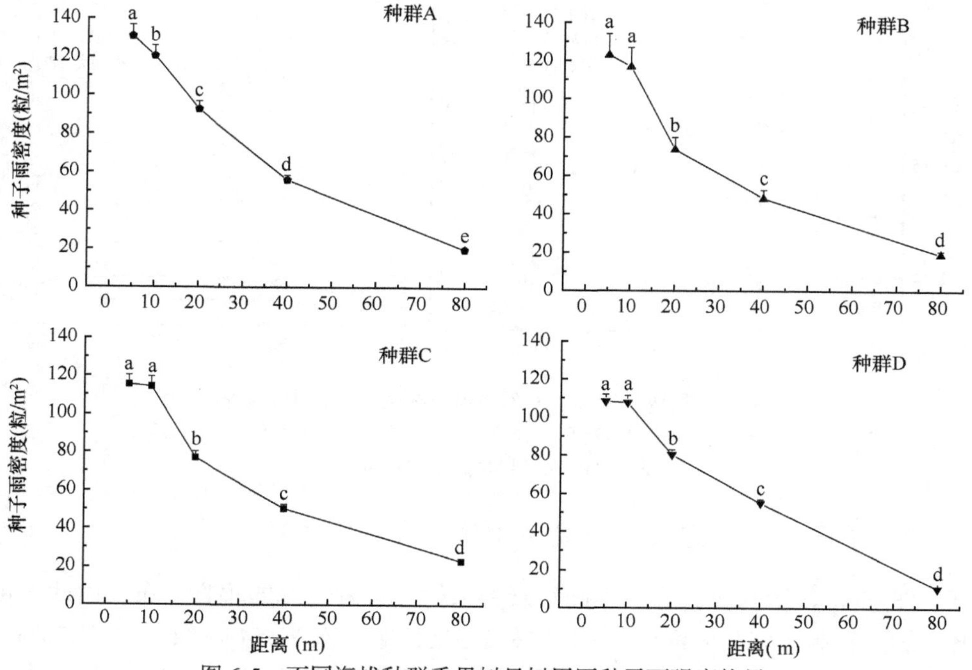

图 6-5　不同海拔种群香果树母树周围种子雨强度格局

海拔的上升，距母树相同距离处的种子雨强度呈下降趋势，距母树 10 m、20 m 两处的种子下落量差异最大。种群 A 中，随着距母树的距离的增加，香果树种子雨强度呈下降趋势，不同距离的种子雨强度存在显著差异；而其余种群母树在 5 m 和 10 m 处种子雨强度差异不显著。

6.5 香果树土壤种子库的分布格局及其动态

6.5.1 香果树土壤种子库分布格局

1．不同树龄的香果树种子库储备

图 6-6 是两次取样所得的不同龄级香果树种子库中不同类型的种子密度，经单因素方差分析知，1 月和 3 月两次观测的香果树种子库中不同类型的种子密度之间存在极显著差异（$p<0.01$），经 LSD 多重比较知，两次调查香果树土壤种子库中健康种子的密度与扁平种子的密度之间差异不显著，两者显著小于虫蛀种子密度，霉烂种子密度最大，显著大于其他种子密度。经计算可知，第二次调查土壤种子库总种子数量为第一次调查的 42.29%，即 1～3 月，近 6 成种子消失，可见香果树种子在种子库中损耗较大。

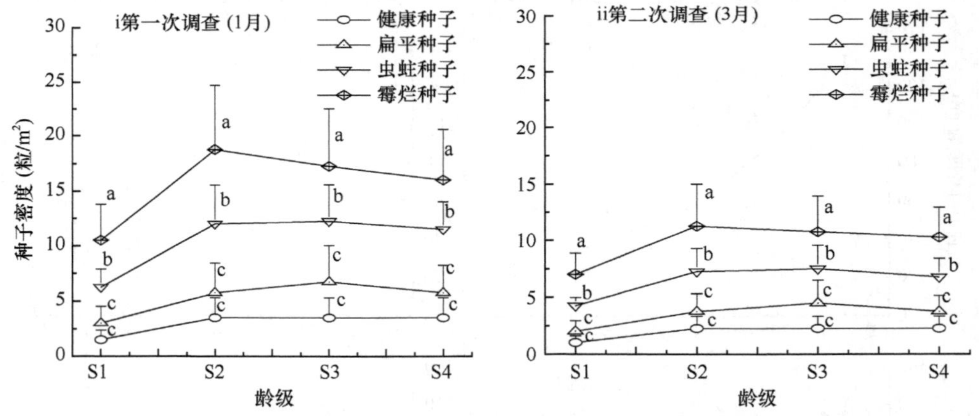

图 6-6 香果树土壤种子库不同组分在两次取样中的数量变化

同一次调查同一龄级香果树种子密度值所标字母不同，表示差异显著；字母相同，表示差异不显著（LSD 多重比较，$\alpha=0.05$）

2．不同树龄的香果树土壤种子库垂直分布

图 6-7 显示两次调查中不同龄级香果树土壤种子库的垂直分布。由此图可知，香果树种子大部分聚集于枯落物和苔藓层（第一次 71.54%；第二次 71.20%），其中枯落物和苔藓层中的种子以霉烂种子为多（第一次为 7.69 粒/ m^2；第二次为

4.56 粒/m^2），健康种子很少（2.81 粒/m^2；1.75 粒/m^2）；而 0～1 cm 的土壤层中虫蛀和霉烂的种子密度均较大，健康种子密度最小；1～5 cm 土壤层中种子仅有霉烂及虫蛀两类种子，霉烂种子密度最大。

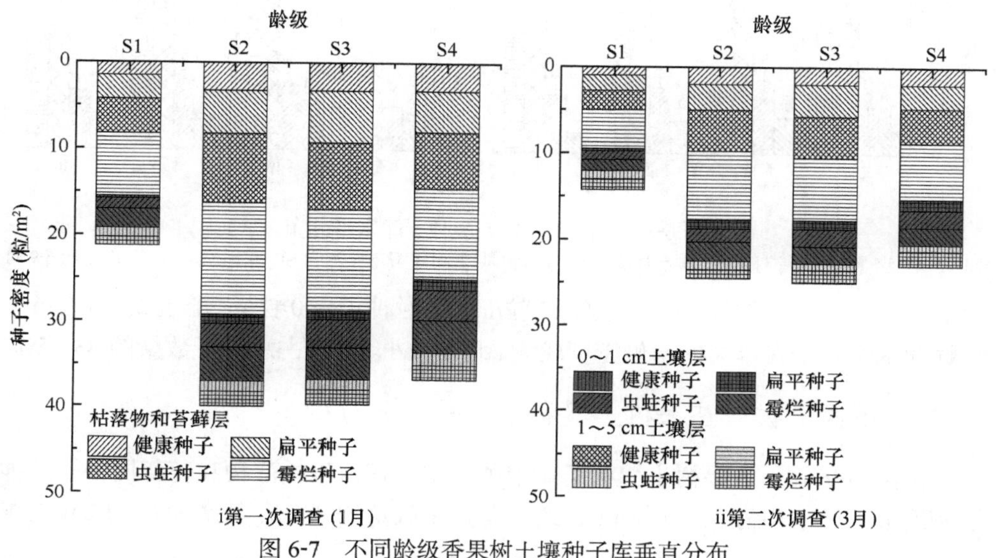

图 6-7　不同龄级香果树土壤种子库垂直分布

3. 不同海拔的香果树土壤种子库水平分布

经单因素方差分析可知，不同种群的香果树土壤种子库中种子密度之间存在显著差异（$p<0.05$），且不同类型的种子密度在母树周围的分布也存在显著差异，其中母树南侧最大，西侧次之，北侧最小；同一方位种子密度以健康种子最小，虫蛀、霉烂种子较大（图 6-8）。1 月下旬香果树土壤种子库健康种子的平均密度已由 12 月底的 27.05 粒/m^2 降至 4.74 粒/m^2，且均小于同期其他各类种子密度，其最大健康种子的密度主要分布于母树南侧和西侧；而虫蛀种子平均密度也

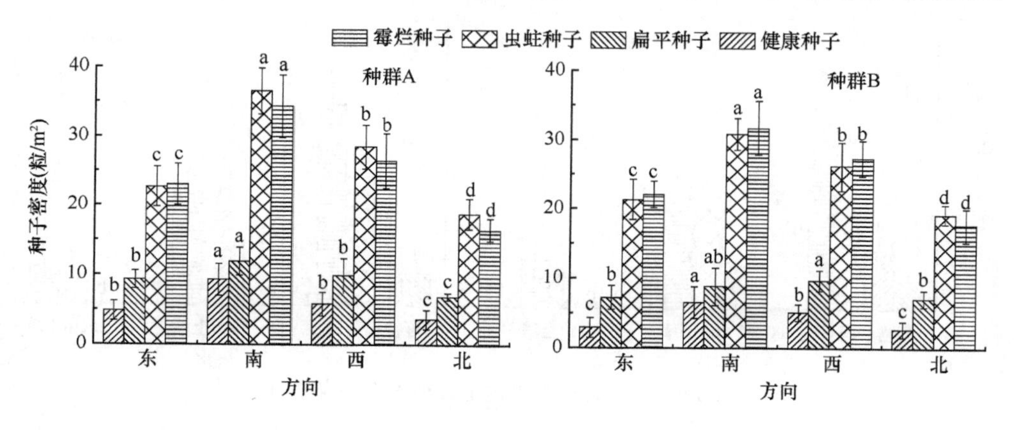

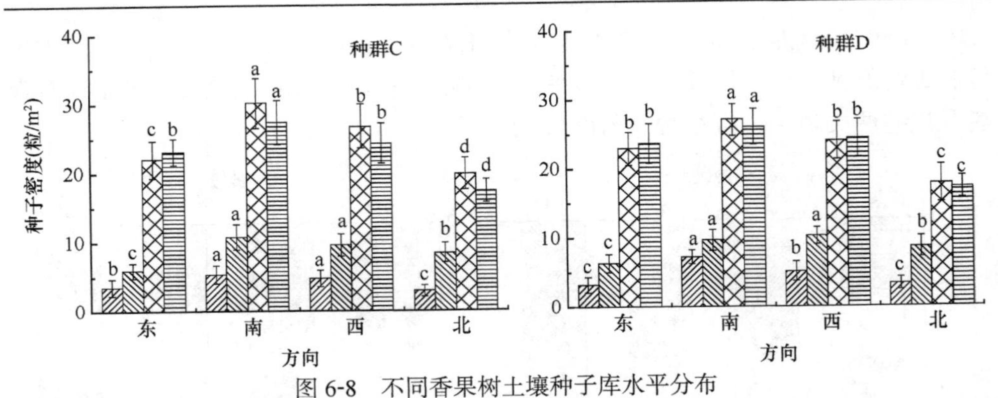

图 6-8 不同香果树土壤种子库水平分布

同一种群同类种子所标字母不同，表示差异显著；字母相同，表示差异不显著（LSD 多重比较，α=0.05）。图 6-9 同

由 12 月底的 11.77 粒/m^2 上升至 24.65 粒/m^2，霉烂种子由 0 粒/m^2 增至 23.90 粒/m^2。虫蛀和霉烂种子在母树的南侧密度较大、北侧最小，两者占总种子数量的 78.25%。

4. 不同海拔的香果树土壤种子库垂直分布

由图 6-9 知，香果树土壤种子库中种子主要存留于枯落物和苔藓层中，其种子密度最大，平均为 37.10 粒/m^2，约占总种子数量的 70%，其次为 0～1 cm 土壤

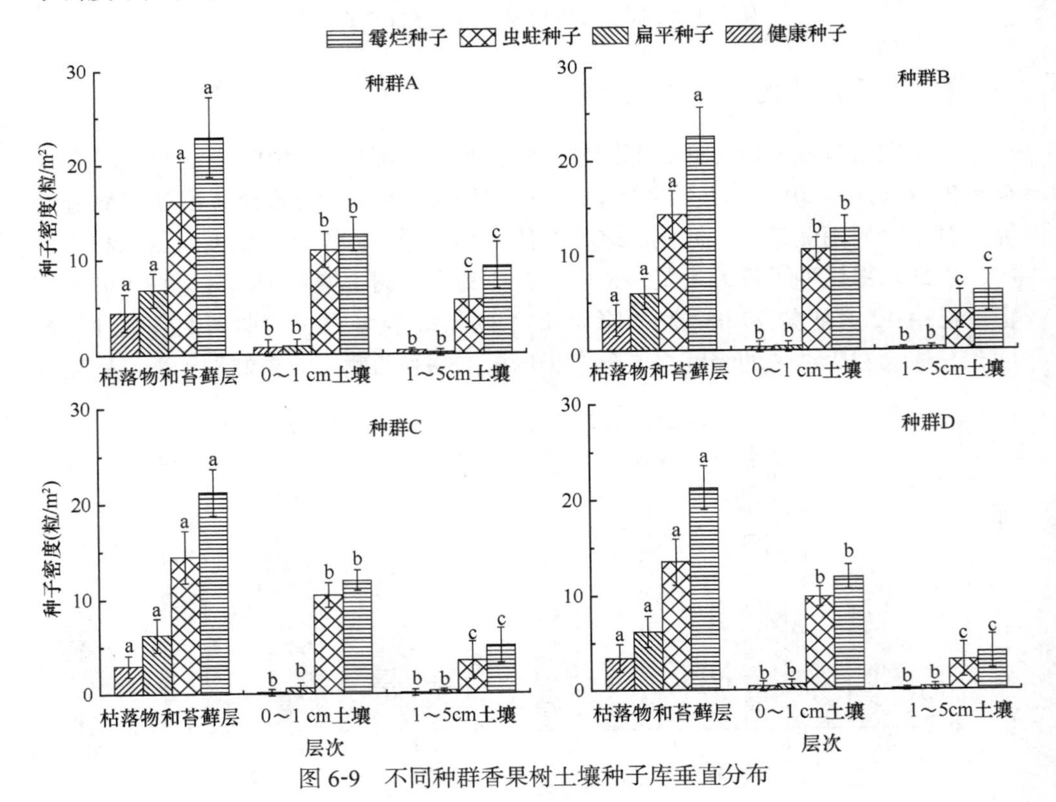

图 6-9 不同种群香果树土壤种子库垂直分布

表层，密度为 14.44 粒/m^2，约为总种子数量的 20%，其余位于 1～5 cm 土壤，大于 5 cm 土层没有发现香果树种子。对不同种群的香果树土壤种子库中各类种子密度进行单因素方差分析，表明存在显著差异（$p<0.05$），随着海拔的上升，香果树土壤种子库中不同层中种子总密度呈显著下降趋势，但其健康种子密度则出现种群 B 和 C 较小，种群 A 和 D 较大的现象。

5．不同群落香果树土壤种子库水平分布

由野外调查可知，常绿落叶阔叶林中香果树种子密度为 37.3 粒/m^2，而毛竹林中的香果树种子密度仅为 12.6 粒/m^2。随着种子库位置距母树树干距离的增加，两群落中所有微生境中的香果树种子密度均呈下降趋势（表 6-8）。另外，可以看出常绿落叶阔叶林中冠下、冠缘、冠外及空地 1 中香果树种子密度显著大于毛竹林，而常绿落叶阔叶林中空地 2 和空地 3 中种子密度与毛竹林中的冠外和空地 1 中的种子密度相当。

表 6-8　不同群落中香果树各微生境中的种子库中种子密度

层别	毛竹林（粒/m^2）						常绿落叶阔叶林（粒/m^2）					
	冠下	冠缘	冠外	空地 1	空地 2	空地 3	冠下	冠缘	冠外	空地 1	空地 2	空地 3
枯落物和苔藓层	46.3±15.5d	42.1±15.8d	40.7±12.2e	18.5±6.3f	10.2±3.0g	2.9±0.7h	75.0±16.2a	74.8±14.1a	58.9±15.0b	51.3±14.9c	38.0±15.2e	15.0±8.3f
土壤层	21.6±5.8a	18.2±5.3ab	16.9±4.3b	8.4±4.4d	5.0±1.5d	2.8±1.6e	24.6±7.7a	23.3±7.3a	17.6±6.4b	17.4±4.8b	12.4±3.4c	5.2±2.1d
总体	67.9±20.6c	60.3±19.3d	57.6±14.5de	26.9±10.0f	15.2±3.8h	5.7±2.1i	99.6±22.0a	98.1±19.6a	76.5±20.4b	68.7±19.3c	50.4±18.4e	20.2±9.6g

注：同行数值所标字母不同，表示差异显著；字母相同，表示差异不显著（LSD 多重比较，$\alpha=0.05$）

6．不同群落香果树土壤种子库垂直分布

图 6-10 为常绿落叶阔叶林和毛竹林中香果树种子库中种子的垂直分布特征，可以看出，大部分的香果树种子分布在枯落物和苔藓层。在常绿落叶阔叶林中位于枯落物和苔藓层中的香果树种子占总种子的 77.3%，毛竹林中落入枯落物和苔藓层中的香果树种子占总种子的 70.2%。随着土层深度的增加，香果树种子逐渐减少，当土壤深度大于 5 cm 时，未见种子出现。

6.5.2　香果树土壤种子库时空动态

1．不同龄级香果树种子库

图 6-11 为不同龄级香果树种子库中各类种子的百分比，经单因素方差分析，

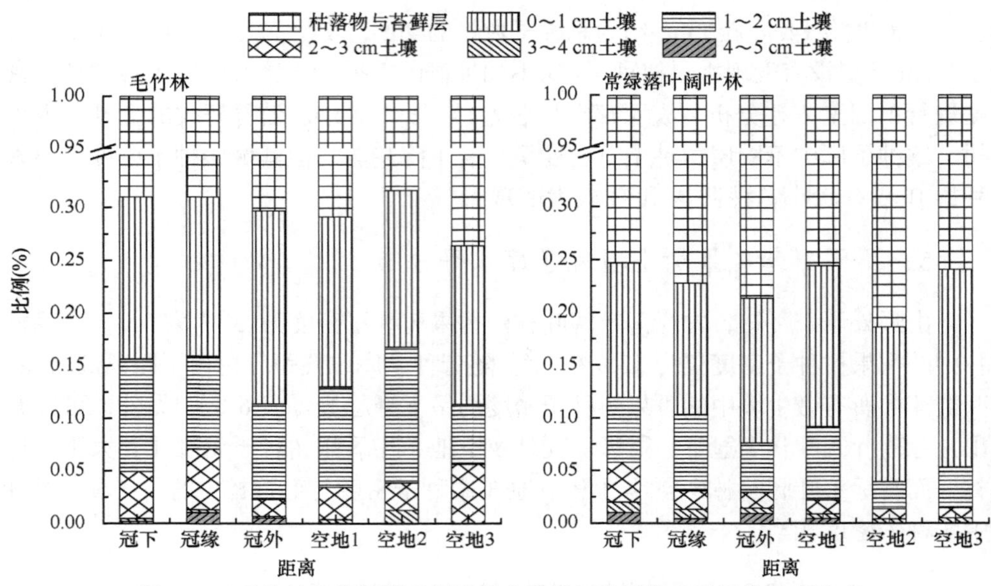

图 6-10　毛竹林和常绿落叶阔叶林中香果树种子库中种子的垂直分布

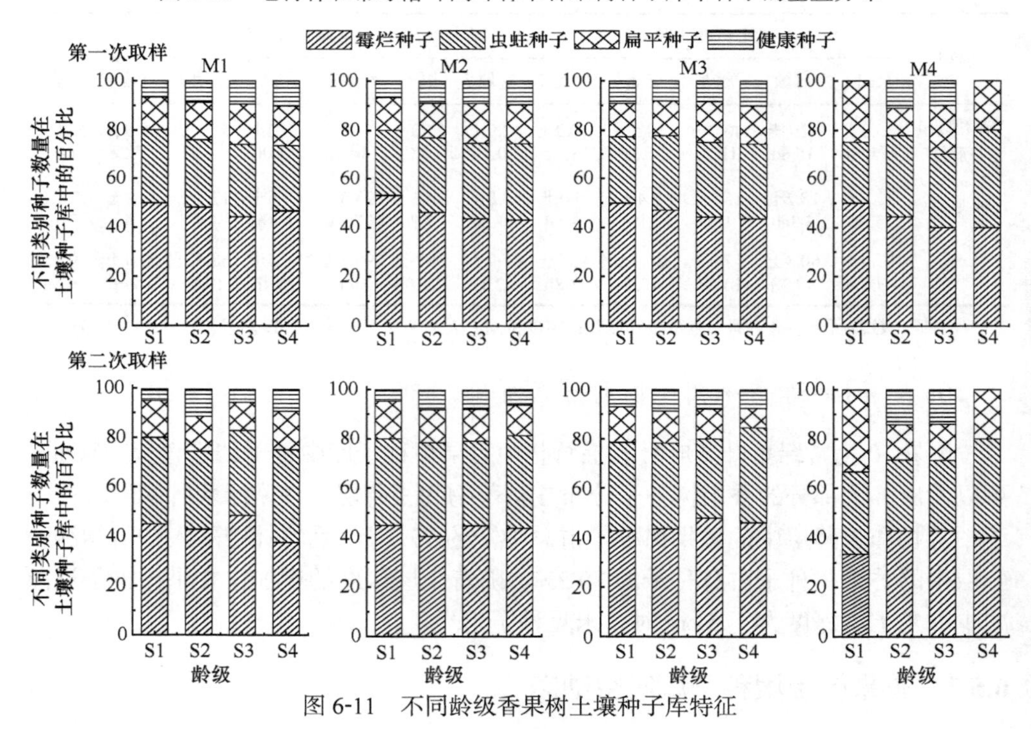

图 6-11　不同龄级香果树土壤种子库特征

不同龄级香果树土壤种子库中各类种子的百分比之间差异不显著（$p>0.05$）。两次调查不同微生境土壤种子库特征存在一定差异，第一次取样种子库中以霉烂种子百分比最高，其次为虫蛀种子，健康种子占比例最少。冠下、冠缘和林窗 3 种微生境土壤种子库中健康种子百分比差异不显著，林缘空地中仅在 S2 和 S3 龄级土壤种子库中发现健康种子，其余两个龄级未发现健康种子。第二次取样香果树土壤种子库中虫蛀种子的百分比有所增加，但仍以霉烂种子为最多，健康种子百分比仍最少。

2. 不同海拔香果树土壤种子库时间变化动态

对武夷山相邻香果树种子库进行 3 次调查，结果（图 6-12）显示，随着海拔的上升，1 月香果树各种群总种子密度总体呈波动下降趋势，3 月和 5 月呈现出不

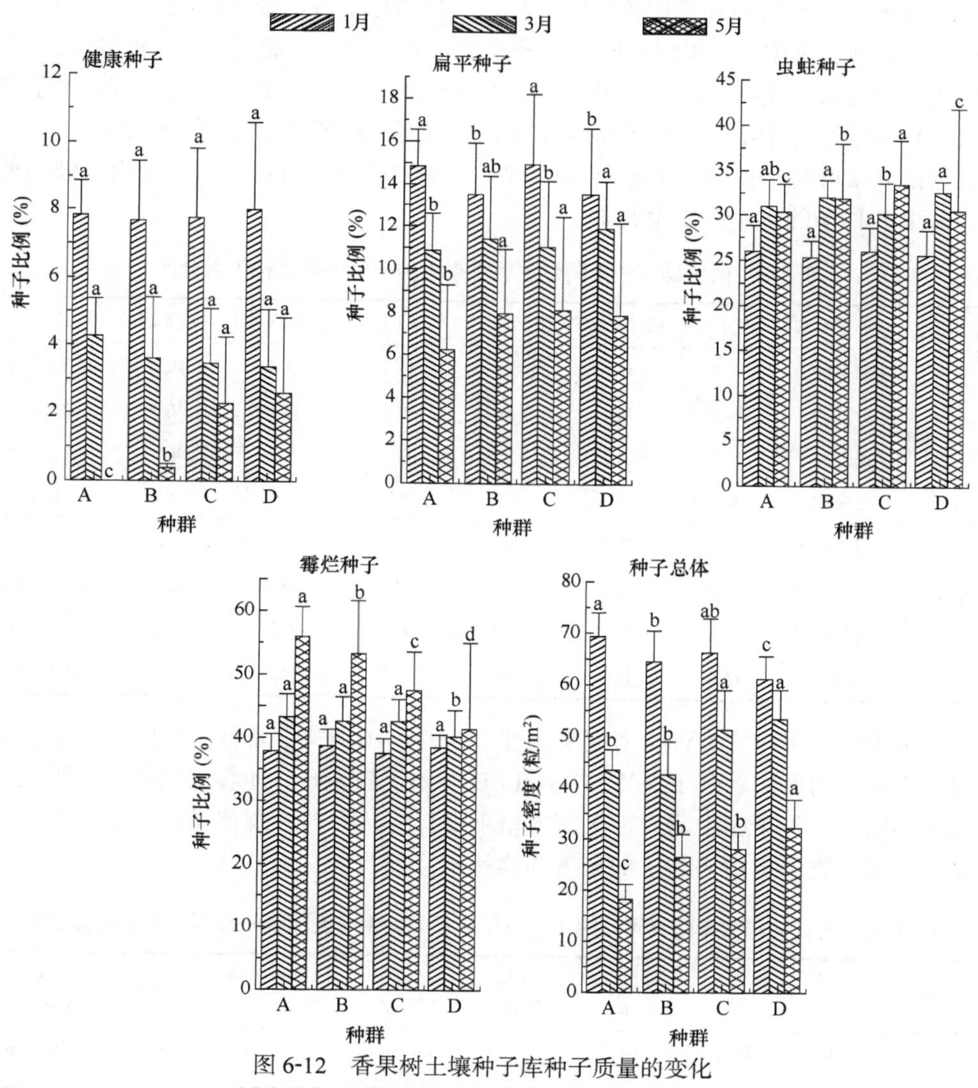

图 6-12　香果树土壤种子库种子质量的变化

不同种群同一月所标字母不同，表示差异显著；字母相同，表示差异不显著（LSD 多重比较，$\alpha=0.05$）

同程度的上升趋势；香果树健康、扁平及虫蛀种子比例在 1 月随着海拔的升高有小幅波动，但 5 月呈显著上升趋势；1 月不同种群虫蛀种子比例差异不显著，3 月和 5 月不同种群虫蛀种子比例差异多显著。总体来看，3 月调查的虫蛀种子比例高于 1 月，与 5 月差异不显著（$p>0.05$）；随着海拔的上升，1 月和 3 月各种群土壤种子库中霉烂种子比例差异较小，而 5 月霉烂种子的密度呈下降趋势。

3．不同群落香果树种子活力

表 6-9 为毛竹林和常绿落叶阔叶林两个群落中的香果树不同类型的种子百分比，在两种群落中，香果树不同类型种子的百分比多存在显著差异。但经 LSD 多重比较发现常绿落叶阔叶林中健康种子和霉烂种子之间差异不显著。霉烂种子和虫蛀种子在总种子中所占的比例为 47.5%，然而健康种子仅为总种子的 10%左右，常绿落叶阔叶林中的扁平种子和霉烂种子比例均低于毛竹林，与之相反，健康种子和虫蛀种子的比例高于毛竹林。

表 6-9　两种群落中不同微生境香果树种子库中各类种子百分比

群落	种子类型	冠下（%）	冠缘（%）	冠外（%）	空地 1（%）	空地 2（%）	空地 3（%）	平均值（%）
毛竹林	扁平种子	39.7	41.8	41.4	46.1	48.4	48.5	44.3±3.8a
	虫蛀种子	29.9	30.4	32.6	35.5	34.8	36.0	33.2±2.6c
	霉烂种子	21.7	18.7	17.5	9.5	9.6	8.5	14.3±5.7d
	健康种子	8.7	9.1	8.5	8.9	7.2	7.0	8.2±0.9e
常绿落叶阔叶林	扁平种子	35.1	37.5	36	40.5	40.3	41.2	38.4±2.6b
	虫蛀种子	33.0	32.7	34.8	37.6	38.7	39.7	36.1±3.0bc
	霉烂种子	16.3	15.8	15.4	8.0	6.5	7.3	11.6±4.7de
	健康种子	15.6	14.0	13.8	13.9	14.5	11.8	13.9±1.2d

种子活力可由活力种子密度来测度。由表 6-10 可知，常绿落叶阔叶林中香果树活力种子密度显著高于毛竹林。经 LSD 多重比较发现，随着土壤种子库距母树距离的增大，种子库中活力种子密度呈下降趋势，而与之规律类似，随着土壤深度的增加，香果树活力种子的密度同样呈下降趋势。

表 6-10　毛竹林和常绿落叶阔叶林中的香果树不同微生境土壤种子库活力种子密度变化

群落	层别	冠下（粒/m^2）	冠缘（粒/m^2）	冠外（粒/m^2）	空地 1（粒/m^2）	空地 2（粒/m^2）	空地 3（粒/m^2）
毛竹林	枯落物苔藓层	4.6±1.6b	4.2±2.1b	3.6±1.4b	1.5±1.1b	0.8±0.8b	0.2±0.4b
	土壤层 0～1 cm	0.7±0.7d	0.7±0.8d	0.9±0.7cd	0.3±0.5d	0.1±0.3c	0.1±0.3b

续表

群落	层别	冠下（粒/m^2）	冠缘（粒/m^2）	冠外（粒/m^2）	空地 1（粒/m^2）	空地 2（粒/m^2）	空地 3（粒/m^2）
毛竹林	土壤层 1～5 cm	0.6±0.7d	0.6±0.7d	0.4±0.5d	0.4±0.5d	0.2±0.4c	0.1±0.3b
常绿落叶阔叶林	枯落物苔藓层	12.2±3.9a	11.8±4.8a	9.2±3.7a	7.9±3.1a	6.8±2.4a	1.8±1.4a
	土壤层 0～1 cm	1.7±1.2c	1.3±1.2c	1.1±1.0c	1.1±0.7c	0.9±0.6b	0.4±0.5b
	土壤层 1～5 cm	1.6±1.0c	0.7±0.8d	0.5±0.7d	0.6±0.6d	0.3±0.7c	0.2±0.4b

表 6-11 是 2013 年 4 月毛竹林和常绿落叶阔叶林中播种实验不同类别种子的数量差异，由此表可知，在两种群落中，裸露土壤面积显著小于苔藓和枯落物覆盖的面积。供试种子大多为扁平和虫蛀的种子，只有少数种子为健康种子，这与上述不同海拔和不同年龄的香果树种子库中的种子相类似。由 3 种地表类型发现，土壤表面的健康种子显著高于枯落物或苔藓中的健康种子，且常绿阔叶落叶林中的健康种子数量显著高于毛竹林。

表 6-11　不同群落香果树种群供试种子类别及数量　（单位：粒）

群落	地表物	覆盖率	供试种子数	扁平种子数	虫蛀种子数	霉烂种子数	健康种子数
毛竹林	苔藓	0.26	1000	464.6±25.9a	363.4±25.6b	109.3±7.5d	65.6±9.5d
	枯落物	0.41	1000	419.7±21.1b	303.6±24.5e	218.1±15.7b	58.5±7.4d
	土壤	0.12	1000	426.4±12.5b	337.3±12.6c	124.7±8.4c	111.6±9.0b
常绿落叶阔叶林	苔藓	0.14	1000	396.8±18.3c	389.4±18.6a	108.6±8.8d	105.3±11.7b
	枯落物	0.50	1000	367.7±15.4d	282.6±14.5f	276.4±17.2a	73.4±9.7c
	土壤	0.08	1000	376.4±18.6d	327.9±17.4d	107.5±5.9d	188.2±11.3a

6.6　香果树种子萌发及幼苗数量的影响因素

6.6.1　树龄及微生境对香果树幼苗数量的影响

由表 6-12 知，不同微生境中香果树种子萌发数量均存在明显差异。3 次调查结果发现，林窗中的种子萌发及幼苗数量显著高于其他 3 个微生境。而 6 月冠下和林缘种子萌发数量多有显著差异，到 10 月差异不显著。经对 4 个年龄段的香果树幼苗数量进行单因素方差分析，结果显示不同年龄段香果树幼苗数量变化无显著差异（$p>0.05$）。

表 6-12 不同年龄段香果树所产种子萌发及幼苗数量变化 （单位：株）

时间	微生境	S1	S2	S3	S4
6月	冠下	78.8±32.4bc	78.0±21.0c	69.5±19.2c	80.3±20.7c
	冠缘	91.0±20.2b	96.0±28.2b	89.3±31.5b	94.8±15.4b
	林窗	123.5±15.5a	123.8±6.4a	105.0±25.1a	112.5±12.5a
	林缘	64.8±29.8c	50.8±18.3d	40.5±9.5d	55.8±17.3d
8月	冠下	4.5±2.1c	5.5±1.9c	5.3±2.5c	6.8±1.5b
	冠缘	8.8±1.7b	9.8±3.3b	9.8±2.8b	8.0±1.4ab
	林窗	14.8±1.7a	14.3±2.2a	12.3±2.5a	9.5±1.3a
	林缘	5.5±1.3c	3.8±1.7d	1.5±1.3d	4.8±1.7c
10月	冠下	1.5±1.3c	1.5±1.3c	2.8±1.7bc	3.3±0.5b
	冠缘	4.5±1.3b	3.0±1.8b	3.3±1.5b	4.0±0.8a
	林窗	8.5±2.4a	5.5±2.6a	6.5±2.4a	4.5±0.6a
	林缘	1.5±0.6c	2.0±0.8c	1.0±0.8c	2.0±0.8b

注：同一月中同列数值所标字母不同，表示差异显著；字母相同，表示差异不显著（LSD 多重比较，$\alpha=0.05$）

6.6.2 不同海拔对香果树种子萌发及幼苗生长的影响

香果树原生境中种子萌发时间较林内其他物种晚，每年 4 月出现种子萌动，5 月幼苗开始大量出现，6 月及以后野外未发现种子萌发现象。由表 6-13 可知，随着海拔的升高，单株香果树母树所产种子形成的幼苗 11 月成活的数量呈增加趋势。对不同种群香果树实生苗数量进行 LSD 多重比较发现，不同月份间存在明显差异，尤其 5 月与其他月份相比差异显著。实生苗在 7 月以前死亡率极高，可达 70%以上，而后逐渐下降，到 11 月降至 30%以下。母树不同方位的实生苗死亡率差异较小，7 月、9 月和 11 月的死亡率依次在 80%、50%、15%左右摆动，其中南侧方位实生苗死亡率高于其他。香果树幼苗随着距母树的距离增大，其总死亡率呈上升趋势，但 7 月的死亡率与之相反，随着距离的增加而降低。

6.6.3 群落和地表类型对香果树种子萌发及幼苗生长的影响

图 6-13 为毛竹林和常绿落叶阔叶林中香果树萌发种子密度和种子萌发率，其中种子萌发率为 p2（种子萌发小样方）中萌发种子数与 p1（种子库小样方）中健康种子总数的比值。常绿落叶阔叶林中香果树发芽种子的密度显著高于毛竹林，随着种子萌发的位置与母树间距的增大，香果树发芽种子的密度呈现出先增加后

表 6-13　香果树实生苗数量动态与分布　（单位：株）

种群	月份	东	南	西	北	距母树树干距离				
						0～5 m	5～10 m	10～20 m	20～40 m	40～80 m
A	5	59.3±16.3a	77.5±15.9a	54.5±18.6a	34±7.3a	66.3±12.6a	70.5±15.2a	41.5±14.6a	28.0±7.4a	9.0±5.0a
	7	6.0±1.8b	6.3±1.3b	4.8±2.2b	3.0±0.8b	5.8±0.8b	6.5±2.4b	4.0±0.8b	3.8±1.0b	0.0±0.0b
	9	2.8±1.0c	3.3±1.0c	2.5±1.0bc	1.0±0.0b	1.8±0.5c	2.8±1.5c	2.3±0.5bc	2.0±0.8bc	0.0±0.0b
	11	1.5±06c	1.8±0.5c	1.3±0.5c	0.8±0.5b	1.5±0.6c	2.8±1.5c	1.0±0.0c	1.0±0.0c	0.0±0.0b
B	5	51±19.7a	59.3±17.9a	58.5±24.4a	29.5±5.6a	55.3±6.3a	62.5±16.1a	36.8±10.4a	25.5±9.3a	7.8±6.2a
	7	6.5±2.4b	8.3±2.5b	8.3±3.3b	4.0±0.8b	6.5±0.6b	9.0±2.2b	4.0±1.3b	3.8±1.3b	2.0±0.8b
	9	2.5±1.0c	3.0±0.8c	3.0±1.2c	2.3±0.5bc	2.0±0.0c	3.5±1.0c	2.3±0.5bc	2.0±0.8bc	0.0±0.0b
	11	2.3±0.5c	2.0±0.8c	2.3±1.5c	0.8±0.5c	2.0±0.0c	2.8±1.5c	1.8±0.5c	1.0±0.0c	0.0±0.0b
C	5	42±16.6a	55.8±16.9a	48±17.9a	22.3±2.2a	51.3±16.0a	56.0±15.6a	28.3±4.4a	18.8±3.0a	6±1.4a
	7	7.8±3.6b	9.8±2.6b	8.0±2.9b	3.8±0.5b	7.8±1.0b	9.8±2.2b	5.0±1.6b	4.8±2.1b	1.8±0.5b
	9	3.8±2.2c	4.3±1.7c	4.3±1.5c	2.0±0.0b	5.3±1.3bc	5.3±1.3c	3.0±0.8b	1.8±1.0c	0.3±0.5b
	11	3.5±1.7c	4.0±1.4c	4.0±1.4c	2.0±0.0b	3.3±0.5c	4.8±1.5c	2.5±1.0b	1.5±0.6c	0.0±0.0b
D	5	47.0±22.0a	39±15.7a	36.3±15.7a	20.8±3.9a	40.8±9.2a	46.8±11.7a	25.3±7.9a	19±5.4a	4.8±1.0a
	7	13.0±5.9b	11.3±4.6b	10.8±4.6b	6.0±1.4b	11.8±3.3b	13.5±2.4b	7.0±1.4b	6.0±1.4b	3.0±0.8b
	9	7.8±2.8c	7.3±2.9c	7.3±2.9c	3.5±1.3b	5.5±1.3c	8.5±1.3c	5.0±0.8bc	3.8±0.5b	1.5±0.6b
	11	7.0±2.2c	7.0±2.4c	6.8±2.4c	3.3±1.5b	5.5±1.5c	7.8±1.7c	4.0±0.8c	3.5±0.6b	1.3±0.5b

注：同一种群同列数值后所标字母不同，表示差异显著；字母相同，表示差异不显著（LSD 多重比较，α=0.05）

减小的趋势。常绿落叶阔叶林中香果树母树冠缘处萌发种子的密度显著大于其他地点，而毛竹林中母树冠缘和冠外两地点的萌发种子密度差异不显著，但也显著高于冠下和空地种子的萌发密度。

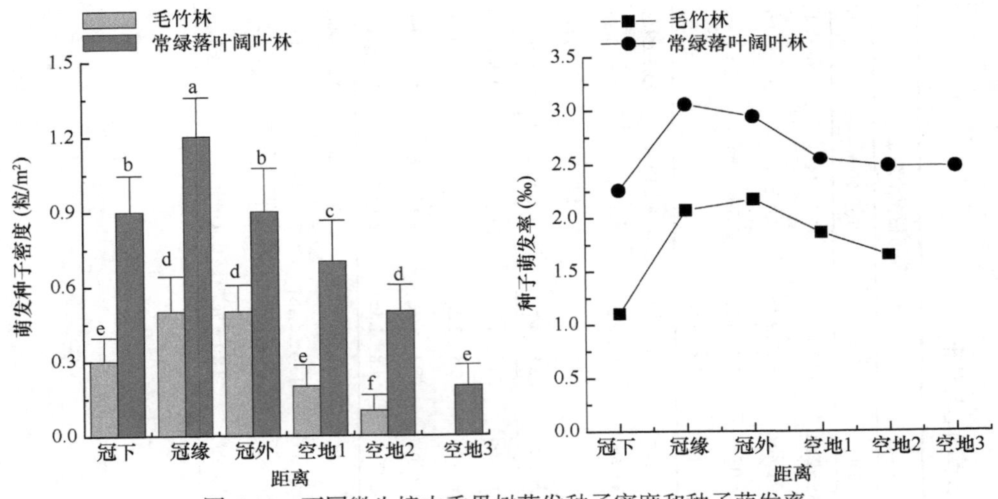

图 6-13 不同微生境中香果树萌发种子密度和种子萌发率

由图 6-14 知，不同地表覆盖物类型对香果树种子萌发存在显著影响，其中常绿落叶阔叶林裸露的土壤表面萌发种子密度最大，种子萌发率最高，但也仅为3.5‰。苔藓层中香果树萌发种子密度较低，种子萌发率为 1.8‰，而枯落物中的香果树萌发种子的密度为 0.16 粒/m^2，显著低于苔藓中和土壤表面萌发种子的密度，其种子萌发率最低，仅为 0.5‰。

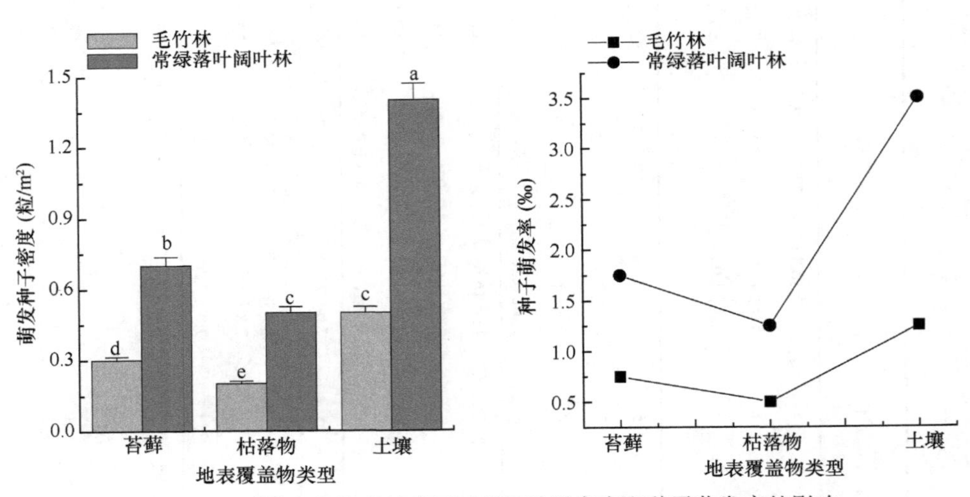

图 6-14 不同地表类型对香果树萌发种子密度和种子萌发率的影响

由 2013 年 4 月初香果树种子萌发开始至 5 月初，萌发的种子仅有 21.5%存活下来。5～11 月，本研究于每月初对不同地点和不同地表覆盖物中的香果树幼苗进行调查，表 6-14 为两群落中不同地点对香果树幼苗数量的影响，图 6-15 为两群落中不同地表覆盖物中香果树幼苗的数量动态。由表 6-14 知，到 2013 年 7 月，5 月时存活幼苗中的 18%左右存活。对不同地点和不同地表类型香果树幼苗数量进行秩和检验知，地点和地表类型均对香果树幼苗的存活存在极显著影响（$H_{地点}=38.298$，$p_{地点}<0.01$；$H_{覆盖物}=14.546$，$p_{覆盖物}<0.01$）。

表 6-14　不同群落中微生境对香果树幼苗数量的影响　（单位：株）

群落类型	地点	5 月	6 月	7 月	8 月	9 月	10 月	11 月
毛竹林	冠下	12	4	2	1	0	0	0
	冠缘	16	5	3	2	2	2	2
	冠外	17	4	2	2	1	1	1
	空地 1	8	2	2	1	1	1	1
	空地 2	4	2	1	1	1	1	1
	空地 3	0	0	0	0	0	0	0
	均值百分比（%）	100	29.82	17.54	12.28	8.77	8.77	8.77
常绿落叶阔叶林	冠下	36	10	4	3	1	1	1
	冠缘	40	18	15	8	6	4	4
	冠外	36	12	8	3	1	1	1
	空地 1	32	6	3	2	1	1	0
	空地 2	28	5	2	2	1	1	0
	空地 3	8	2	1	0	0	0	0
	均值百分比（%）	100	29.44	18.33	10.00	5.56	4.44	3.33

注：数据非正态分布，采用克鲁斯卡尔-沃利斯检验（Kruskal-Wallis test）

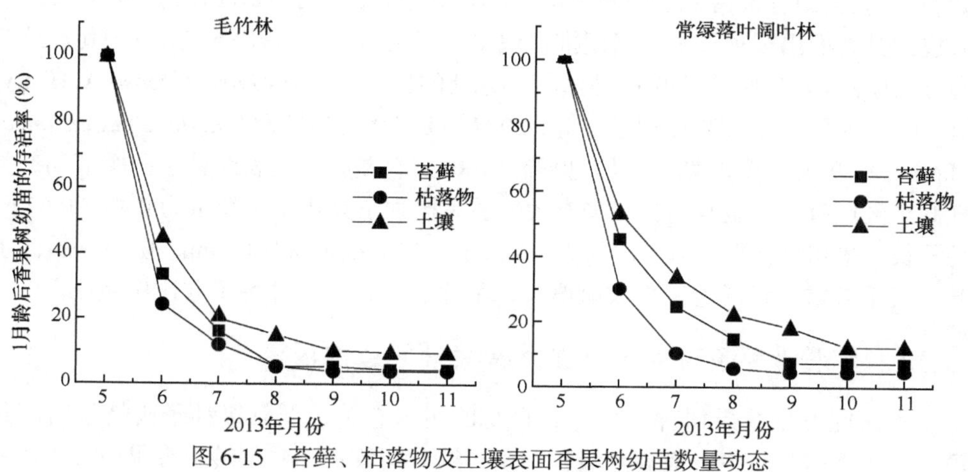

图 6-15　苔藓、枯落物及土壤表面香果树幼苗数量动态

6.7 小　结

6.7.1 香果树种子质量及种子雨特征

1．香果树种子饱满程度

不同植物物种的种子雨持续时间均有所不同，一些植物种子雨持续时间可长达5～7个月，如草本植物猪毛蒿（*Artemisia scoparia* Waldst. et Kit.）、铁杆蒿（*Artemisia gmelinii* Web. ex Stechm. Artem.）、阿尔泰狗娃花［*Heteropappus altaicus*（Willd.）Novopokr.］，灌木植物达乌里胡枝子［*Lespedeza davurica*（Laxm.）Schindl.］和草木樨状黄耆（*Astragalus melilotoides* Pall.）（于卫洁等，2015）。而乔木植物较短，如松科植物的种子雨可持续3个月左右（高润梅等，2015）。伏牛山香果树种子雨持续时间较短，仅为40 d左右，这可能由其自身属性所决定，其开花量大，但每花枝仅有1～3个果实发育（郭连金等，2011），10月底，气温下降，香果树进入果实成熟期，此时果皮迅速失水，干燥且外翻，导致果实沿中缝开裂，种子自然下落。濒危植物的种子雨饱满率较低，毛红椿（*Toona ciliata* M. Roem.）在12%～44%（黄红兰，2012），秦岭冷杉为25.7%（李庆梅，2008），大别山五针松［*Pinus fenzeliana* Hand. -Mazz. var. *dabeshanensis*（C. Y. Cheng et Y. W. Law）L. K. Fu et Nan Li］在8%左右（项小燕等，2014），而元宝山冷杉（*Abies yuanbaoshanensis* Y. J. Lu et L. K. Fu）仅有6%（黄仕训，1998）。香果树种子饱满率在20%～40%，其余种子发育不全或被虫蛀，这可能是濒危植物的共性。

种子是植物生长周期中的特殊或重要阶段，它对于种群个体的繁殖、种群的扩展、种群遭破坏后的恢复和物种抵抗不良环境有着重要意义（尹华军和刘庆，2005）。武夷山香果树种子雨始于 11 月 10 日左右，终于 12 月底，不同种群间因海拔的升高而出现种子雨高峰期推迟现象，但基本为 11 月底至 12 月中旬。这与南方红豆杉（岳红娟等，2010）类似，与东北的长白落叶松（*Larix olgensis* A. Henry）（10 月达种子雨高峰期）（刘足根等，2007）及东北的胡桃楸（*Juglans mandshurica* Maxim.）（9 月达高峰期）（马万里等，2001）有差异，这表明种子雨季节动态与气候、区域有关，也与树种自身有关。香果树种子具翅，千粒重为 0.49～0.67 g，种子长、宽和厚度平均值依次约为 7.74 mm、1.54 mm 和 0.32 mm。随着海拔的上升，其千粒重、种子饱满率数值增大，干瘪、空粒及虫蛀种子数比例减小。

2．香果树种子雨散布范围及持续时间影响因素

本研究发现香果树种子雨与其自身的树龄有关，低龄级种子雨持续时间最短，种子下落量最少，而高龄级种子雨持续时间较长，4 个龄级香果树种子雨密

度存在极显著差异。张希彪等（2009）研究认为40 a油松（*Pinus tabulaeformis* Carr.）林种子雨密度最大，低龄组和高龄组均较低。本研究发现香果树高龄组种子雨种子密度没表现出低于中龄组，这表明 140 a 左右的香果树还处于生殖旺盛期，未进入生理衰老期。香果树母树的年龄并未对不同微生境中的种子雨强度产生影响，而不同微生境之间香果树种子雨强度存在显著差异，母树树冠下和树冠边缘较高，林窗中显著低于冠下和冠缘，而林缘空地上的种子雨强度显著低于林窗中的种子雨强度。这主要是由距母树的距离导致的，距离越远其种子雨强度越低（岳红娟等，2010）。

Heredia 研究认为加拿大松（*Pinus canariensis* Chr. Sm. ex DC.）种子的扩散能力远高于其他松科植物（Janzen，1972；Heredia et al.，2015）。香果树果实成熟开裂后，种子在重力和风的作用下散落。母树的大小、果实的多少及在树冠上的分布格局对种子近距离起主导作用，而远距离主要由风的作用导致。香果树母树树高在15 m以上，冠幅10 m左右，在离其主干5 m、10 m处的种子雨强度较大，较远的地方，如 40 m 及以外的地方种子雨强度较小，但这种散布能力也远高于南方红豆杉（树冠以外2 m）、垂序商陆（*Phytolacca americana* L.）（母株2 m内）（翟树强等，2010），与水曲柳（*Fraxinus mandshurica* Rupr.）（韩有志和王政权，2002b）相当。

由毛竹林和常绿落叶阔叶林香果树种子库研究发现，香果树种子散布大多位于其母树周围，少量种子飘至距母树100 m以外的地方，这个距离大约为其母树高度的7倍，这是香果树种子自身结构所致，与不同海拔的香果树种群种子雨散布研究结果类似，这种特性使得香果树种子可获得更多的安全岛，有利于其自然更新及种群的稳定。

6.7.2　香果树种子库中种子分布特征

1．香果树种子寿命

有研究认为，落于枯落物上的短命种子非常危险，因为它们无法与土壤接触，而被枯落物掩埋，或被苔藓挤占生存空间（Tobias and Eckstein，2010）。伏牛山香果树土壤种子库的两次调查结果显示2个月的时间有57.71%的种子损失，71.54%和71.20%的种子位于枯落物和苔藓层，土壤表层（0～5 cm）处的种子密度较低，而＞5 cm土壤深度未发现香果树种子。香果树种子寿命为10个月左右（陈黎和周凯，2008），研究发现6月未见有种子萌发，表明在野外条件下，种子在6月已失去生命力，故自11月形成种子库到次年的6月间种子的命运对其自然更新具有关键作用。

2．香果树土壤种子库分布及其种子变化

种子脱落后的命运对种群更新具有很大作用。香果树种子成熟后，果皮开裂，种子于当年 11 月开始散落，土壤种子库开始形成，此时动物的搬运、取食、真菌感染、发芽（与温度、湿度、光、化感作用等因素有关）等都是影响种子库动态的因素，而所有这些因素因种子本身状况和生态环境的异质性影响又具差异性。本研究中香果树土壤种子库水平分布种子密度以南方最高，北方最低。土壤种子库健康种子密度均显著小于其他各类种子密度，1 月健康种子比例由种子雨中的 36.68% 降至 7.81%，而虫蛀种子和霉烂种子由 14.64%上升至 49.75%。

孙书存和陈灵芝（2000）研究表明一些水青冈（*Fagus longipetiolata* Seem.）、栎树（*Quercus* spp.）、槭树（*Acer* spp.）等热带、温带植物种子肉质，易被取食和搬运，取食压力始终是土壤种子库种子损耗的首要因子。武夷山香果树种群的3次种子库调查发现，同一种群中香果树土壤种子库中的健康、扁平种子比例随着时间的推移，数量显著下降，而霉烂种子则显著增加，虫蛀种子也有所增加，5月土壤种子库中两者平均值依次为42.17%和31.56%，这表明香果树种子的损耗主要由霉烂和虫蛀所致。随着海拔的升高，5月霉烂种子数量呈减小趋势，这表明海拔越高，香果树种子库中种子受霉菌侵染的数量逐渐减小。这可能是由于在高海拔地区，其土壤温度上升较慢、湿度较小，不利于土壤微生物的活动。

Salisbury（1942）研究认为不同群落对英国 100 多种野生植物物种种子密度产生显著影响。本研究中，常绿落叶阔叶林中香果树种子的密度显著高于毛竹林，这主要是由于在毛竹林中香果树无法与无性繁殖、快速生长且高密度的毛竹竞争资源，而导致其生长较弱。与之相反，常绿落叶阔叶林中香果树大多数位于乔木层中的第一层，可以获得足够的光照，有利于其有性生殖（张春生等，2007；康华靖等，2007b，2011）。不同群落中的香果树种子库种子垂直分布格局与不同年龄及海拔的格局一致，70%以上的种子位于枯落物和苔藓层中，仅有30%在土壤表面或土层中，这个比例低于 Argaw 等（1999）所研究的埃塞俄比亚境内东非大裂谷的一些木本植物，它们的 82%的种子落入枯落物层中，这种差异可能是由物种的种子大小和枯落物层的厚度所决定（Taylor et al.，2015）。至于毛竹林中种子分布的深度比常绿阔叶林较浅，这可能是由于毛竹林中枯落物相对较少，难以分解，导致土壤硬度较大，种子难以进入深层土壤（刘勇生，2008）。

3．香果树种子库中健康种子数量特征

伏牛山香果树土壤种子库不同类型种子密度存在显著差异，其中健康种子和扁平种子密度较小，显著低于空粒种子和虫蛀种子，而霉烂种子的密度最大。香果树母树的年龄未对其土壤种子库分布产生显著影响，不同年龄段的种子的百分

比在同一微生境中数值相近。尽管冬季的伏牛山降雨较少，但香果树主要位于溪流边，其生境比较潮湿，这增大了种子霉烂的可能性（郭连金，2014），而大部分种子位于枯落物和苔藓层，也增大了被地上动物捕食的危险。最终香果树健康种子密度仅为1.75～2.81粒/m^2，这严重制约了其自然更新。

调查不同生境的香果树种子库显示，毛竹林和常绿落叶阔叶林中的香果树种子库中健康种子仅占总种子数量的11.1%，当种子库地点远离母树时，其内活力种子密度呈显著下降趋势。常绿落叶阔叶林中香果树种子质量显著优于毛竹林，与前面所提一致，这是毛竹林中香果树所能利用的光照和营养条件比常绿落叶阔叶林差，其种子饱满率下降所致（郭连金等，2011）。

6.7.3　香果树种子萌发及实生苗的数量动态

Bonfil（1998）研究认为种子大，淀粉、蛋白质等营养物质含量高，有利于种子发芽，且萌发幼苗抵抗不良环境的能力强，而云杉种子较小，种子萌发生根的延伸能力有限（Aizen and Woodcock，1996）。本研究发现枯落物层和苔藓层上的香果树种子萌发后，胚根大多裸露在外面，多为耗尽营养死亡，这是由于其种子小，没有足够的营养物质使其胚根穿过地被物到达土壤层，仅极少数幼苗穿过地被物薄的地方，延伸到达土壤表面得以汲取营养。

香果树实生苗对光照要求严格，因光照不足，其长时间持续子叶期会导致不能产生真叶而死亡（杨开军，2007）。香果树实生苗主要集中于其母树南侧、距母树 10 m 以内的区域，距离越大，实生苗的数量越少，而 7 月距母树 0～5 m 内的实生苗存活数量较少，存活率较低，其原因可能是母树下积累了大量落叶，阻碍了幼苗的进一步生长，另外光照条件较差，使其得不到足够的光照也会导致其死亡。随着海拔的升高，相同月份 1 a 实生苗的数量呈增加趋势，这可能是由于低海拔植物物种丰富，草本盖度较高，香果树实生苗很难与其他物种竞争，而高海拔地区则随着植物物种的减少、盖度的降低，竞争压力随之减小，有利于其幼苗的存活。

地被物对植物的种子萌发存在显著的影响，陈迪马等（2005）认为枯落物有利于云杉的自然更新，可促进其种子萌发，但也有研究表明枯落物遮挡了阳光，不利于种子萌发（胡蓉等，2011）。本研究支持后者，香果树为光敏种子（李铁华等，2004），约71%的种子落入枯落物和苔藓层中，由于香果树的叶较大，伴随种子一起飘落，大部分种子被覆盖而无法见光，导致其尽管吸涨但还是不能萌发，而位于枯落物和苔藓层表面的种子，即使萌发，由于其千粒重较小，为0.2～0.6 g，大部分萌发种子的胚根未穿过枯落物和苔藓层，而耗尽营养死亡，即枯落物和苔藓层阻碍了种子与土壤接触，对种子萌发产生机械障碍（Navarro-Cano，2008）。

不同微生境对香果树幼苗成活率有着显著影响，这可能是由于母树冠下枯落物较多，光照较低，不利于其幼苗的形态建成。由于香果树幼苗得不到充足的光照，其胚根受枯落物的阻隔无法插入土壤，从而无法从土壤中获得营养，导致幼苗大量死亡。本研究发现，林窗为其幼苗生存的最佳环境，林窗中枯落物较少，光照条件较好，有利于其幼苗的生长。有研究表明，强光和弱光对香果树幼苗的生长均产生抑制作用，2000 lx是其最适宜生长的光照强度，而林缘空地中枯落物和苔藓很少，尽管有少量草本遮盖，但光照很强，野外调查发现其光照有时可达90 000 lx，这可能会严重抑制香果树幼苗的生长（刘鹏等，2008），加之光照强度增加，使得幼苗蒸腾速率增大及土壤表层缺水，导致幼苗脱水而死亡。

不同地表覆盖物同样对香果树幼苗成活率产生显著影响，萌发率由高到低的顺序为土壤、苔藓、枯落物，这表明土壤表面最有利于香果树种子发芽。毛竹林和常绿落叶阔叶林中的香果树幼苗仅有 10.5%能存活到 4 月龄,4 月龄的香果树幼苗死亡率开始下降，至 11 月，仅有 4.6%的幼苗存活下来。常绿落叶阔叶林中冠缘幼苗存活率较高，这与在伏牛山所研究的结果（林窗幼苗存活率较高）有一定出入，可能是由于伏牛山香果树生境土壤温度低于武夷山，伏牛山香果树种子萌发的适生环境远离母树，在林窗中可以获得较高的温度及足够的光照，促进了香果树种子的萌发。

第7章 香果树种子萌发及其实生苗生长的影响因素

种子萌发和幼苗建立是植物种群更新过程的重要环节（马绍宾和姜汉侨，1999；赖江山等，2003），也是其种群更新中最薄弱的环节之一，对环境的适应力最差、亏损最严重，任何不利因子均可对其种子萌发及幼苗补充产生直接影响，从而导致种群不稳定（Manfred et al.，2004；Mills and Schwartz，2005）。环境的异质性可导致植物种子萌发特征产生差异，植物种子萌发特征受纬度、海拔、土壤湿度、土壤养分、温度、密度等环境因子的影响，但多数学者认为温度、光照和土壤湿度等是影响种子萌发过程的关键因子。研究环境因子对植物种子萌发及幼苗生长行为的影响，有助于理解植物有性繁殖过程对环境的适应机理。

由香果树种群生存的群落特征可知，其林木盖度较大，林下香果树种子萌发环境中光照强度较弱；其生存环境常位于溪流边，故土壤湿度大；对一般植物种子而言，温度对其萌发具有关键作用，它不仅可以促进种子呼吸、提高酶的活性，而且适宜的温度还可以促进种子萌发过程中的新陈代谢，对香果树这种微小种子而言，影响会更大些，较高温度会缩短其寿命，但也会加速其萌发；土壤的养分及硬度同样对香果树种子的萌发存在影响，腐殖质含量高、土壤硬度较小有利于香果树种子胚根扎入土壤，幼苗尽早获取土壤养分，从而降低因种子中养分枯竭而死亡的风险；由于生存环境不同，香果树种子大多分布于其枯落物中，林下枯落物可能对香果树种子存在化感作用。鉴于以上几种因素，本章通过对香果树种子萌发及幼苗生长进行室内试验，以研究上述因素对香果树种群更新的影响。

7.1 研究方法

7.1.1 供试材料及储藏条件

供试验使用的香果树种子，采自大别山天堂寨。待果实成熟后，果皮开裂，种子自然飘落，种子阴干后将种子分为大而饱满、大而干瘪、小而饱满和小而干瘪四类（表7-1），四者形态指标和千粒重存在显著差异，将分类后的种子分别用牛皮纸袋装好于2015年1月19号于4℃冷藏、4℃沙藏［沙厚60 cm，分为上层

（离表面 10 cm）、中层（离表面 30 cm）和下层（离表面 50 cm）]、室温储藏及野外原生境（冠下、冠缘、林窗、空地土壤表面及石缝中）4 种条件下，每种储藏环境下共放置 40 个无纺布袋，其中四类种子各 10 个，每个无纺布袋中含有 1600 粒不同类型的种子（野外原生境中仅对大而饱满种子进行了实验）。

表 7-1　香果树种子类别特征

类别	种翅长（mm）	种翅宽（mm）	种子长（mm）	种子宽（mm）	种子厚度（mm）	千粒重（g）
大而饱满	8.274±1.012a	2.408±0.390a	3.290±0.439a	1.483±0.190a	0.468±0.102a	0.597±0.022a
小而饱满	6.502±0.836b	1.630±0.232b	2.547±0.301b	1.256±0.185a	0.435±0.097a	0.479±0.025b
大而干瘪	7.539±1.215a	1.891±0.358ab	3.054±0.397a	0.899±0.235b	0.181±0.133b	0.478±0.020b
小而干瘪	5.089±0.753b	1.405±0.235b	1.204±0.408b	0.531±0.197b	0.176±0.163b	0.361±0.027c

注：同列数值所标字母不同，表示差异显著；字母相同，表示差异不显著（LSD 多重比较，$\alpha=0.05$）。后同

7.1.2　香果树种子含水量、千粒重及活力测定实验

于每年 11 月储藏前，从自然风干的净种子中随机数取 100 粒种子称重后，放入称量瓶，置于 103℃的烘箱中烘干 8 h 后取出再次称重，测香果树种子含水量，重复 8 次。另从自然风干的净种子中随机选取 100 粒种子称重，重复 8 次，计算平均值、标准差、变异系数，以此测定种子千粒重（ISTA，1996）。并采用四唑（1.0%）染色测定种子生活力，由于香果树种子较小，本测定方法对四唑染色法进行了改良，方法如下。

将种子置于 40℃水浴锅的水中浸泡 1 d 后，在 40℃的条件下用四唑溶液（1.0%）对香果树种子进行染色 24 h，实验共设 5 个重复，每个重复 100 粒种子。将染色后呈粉红色的种子记为有生活力的种子，黑色而未被染色的种子记作腐烂种子，计算二者的百分率，对部分未染色种子进行解剖观察。将剩余的 300 粒种子均分为 6 个培养皿，每个 50 粒，置于 27℃，1000 lx、12 h/d 光照条件下，以双层滤纸为萌发基质，加入适量蒸馏水进行萌发实验。以露白作为种子萌发的标志。

待 4 种储藏方式处理结束后，每隔 2 个月于每种储藏方式中分别取出不同类型种子无纺布袋 1 个，对其种子进行种子含水量、千粒重和活力测定，用以研究不同储藏方式对其种子千粒重和活力的影响。本章采用不同的储藏方式导致种子的含水量不一致，因此不同时间的种子千粒重无法比较，为解决该问题，本章对香果树种子千粒重进行修正，种子千粒重＝储藏后每次所测千粒重×（1－储藏后每次所测含水量）/（1－种子储藏前的含水量），通过数据修正，保证种子含水量以储藏前风干时的种子含水量为标准。

7.1.3　光照强度和温度对香果树种子萌发的影响

前人曾对香果树种子萌发条件进行了初步研究，认为 1000 lx 光照条件（李铁华等，2004）、20℃恒温有利于香果树种子萌发（甘聃等，2006），但对伏牛山、大别山、三清山及武夷山四区的野外观测发现，香果树种子萌发的光照强度最高可达 9000 lx，远高于前人研究的上限（1500 lx），而如果被树叶等枯落物遮盖时，其光照强度弱于 1000 lx，野外测定发现低于 300 lx。据野外观测发现，每年 4～6 月香果树种子萌动发芽，而此时的温度波动较大，最低至 9℃，最高可达 36℃。为此本研究设置了较大范围的光照和温度梯度，研究光照强度和温度对香果树种子萌发的影响。

于 2015 年 11 月采集成熟的香果树果实，阴干至果实开裂，取出种子，除去中轴及胎座等杂质，筛选大而饱满的种子放入牛皮纸袋置于冰箱中冷藏备用。

1）从备用种子中随机选取 8000 粒大而饱满种子，分为 8 等份，分别置于 8 个烧杯中，放入适量蒸馏水，将其放入 30℃的水浴锅中，做种子吸涨试验。

2）随机选取 30 000 粒大而饱满种子，将种子用 70%乙醇溶液消毒，蒸馏水洗净后置于方形培养皿中，培养皿大小为 10 cm×10 cm。每个培养皿放 100 粒种子，将培养皿放入培养箱中，试验设置高光强组和低光强组两组，其中高光强组（模拟无遮蔽情况下的香果树种子的生境）取 9℃、12℃、15℃、18℃、21℃、24℃、27℃、30℃、33℃、36℃ 10 个温度和 9000 lx、7000 lx、5000 lx、3000 lx、2000 lx、1000 lx、500 lx 7 个高光照强度，每个组合 3 次重复，共 210 个培养皿。低光强组（模拟遮蔽下的香果树种子的生境）取 15℃、18℃、27℃、33℃和 36℃ 5 个温度，400 lx、300 lx、200 lx、100 lx、50 lx、20 lx 6 个光强，试验同前，共 90 个培养皿。自试验开始，每天上午 10:00 查数种子萌发数，并测量胚根的长度、子叶的长宽。

3）指标计算方法

a．最终萌发率（final germination，FG）。

$$FG=\frac{萌发种子数量}{实验用种子总量}\times 100\% \tag{7-1}$$

b．平均萌发周期（mean period of ultimate germination，MPUG）。

$$MPUG=\frac{RG}{UG} \tag{7-2}$$

式中，UG 为试验中萌发种子的最大数量；$RG=\sum_{i=1}^{n} N_i \times D_i$，为萌发速率（$D$ 为种子萌发时所用的试验天数；N 为调查时时间间隔内种子萌发的数量；n 为观测次数；i 为萌发的天数）。

c．活力指数（vigor index，VI）。

$$\text{VI}=\text{FG}\times[\text{幼苗根长(cm)}+\text{幼苗茎长(cm)}] \tag{7-3}$$

d．萌发指数（germination index，GI）。

$$\text{GI}=\sum_{i=1}^{n}\frac{G_i}{i} \tag{7-4}$$

式中，G_i 为第 i 天萌发种子数（粒）；i 为萌发的天数（d）。

7.1.4　土壤含水量和硬度对香果树种子萌发及幼苗生长的影响

由于香果树生存于溪流边，土壤含水量较高，由水源向外随着地势升高，土壤含水量逐渐减小，经野外调查发现该种子可在水坑中萌发，在水中能存活 2 个月之久，如果水坑干涸香果树幼苗就可以扎根存活了。本实验在室内设置一个装置（图 7-1），一边是水箱，然后是一个 20°的土壤斜坡，坡面上均匀覆盖 20 cm 厚的三清山和武夷山香果树种群分布区的土壤（坡面宽 1 m，水面以上长为 4 m，水下为 0.5 m），将土壤压实，土壤硬度设置为 1.8 MPa，光照设置为 2500 lx，温度为 25℃。选取大而饱满的种子消毒后均匀洒在坡面上（4 行 18 列），每处 100 粒大而饱满的香果树种子，确保水坑中的水位保持一致，以使坡面上的土壤水分含量一致。实验前水箱中灌水，10 d 后在坡面下、中、上三处测其含水量，直至三处土壤含水量保持不变为止，对每个播种处的土壤含水量进行测定，以研究其对种子萌发的影响。

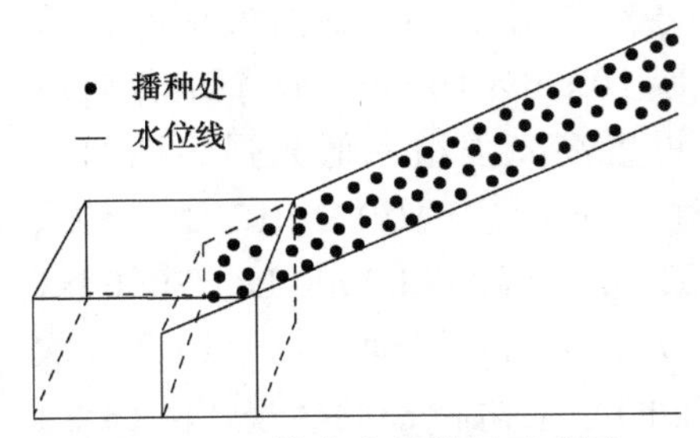

图 7-1　土壤含水量装置示意图

对香果树分布的 4 个山区进行土壤表层紧实度测定，发现其范围在 1.13～2.43 MPa，为研究土壤硬度对种子萌发及幼苗生长的影响，采集三清山香果树分布区林下的鲜土，装入直径 18 cm、高度 40 cm 的花盆中，给予土壤不同程度的压实，并采用土壤硬度计（SC-900）测量，设置 1.00 MPa、1.40 MPa、1.80 MPa、2.20 MPa、2.60 MPa 5 个梯度，光照设置为 2500 lx，温度为 25℃，土壤含水量为 48%，每个梯度 3 个重复，共 15 个花盆，每个花盆中随机播撒 100 粒香果树种子，以观察其对种子萌发及幼苗的影响。

7.1.5　原生境枯落物浸提液对香果树种子萌发及幼苗生长的影响

在香果树原生境中收集香果树的叶、枝条、果皮及毛竹叶 4 种枯落物，用以研究这几种枯落物对香果树种子萌发产生的影响。采用蒸馏水将几种枯落物洗干净，剪成＜2 cm 的片段后磨成粉，分别称取 6.8868 g 置于 500 ml

烧杯中，加入 375 ml 蒸馏水，搅拌均匀后用保鲜膜封口于室温（23℃）下静置 48 h，得到的液体即质量浓度为 18.000 mg/ml 的母液。经野外测定发现，枯落物最大量为 1.4542 g/cm^2，2008～2016 年每年 4～5 月（种子萌发时间）的最小降水量为 191.3 ml，即最大溶液浓度为 7.6017 mg/ml。为研究枯落物对种子萌发及幼苗的影响，本研究将母液稀释成质量浓度为 0.000 mg/ml、1.600 mg/ml、3.200 mg/ml、4.800 mg/ml、6.400 mg/ml、8.000 mg/ml 的水浸液，4℃保存，备用。

挑选大而饱满的种子，吸取 20 ml 上述各浓度的浸提液加入方形培养皿中，培养皿为 10 cm×10 cm，内放置双层滤纸，每个培养皿中均有 200 粒已消毒的香果树种子，每个浓度梯度设置 3 个重复，共有 18 个培养皿，实验中保持培养皿内滤纸的湿润，将培养皿放置在白天 25℃、光强 2000 lx，夜晚 20℃、光强 0 lx 的培养箱中。

从第一粒种子露白开始每隔 24 h 记录种子的萌发数，连续记录 7 d，计算发芽率、发芽指数和活力指数，并记录种子蜕皮时间、子叶展开时间、真叶长出时间，发芽后第 7 天从每个培养皿中挑选 10 株健壮幼苗，用吸水纸吸干水分，用直尺测定每株幼苗的根长和株高，用电子天平称量整株鲜重，统计最终萌发率（FG）和萌发指数（GI）、化感指数（RI），并利用游标卡尺测定根长和株高。

$$\mathrm{RI}=1-\frac{C}{T}\text{（如果}T<C\text{，则}\mathrm{RI}=\frac{T}{C}-1\text{）} \quad (7\text{-}5)$$

式中，C 为对照组最终萌发率均值；T 为处理组最终萌发率均值。RI＞0 为促进作用，RI＜0 为抑制作用，绝对值的大小表示化感作用的强度。

7.2　香果树种子千粒重及种子活力变化

7.2.1　储藏方式对香果树种子千粒重的影响

对香果树种子采用不同的储藏方式进行储藏，其种子千粒重变化见表 7-2。结合表 7-1 可知，四类香果树种子的千粒重存在差异，除了小而饱满和大而干瘪种子的千粒重之间差异不显著，其余均存在显著差异。随着储藏时间的延长，四类香果树种子的千粒重呈逐渐减小趋势，其中室温储藏条件下四类种子千粒重减小趋势最明显，到 9 月时仅为 1 月的 79.4294%±3.3815%，即呼吸消耗超过了干物质的 1/5，而低温沙藏的香果树种子呼吸所消耗的干物质最少（图 7-2），为总种子干重的 85.2173%±2.4299%，4℃低温下储藏的种子干重占总干重的 83.4431%±3.6146%。经单因素方差分析知，3 种储藏方式下香果树种子的千粒重之间存在显著、极显著的差异，且低温沙藏条件

表 7-2 室内香果树种子储藏后千粒重变化 （单位：g）

种子类型	观测时间	室温	低温（4℃）	低温（4℃）沙藏
大而饱满	1 月	0.593±0.026	0.589±0.024	0.595±0.021
	3 月	0.535±0.032	0.560±0.039	0.576±0.079
	5 月	0.534±0.032	0.560±0.035	0.567±0.074
	7 月	0.526±0.091	0.536±0.091	0.544±0.098
	9 月	0.501±0.086	0.512±0.092	0.527±0.118
小而饱满	1 月	0.473±0.019	0.471±0.015	0.472±0.017
	3 月	0.445±0.023	0.420±0.019	0.458±0.046
	5 月	0.415±0.017	0.414±0.027	0.447±0.049
	7 月	0.394±0.048	0.412±0.047	0.416±0.045
	9 月	0.376±0.054	0.405±0.048	0.394±0.037
大而干瘪	1 月	0.473±0.039	0.471±0.039	0.474±0.039
	3 月	0.465±0.016	0.467±0.032	0.463±0.070
	5 月	0.427±0.024	0.454±0.018	0.447±0.054
	7 月	0.401±0.067	0.440±0.068	0.426±0.059
	9 月	0.369±0.060	0.384±0.068	0.405±0.041
小而干瘪	1 月	0.352±0.032	0.358±0.031	0.355±0.034
	3 月	0.333±0.009	0.346±0.032	0.346±0.072
	5 月	0.319±0.009	0.331±0.028	0.331±0.037
	7 月	0.298±0.025	0.319±0.039	0.314±0.031
	9 月	0.274±0.030	0.284±0.039	0.296±0.057

下香果树种子千粒重显著高于低温和室温下储藏的香果树种子（除小而饱满种子 1 月和 9 月），而干瘪种子则以低温储藏条件下其千粒重较高，室温下较低，故室温条件不利于香果树种子储藏，低温和低温沙藏有利于减缓香果树种子内营养物质的消耗。

对大而饱满的香果树种子进行野外储藏，观察香果树种子的千粒重变化及其命运（图 7-3），我们发现 2016 年 1 月放入冠下和空地的香果树种子在存活了 2 个月后逐渐发霉死亡，两种微生境中香果树种子千粒重下降趋势显著高于其他微生境，其干物质消耗率在 13.7931%～18.9550%，甚至大于其他微生境中 4 个月的干物质消耗量，可见这两种微生境储藏的香果树种子呼吸作用比较旺盛。2016 年 5 月其他 3 种微生境中的香果树种子尚未发生霉烂现象，但 5 月以后种子虫蛀率严重，最终在 9 月全部失去生命力。石缝、冠缘和林窗 3 种微生境中的香果树种子千粒重下降趋势以石缝中的为最缓，冠缘的最急。

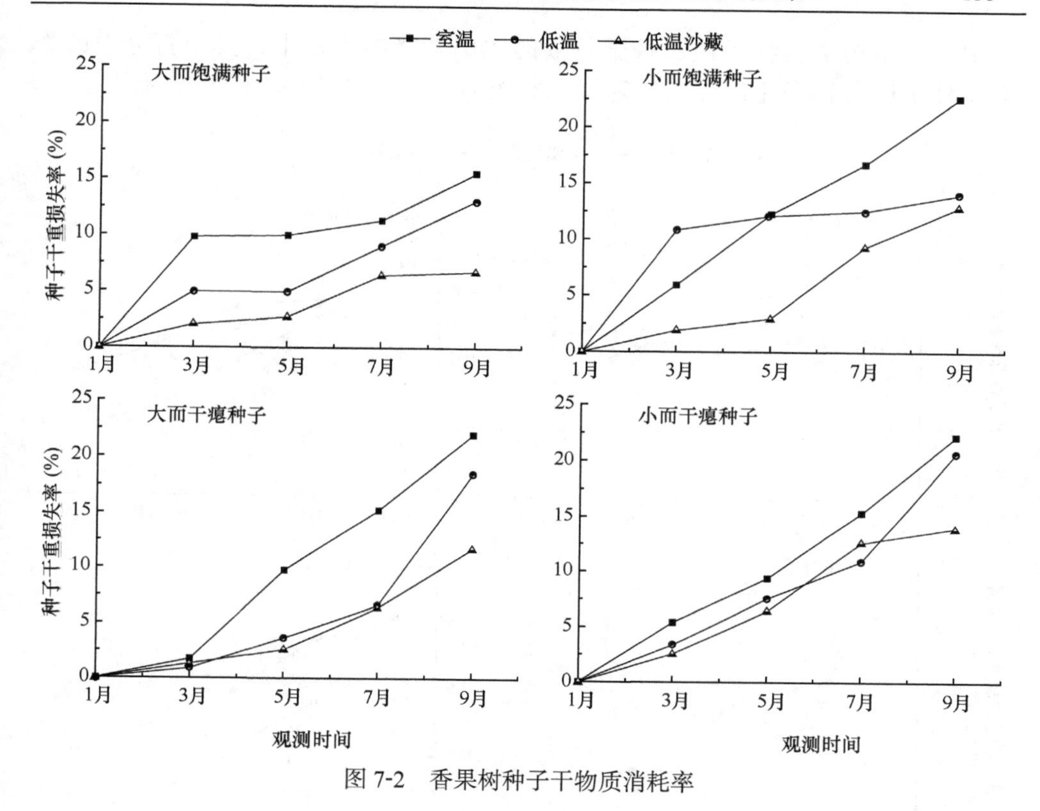

图 7-2　香果树种子干物质消耗率

7.2.2　储藏方式对香果树种子活力的影响

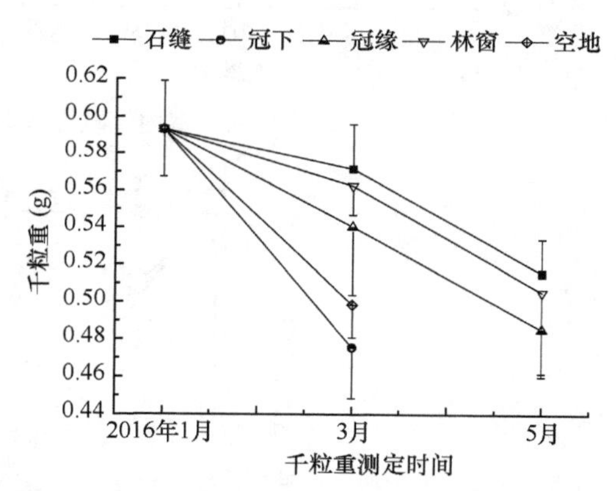

图 7-3　原生境中香果树种子储藏千粒重变化

种子活力是种子发芽和出苗率、幼苗生长潜势、植株抗逆能力和生产潜力的总和，可由活力种子占总种子百分比来测度。对室内不同储藏方式的香果树种子进行活力测定，如图 7-4 所示，香果树种子活力以大而饱满种子占总种子比例最大，下降趋势最小，小而饱满次之，小而干瘪下降趋势最大，最终在连续储藏 9 个月后小而干瘪种子中活力种子占总种子数量的 40%左右。

野外环境下不同微生境中的香果树种子活力存在显著差异，其规律与千粒重规律相似，其中林外空地的香果树活力种子占总种子数的比例最低，其次为冠下，两者至 2016 年 5 月全部失去活力，而石缝、冠缘和林窗 3 种微生境中的香果树活力种子数占种子总数的比例下降趋势较小，其中石缝中的香果树种子活力种子比例最高，冠缘和林窗较低（图 7-5）。

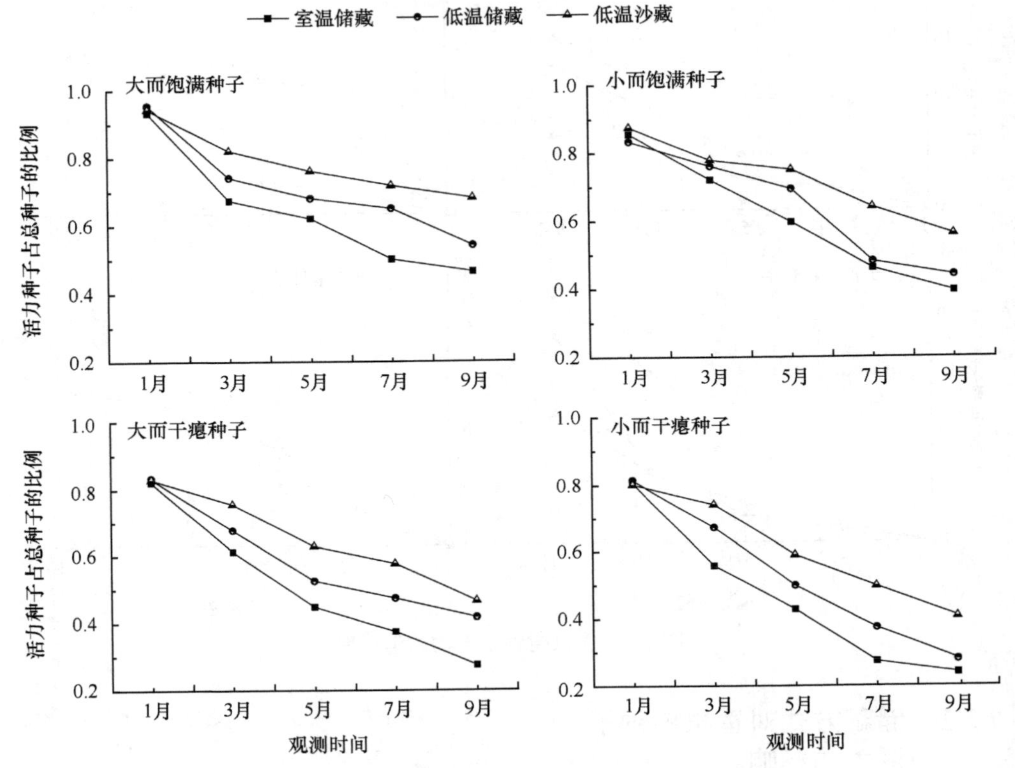

图 7-4　室内储藏方式对香果树种子活力的影响

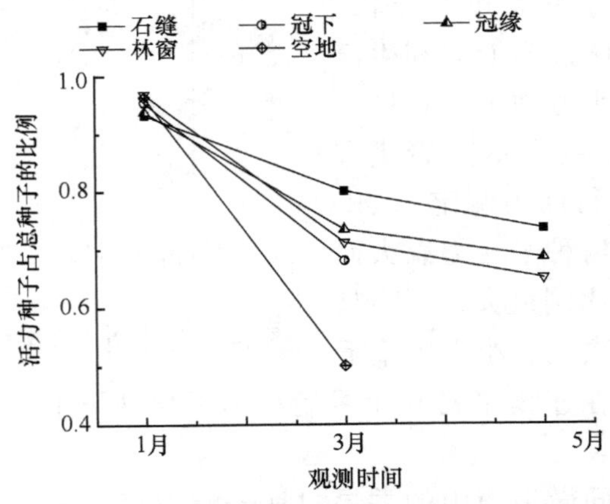

图 7-5　野外原生境中储藏位置对香果树种子活力的影响

7.3　环境因子对香果树种子萌发的影响

7.3.1　光强和温度对香果树种子萌发的影响

1．光强和温度对香果树种子最终萌发率的影响

在实验室内对香果树种子的萌发特性进行了控光、控温实验（表7-3），结果表明香果树种子在9℃即可萌发，其萌发率较低，在12.67%～34.33%，且随着光照强度的增加而呈增加趋势，香果树种子最终萌发率在12℃也出现了相似的规律。随着温度的升高，其最终萌发率呈上升趋势，但当气温到达36℃时，其最终萌发率显著低于33℃，且这些萌发种子的胚根在生长21 d以后透明化腐烂。对香果树种子最终萌发率进行二因素有重复方差分析表明，光强、温度及光强与温度的交互效应均对其最终萌发率具有极显著的影响（表7-4）。且由表7-4可以看出，温度因子对香果树种子最终萌发率的效应（F＝372.165）远大于光强（F＝11.625），这表明在香果树萌发过程中，温度对其最终萌发率的影响较大。

表7-3　光强和温度对香果树种子最终萌发率的影响　（%）

温度	光强						
	500 lx	1000 lx	2000 lx	3000 lx	5000 lx	7000 lx	9000 lx
9℃	12.67±0.47	19.00±1.41	21.00±1.41	23.33±4.71	28.00±1.41	33.33±2.87	34.33±4.19
12℃	11.00±1.41	19.00±2.83	36.67±5.31	34.33±6.13	36.67±5.31	34.33±1.89	41.00±1.41
15℃	47.67±12.26	42.00±8.29	84.67±11.15	74.33±9.84	81.33±8.01	74.33±9.84	85.67±9.84
18℃	93.00±0.00	87.67±3.30	92.00±1.41	93.00±0.82	95.67±1.89	98.00±1.41	75.67±1.89
21℃	91.80±9.91	89.20±9.72	96.20±4.79	93.40±3.67	88.60±4.84	88.20±5.49	94.00±2.68
24℃	87.40±5.85	96.20±1.60	94.00±4.90	95.20±4.07	92.40±1.20	92.80±3.92	95.20±4.07
27℃	88.00±1.73	91.00±7.21	92.00±8.54	83.33±3.51	92.33±5.03	99.00±1.73	97.33±0.58
30℃	91.00±1.73	95.67±2.31	91.00±3.46	95.67±5.13	95.67±2.31	89.67±2.52	92.00±1.00
33℃	92.00±1.41	87.00±1.63	95.67±1.89	82.00±1.41	90.00±0.82	86.67±0.47	85.67±1.89
36℃	65.67±4.19	71.33±10.21	52.33±3.30	79.00±6.98	74.33±4.19	63.00±1.63	63.33±5.31

表7-4　香果树种子最终萌发率方差分析

变异来源	平方和	自由度	均方	F值	Sig.
校正模型	147 467.148	69	2 137.205	53.513	0.000
截距	1 146 558.519	1	1 146 558.519	28 708.393	0.000
光强	2 785.648	6	464.275	11.625	0.000
温度	133 772.100	9	14 863.567	372.165	0.000
光强×温度	10 909.400	54	202.026	5.058	0.000
误差	5 591.333	140	39.938		
总变异	1 299 617.000	210			
校正总变异	153 058.481	209			

注：总变异的平方和和自由度分别为截距、光照、温度、光强×温度、误差的平方和之和及自由度之和，校正总变异的平方和和自由度分别为校正模型和误差的平方和之和及自由度之和

为进一步研究光照和温度对香果树种子最终萌发率的影响，我们测定了香果树种子萌发期间的林内地面的光强［(3000±48) lx］和温度［(15±3) ℃］，并以此固定光照或温度，研究单因素对其萌发率的影响。由图 7-6 可知，在野外平均为 3000 lx 的光强条件下，土壤表面温度为 25℃时种子的萌发率最高，达到 100%，但是实际的平均温度仅为 15℃左右，导致其萌发率在 78%左右；而温度为 15℃时，不同光照强度对香果树种子最终萌发率也产生一定的影响，随着光照强度的增加其种子萌发率逐渐上升，而后下降，其中光强为 6690 lx 时，香果树的种子萌发率最高。

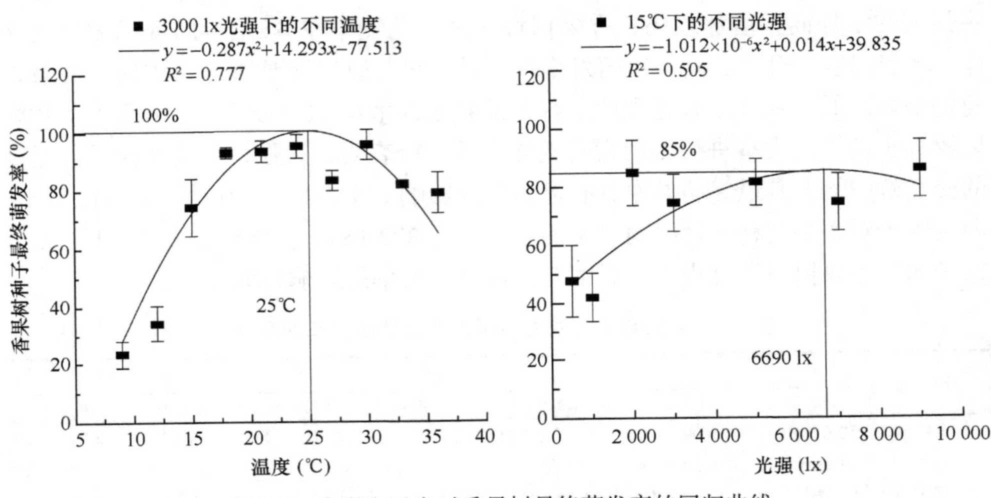

图 7-6　光强和温度对香果树最终萌发率的回归曲线

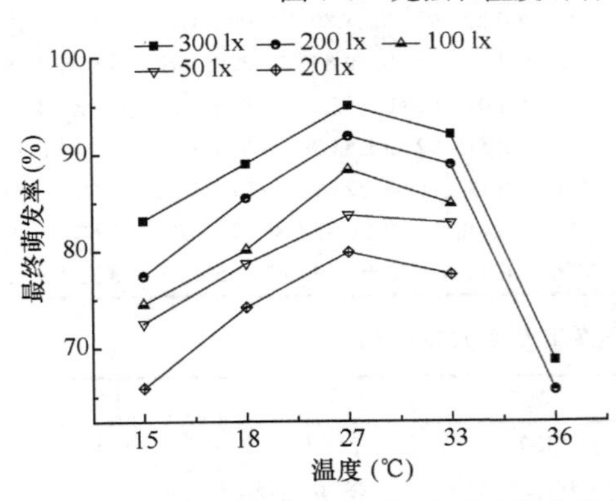

图 7-7　不同低光强对香果树种子最终萌发率的影响

由于香果树种子较小，易被地被物覆盖，部分存留于较暗的光环境中，低于 500 lx，故本项目研究了香果树种子萌发对低光强和温度的响应，见图 7-7。由图 7-7 可知，同一低光强下，香果树种子的最终萌发率呈现出随着温度的上升而升高的趋势，27℃时达到最大值，而后逐渐下降。同一温度条件下，光强越强，其最终萌发率越高。

2. 光强和温度对香果树种子萌发指数的影响

由图 7-8 知，高光强组的香果树的种子萌发指数在 1.0～7.5 粒/d。当温度在 9～27℃时，随着光照强度的增加，香果树种子萌发指数呈增加趋势，且同光强下温度越高其萌发指数越大。当温度高于27℃时，光照强度对香果树种子萌发指数影响无明显规律，其中30℃时的香果树萌发指数随着光照强度的增加波动较大。随后，随着温度的升高，各光照强度下的香果树种子萌发指数逐渐减小。由此可见，香果树种子萌发指数以27℃为最大，且光照强度越大对其萌发越有利。

低光强和温度对香果树种子萌发指数存在一定影响。由图7-9可知，与高光强组结果类似，当温度在27℃以下时，随着温度的升高，同一光照强度下的香果树种子发芽指数呈增加趋势，但温度超过27℃，同一光强下的香果树种子萌发指数呈下降趋势。当温度相同时，随着光照强度的增加香果树种子萌发指数呈增加趋势，33℃和36℃较27℃时的香果树种子萌发指数低，且在20～200 lx的光强和36℃的温度条件下，香果树种子未见发芽。

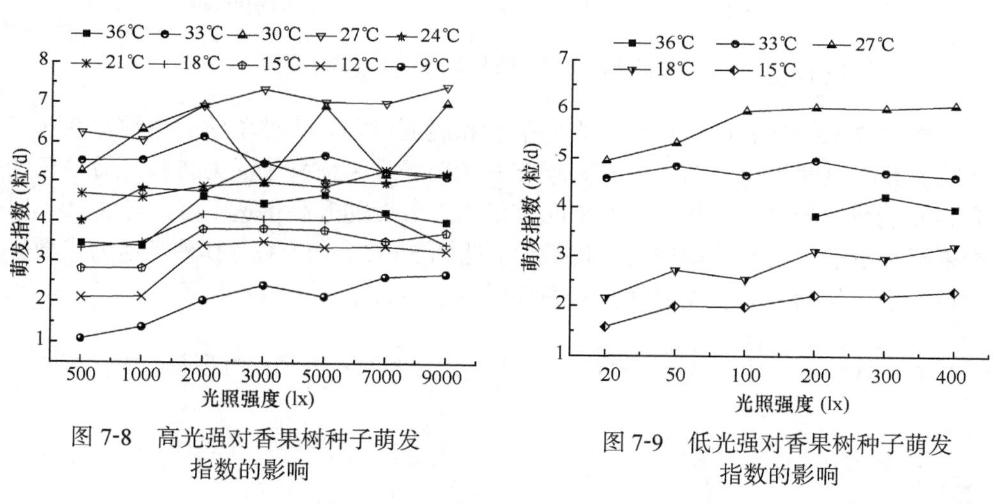

图7-8 高光强对香果树种子萌发指数的影响

图7-9 低光强对香果树种子萌发指数的影响

3．光强和温度对香果树种子平均萌发周期的影响

一般认为，温度越高种子的平均萌发周期越短（马尧，2005）。香果树种子萌发周期为4.0～16.5 d（图7-10），在27℃之前，随着温度的升高，香果树种子平均萌发周期缩短，而当温度高于27℃时，其萌发周期随温度的升高而延长。9～15℃时，随着光照强度的增加，香果树种子的平均萌发周期大体呈缩短趋势。其他温度下，光照强度对香果树种子平均萌发周期影响较小。低光强对香果树种子平均萌发周期影响较小，其萌发周期的长短主要取决于温度。与高光强相一致，27℃的温度条件下其种子平均萌发周期最短，约为5.02 d，其余温度下香果树种子的平均萌发周期均较长，平均萌发周期由短到长的顺序是27℃、33℃、36℃、18℃和15℃（图7-11）。

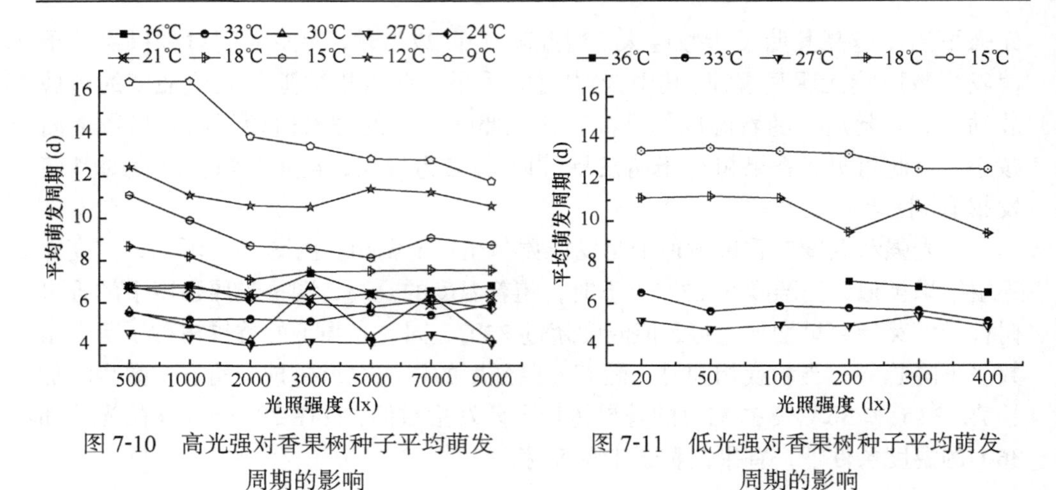

图 7-10　高光强对香果树种子平均萌发周期的影响

图 7-11　低光强对香果树种子平均萌发周期的影响

4．光强和温度对香果树种子活力指数的影响

由图 7-12 和图 7-13 可知，光照强度和温度对香果树种子活力指数存在一定影响，其中温度影响较大，当温度低于 30℃时，香果树种子活力指数随着温度的升高而成增加趋势，但当高于 30℃时其值随着温度的升高迅速下降，其中 30℃时香果树种子活力指数波动较大，其平均值达到 50.25，而 9℃时其种子活力指数平均值最小，仅为 0.07。光照强度对香果树种子活力指数影响不显著。

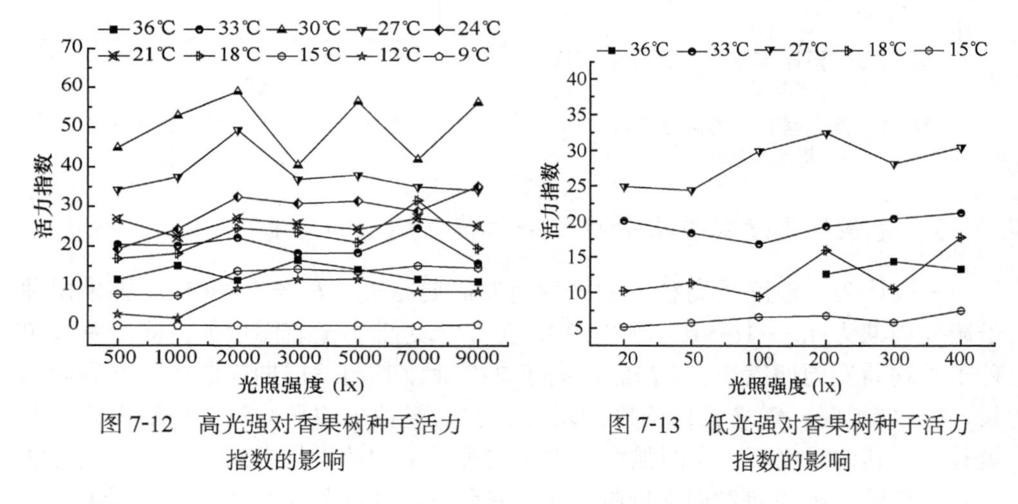

图 7-12　高光强对香果树种子活力指数的影响

图 7-13　低光强对香果树种子活力指数的影响

7.3.2　香果树种子萌发对土壤含水量及土壤硬度的适应性

1．土壤含水量对香果树种子萌发的影响

土壤含水量对香果树种子萌发产生的影响见图 7-14。其中最终萌发率随着

土壤含水量的增加呈增加趋势。在土壤含水量达到 44%之前，香果树种子最终萌发率呈上升趋势，在土壤含水量在 44%以上时，香果树种子最终萌发率变化趋势趋于平稳。香果树种子的出苗率随着土壤含水量的增加呈现出先增加后减小的趋势，在 44%的土壤含水量时，其出苗率达到最大值。香果树种子的平均萌发周期与土壤含水量呈线性增加关系，而其萌发指数则随着土壤含水量的增加呈先上升后下降的趋势。由线性及非线性回归所得的香果树最终萌发率、出苗率、平均萌发周期和萌发指数与土壤含水量的拟合方程经 F 检验，四者均达到极显著水平，表明 4 个拟合方程拟合效果较好，其方程分别为

$$y=95.443-\frac{57.065}{1+(0.033x)^{6.839}},$$

$$y=40.808+47.412\exp\left(-\exp\left(-\frac{x-43.472}{8.69}\right)-\frac{x-43.472}{8.69}+1\right),$$

$$y=4.249+0.076x \text{ 和 } y=-2.840+0.231x-0.002x^2。$$

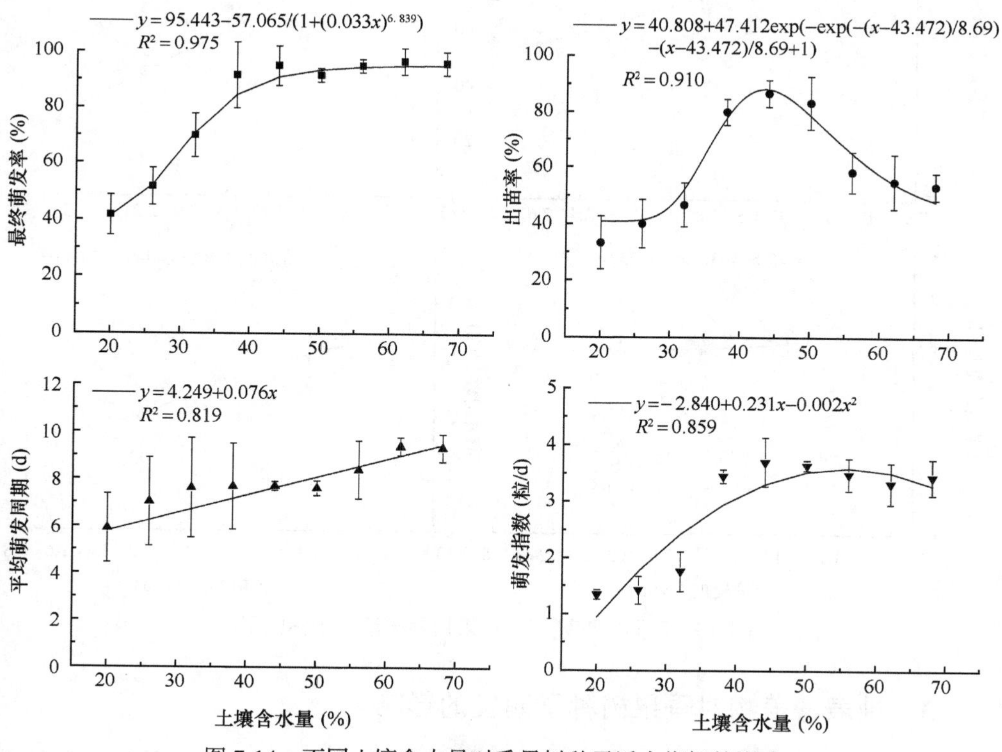

图 7-14　不同土壤含水量对香果树种子活力指标的影响

2．土壤硬度对香果树种子萌发的影响

不同土壤硬度对香果树种子萌发同样存在一定影响，见图 7-15。随着土壤硬度的增加，香果树种子最终萌发率和出苗率呈线性降低，其种子平均萌发周期随着土壤硬度的增加变化较小，即受土壤硬度的影响较小，而香果树种子萌发指数随着土壤硬度的增加呈多项式下降趋势。经回归分析得四者与土壤硬度的拟合曲线分别为

$$y=111.369-21.614x,\ y=127.490-38.017x,\ y=7.694-32.466\times 0.037^{x},$$
$$y=0.790+5.542x-3.699x^{2}+0.653x^{3}。$$

经 F 检验，四者均达到极显著水平，表明 4 个拟合方程拟合效果较好。

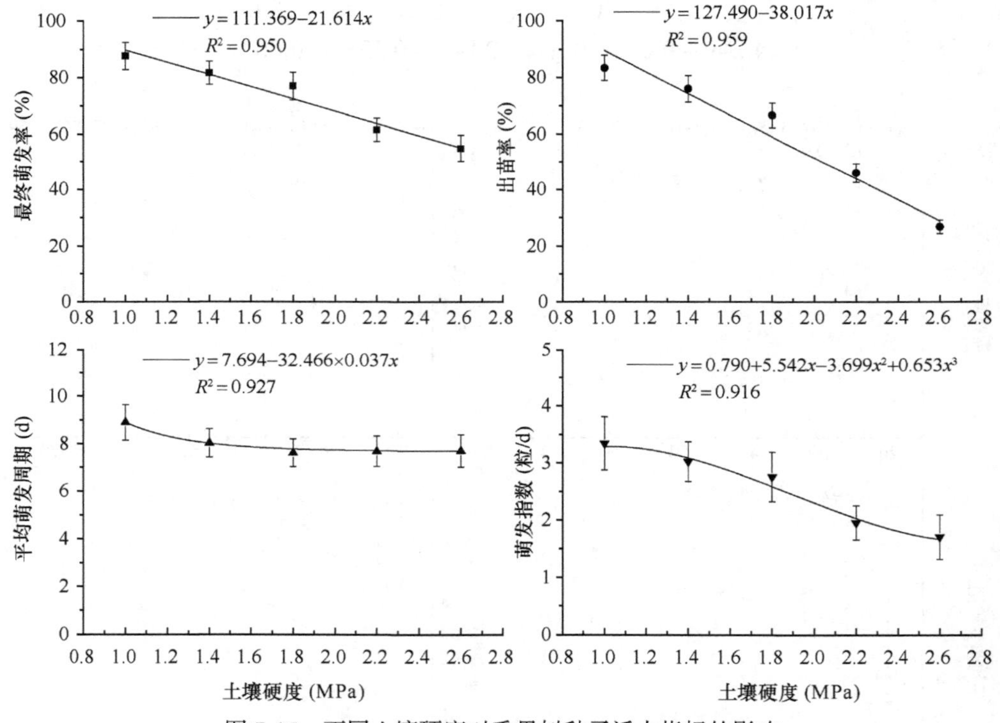

图 7-15 不同土壤硬度对香果树种子活力指标的影响

7.3.3 地表覆盖物对香果树种子萌发的影响

原生境中香果树主要星散分布于常绿落叶阔叶林和毛竹林中，其林下香果树种子周围主要为香果树的叶、果枝和果皮及竹林中的竹叶，将 4 种枯落物粉碎、浸

水获得其水提液，然后利用不同枯落物的水提液进行香果树种子萌发实验，结果如图 7-16 所示。在香果树的 3 种枯落物中，果皮对香果树种子的最终萌发率影响最明显，在相同浓度下其化感指数显著大于其他两种枯落物（叶和果枝），而其对香果树种子最终萌发率的影响及化感指数显著低于竹叶水提液。经回归分析获得四类枯落物对香果树最终萌发率及化感指数的拟合方程，发现香果树的枯落物对其最终萌发率和化感指数的影响呈二项式下降趋势，而竹叶对两者的影响则呈对数函数单调下降。

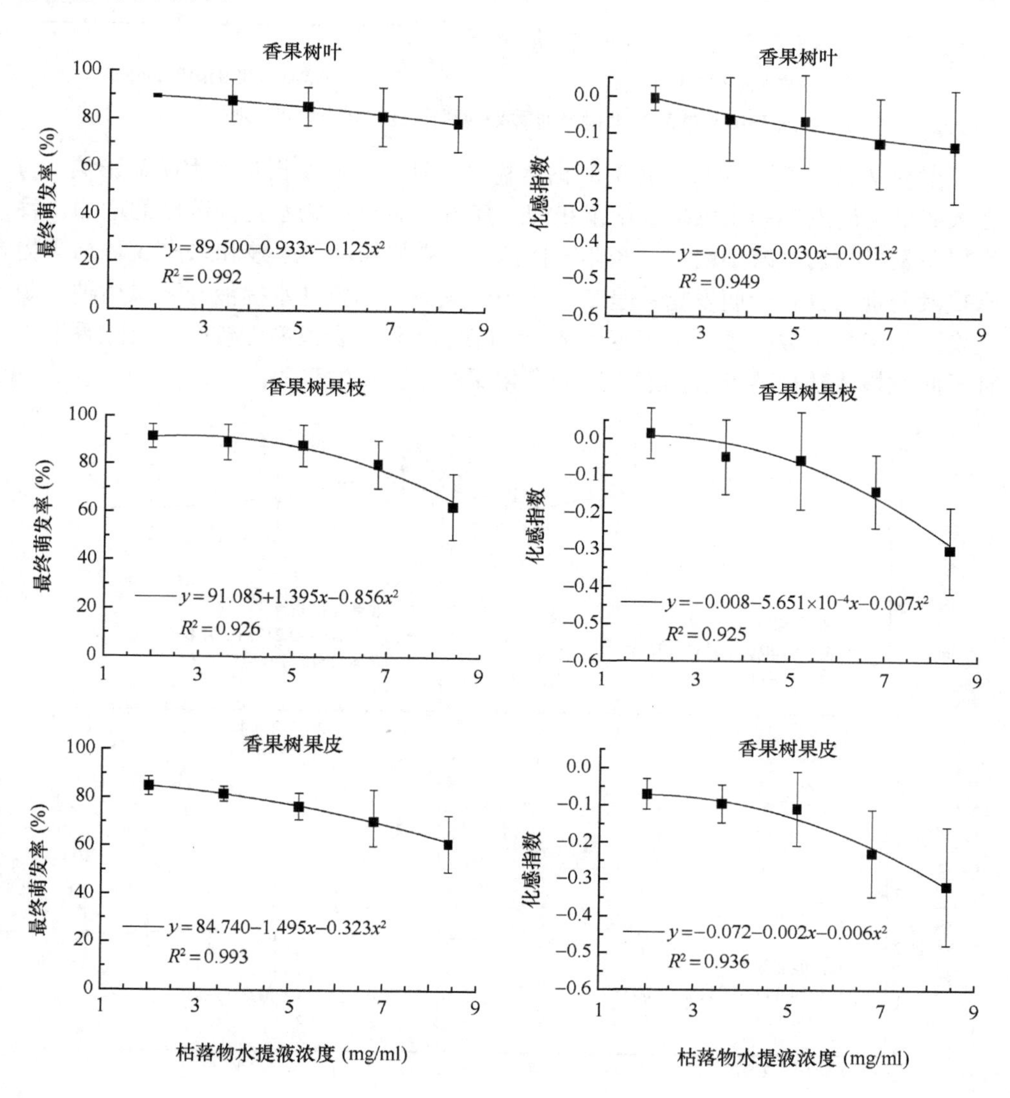

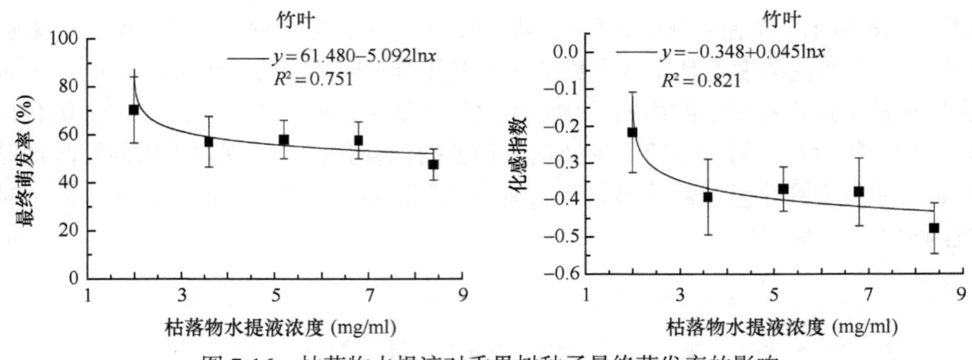

图 7-16　枯落物水提液对香果树种子最终萌发率的影响

由图 7-17 表明，香果树林下的枯落物对其种子的萌发指数产生明显影响。与香果树最终萌发率和化感指数结果相似，随着 4 种枯落物水提液浓度的增加，香果树萌发指数均呈减小趋势。经非线性拟合，香果树叶、果枝和果皮 3 种枯落物水提液分别与其种子萌发指数呈二项式拟合关系，而竹叶水提液与香果树种子萌发指数呈指数函数关系，由决定系数 R^2 可知，4 种拟合模型能较好地反映香果树种子萌发指数随枯落物水提液浓度的变化而产生变化的趋势。

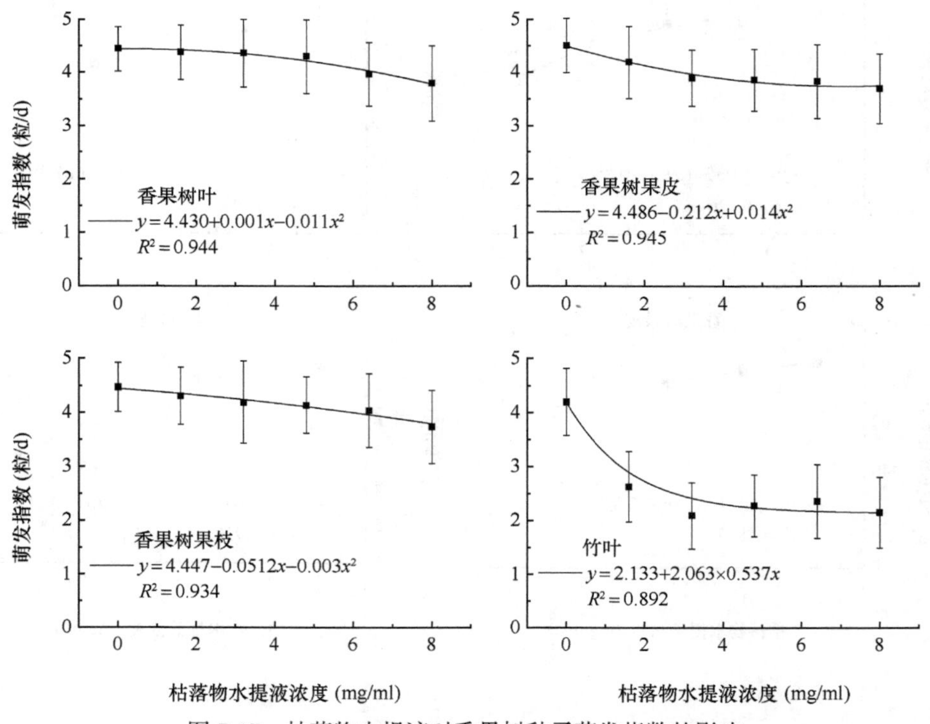

图 7-17　枯落物水提液对香果树种子萌发指数的影响

7.4　香果树实生苗初期生长的影响因素

7.4.1　光照和温度对香果树幼苗初期生长的影响

在香果树种子萌发实验 30 d 后，对不同光照强度和温度下的香果树幼苗的长度进行了测量，结果见表 7-5 和表 7-6。由两表可知，香果树幼苗的生长受到温度的影响较大。对不同光照强度和温度作用下的香果树幼苗长度进行二因素有重复的方差分析（表 7-7 和表 7-8）知，温度对香果树幼苗的生长存在极显著的影响，而光照强度对其生长无显著影响。经 LSD 多重比较表明，高光强作用下 21～27℃及低光强作用下 18～27℃两种条件下可显著地促进香果树幼苗的生长。

表 7-5　高光强和温度对香果树幼苗长度的影响　（单位：cm）

温度	光强						
	500 lx	1000 lx	2000 lx	3000 lx	5000 lx	7000 lx	9000 lx
9℃	0.01±0.00c	0.01±0.00c	0.01±0.00c	0.01±0.00c	0.04±0.01c	0.01±0.00c	0.11±0.03c
12℃	0.01±0.00c	0.40±0.12c	2.54±0.51b	2.24±0.34b	2.86±0.39b	1.49±0.15bc	2.15±0.44c
15℃	2.81±0.38b	1.98±0.21bc	3.61±0.45b	3.73±0.52a	3.21±0.62b	4.29±0.77a	3.90±0.46bc
18℃	4.15±0.47a	3.83±0.56b	4.69±0.53b	3.99±0.47a	4.14±0.35b	4.72±0.50a	4.83±0.64ab
21℃	3.79±0.36a	4.62±0.51a	6.82±0.49a	3.42±0.38a	6.24±0.77a	4.86±0.56a	6.51±0.69a
24℃	4.10±0.43a	4.56±0.50a	4.78±0.62b	4.62±0.45a	5.40±0.67ab	4.37±0.41a	4.19±0.48b
27℃	5.07±0.45a	5.82±0.51a	4.93±0.40ab	4.28±0.38a	4.90±0.53ab	2.67±0.24b	5.32±0.55ab
30℃	3.70±0.64a	3.01±0.68b	3.59±0.57b	3.05±0.52a	2.80±0.49b	3.19±0.44ab	2.52±0.39bc
33℃	2.14±0.72b	1.54±0.27bc	3.07±0.58b	2.69±0.73b	1.61±0.40bc	1.10±0.31bc	2.64±0.54bc
36℃	0.01±0.00c	0.01±0.01c	0.01±0.00c	0.01±0.00c	0.04±0.03c	0.01±0.01c	0.11±0.08c

表 7-6　低光强和温度对香果树幼苗长度的影响　（单位：cm）

温度	光强					
	20 lx	50 lx	100 lx	200 lx	300 lx	400 lx
15℃	2.05±0.31b	1.30±0.23b	2.32±0.36b	2.81±0.42b	2.63±0.48b	3.73±0.56a
18℃	4.16±0.51a	4.20±0.54a	3.74±0.48ab	3.82±0.57ab	4.25±0.43ab	4.69±0.59a
27℃	4.93±0.58a	5.03±0.51a	5.15±0.64a	4.98±0.52a	5.23±0.58a	5.01±0.57a
33℃	2.99±0.62ab	2.93±0.58b	2.93±0.75b	2.89±0.64b	3.04±0.63b	3.41±0.56a
36℃	露白后死亡	露白后死亡	露白后死亡	0.01±0.00c	0.01±0.00c	0.01±0.00b

表 7-7 高光强和温度条件下香果树幼苗长度的方差分析

变异来源	平方和	自由度	均方	*F* 值	Sig.
校正模型	826.320	69	11.976	7.926	0.000
截距	3097.840	1	3097.840	2050.374	0.000
光强	19.579	6	3.263	2.160	0.050
温度	665.459	9	73.940	48.939	0.000
光强×温度	140.589	54	2.604	1.723	0.006
误差	210.010	139	1.511		
总变异	4133.477	209			
校正总变异	1036.330	208			

表 7-8 低光强和温度条件下香果树幼苗的方差分析

变异来源	平方和	自由度	均方	*F* 值	Sig.
校正模型	48.393	29	1.669	3.473	0.000
截距	444.484	1	444.484	925.027	0.000
光强	4.864	5	0.973	2.025	0.089
温度	31.367	4	7.842	16.320	0.000
光强×温度	16.066	20	0.803	1.672	0.066
误差	27.870	58	0.481		
总变异	524.651	88			
校正总变异	76.263	87			

7.4.2 土壤含水量和硬度对香果树幼苗初期生长的影响

土壤含水量和土壤硬度均对香果树 1 月龄幼苗的生长产生显著影响。由图 7-18 可知，随着土壤含水量的增加，香果树幼苗总体长度呈现出先增加后减小

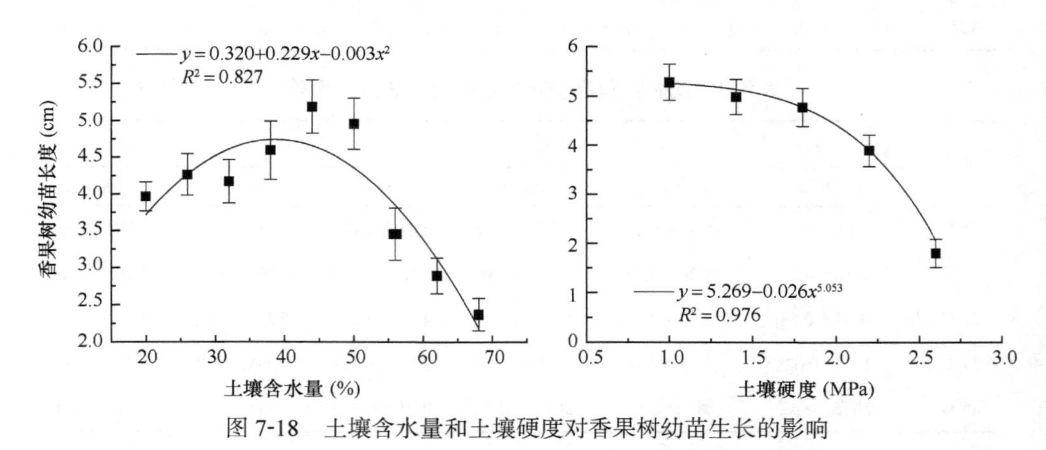

图 7-18 土壤含水量和土壤硬度对香果树幼苗生长的影响

的趋势，经非线性拟合得拟合方程：$y=0.320+0.229x-0.003x^2$，该拟合方程决定系数为 0.827，表明拟合效果较好。香果树幼苗的生长与其所生长的土壤硬度存在密切联系，随着土壤硬度的增加，其幼苗的总长度呈现幂函数下降趋势。

7.4.3　地表覆盖物对香果树幼苗初期生长的影响

由图 7-19 可知，香果树幼苗的生长与其枯落物水提液的浓度有一定关系，随着四类枯落物水提液浓度的增加，香果树 1 月龄幼苗的总长度呈线性减小趋势。其中，竹叶对其幼苗的生长影响最大，而香果树叶化感影响最小。

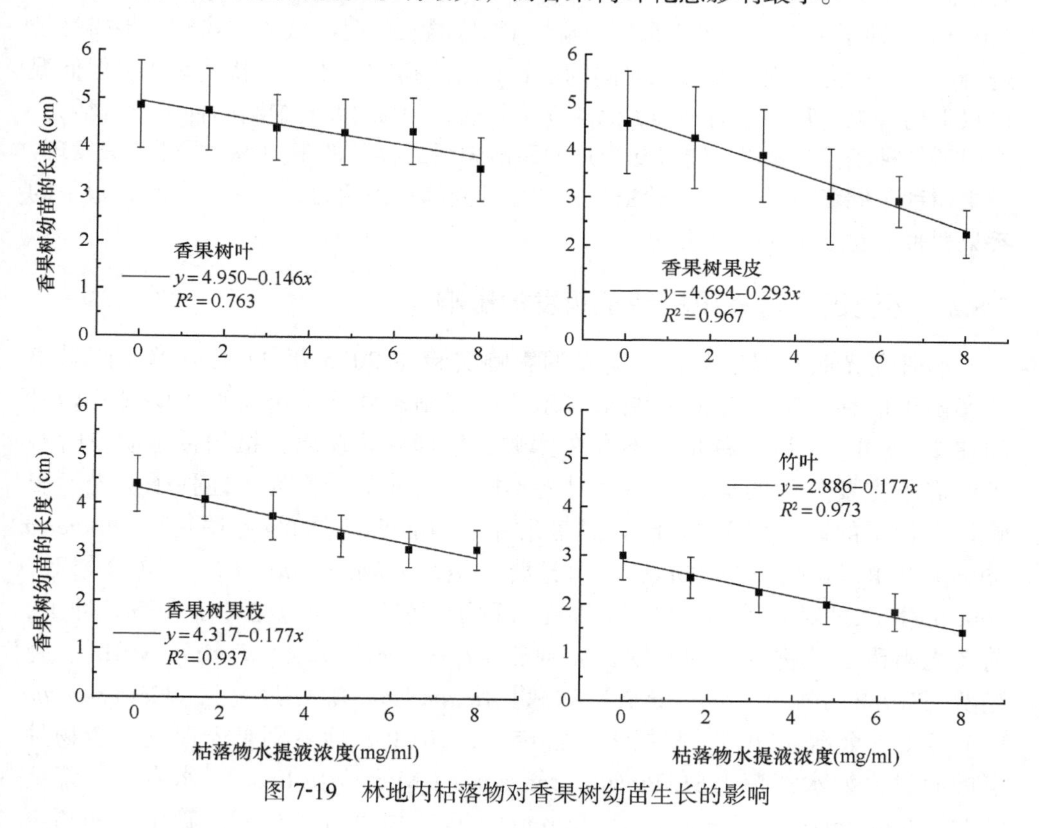

图 7-19　林地内枯落物对香果树幼苗生长的影响

7.5　小　　结

7.5.1　香果树种子储藏及寿命

植物的种子在其储藏的过程中不断地分解其自身的营养物质而获取能量以维持其生命，随着储藏时间的延长，植物种子的生活力逐渐丧失。有研究表明，植物种子的寿命与其储藏温度及其湿度存在显著关系（孙红梅等，2004），高温、高湿会加速植物种子营养物质的消耗，加快植物种子劣变（Pukacka et al.，2009），降低温度和湿度可延长植物种子的寿命（Martina et al.，2010）。经对香果树不同类别种子进行储藏试验发现，低温沙藏条件下香果树种子的干物质消耗最少，9个月仅为14.7827%，显著低于低温及常温下储藏消耗的干物质量。

种子的活力受不同因素影响，如植物物种、种子储藏方式及种子发育期的环境条件等（Black and Bewley，2000；Smith et al.，2003）。有研究表明，随着储藏温度的降低，植物种子活力逐渐增强（张兆英 2003）。崔秀明等（2010）研究认为室温层积更适合保持植物三七［*Panax notoginseng*（Burkill）F. H. Chen ex C. H. Chow］的种子活力。本研究采用室温、4℃低温及低温沙藏的方式对香果树种子进行储藏，研究发现随着储藏时间的延长，香果树的种子活力持续减弱，但低温沙藏下的香果树种子活力最强，储藏9个月后，70%的大而饱满的种子具有活力。室温下的种子活力最弱，储藏9个月大而饱满活力种子低于50%。野外储藏发现，香果树种子储藏5个月后开始霉烂，7个月全部失去活力，其中，空地、冠下的香果树种子在3个月后失去活力。

7.5.2 环境因子对香果树种子萌发的影响

本研究光照和温度对种子萌发的影响实验在2015年11月开始（刚采集果实阴干取种做萌发实验），结果显示所有控制条件下香果树种子萌发开始时间在2～6 d，故该物种种子不存在休眠、生理后熟现象。植物种子萌发时对光的需求主要分为两类，其一是对光不敏感的种子，称为中性种子，光不影响该类种子的萌发，即在光照和黑暗条件下均能萌发，如绒毛番龙眼（*Pometia pinnata* J. R. Forst. et G. Forst.）、向日葵（*Helianthus annuus* L.）等（文彬等，2002）。其二是对光敏感的种子，即光敏种子，它又分为忌光种子和需光种子，前者光阻碍了植物种子的萌发，如番茄（*Lycopersicon esculentum* Mill.）、曼陀罗（*Datura stramonium* Linn.）、洋葱（*Allium cepa* L.）、野豌豆（*Vicia sepium* L.）等（王金淑，2012；胡振天和鲁艳华，2013）；后者则是光促进了植物种子的萌发，如水浮莲［*Eichhornia crassipes*（Mart.）Solms.］、水青树、紫茎泽兰（*Eupatorium adenophorum* Spreng.）等（傅家瑞，1957；管康林和葛惠华，1998；周佑勋，2007）。植物种子萌发对光的这种需求是其在进化过程中对生存环境的生态适应。在高光条件下种子温度升高导致忌光种子含水量下降，影响了忌光种子的萌发（宋兆伟等，2010），而受到光照后，需光种子中光敏色素提高了ATP的水平或改善了萌发的先决条件从而促进了种子萌发（Dedonder et al.，1992；Mella et al.，1995；张敏等，2012）。香果树主要分布于中国的秦岭以南，其种子为需光种子（甘聃等，2006）。本研究发现香果树种子较小，千粒重仅为 0.2～0.6 g 左右，种子储存的营养物质少，顶土力较弱，如果种子在深层土壤中，则由于得不到光的照射而处于休眠阶段，不能萌发，避免部分种子耗尽营养而无法出土死亡。当香果树种子被外力移动到土壤表面获得了光照，则又可以实现萌发，但当外界光照强度过强（6400 lx）时，由于高光强可导致植物种子蒸发量增大，种子快速失水而死亡，香果树通过降低种子萌发率而保留足够的种子等待适宜的环境出现，因此香果树种子的需光性是其对环境的适应。

温度是植物种子萌发的三大必备条件之一，只有在适宜的温度下，植物种子中的酶才具有活性，才能催化与种子萌发有关的代谢过程。本研究发现，香果树种子萌发所需的最适温度为 27℃，此时各光强梯度的种子最终萌发率最大、萌发周期最短及活力指数最大，温度高于 27℃则会导致萌发率出现波动，且胚根的活动能力减弱，短时间内软化死亡，而温度较低则最终萌发率减小，萌发周期增长，特别是 9℃时，该温度下的香果树种子最终萌发率低于 30%，而萌发周期可达 16 d。

土壤含水量和硬度对植物种子的影响已有很多报道（王文俊等，2016；王敏等，2016），但有关濒危植物种子萌发受土壤水分和硬度的影响研究较少，本项目组在伏牛山、大别山、三清山和武夷山等山区对香果树种群进行野外调查，并进行了播种试验，发现香果树种子在不同含水量和不同硬度的土壤里萌发率差别很大，故设计了室内试验。由研究结果可知，香果树种子萌发对土壤含水量的要求较高，尽管土壤含水量高于 40%后，其最终萌发率趋于最大值，但较高的土壤含水量可使部分萌发的种子因缺氧而死亡，从而导致其出苗率下降。植物种子的平均萌发周期可用于比较种子萌发的快慢，平均萌发周期越短，表明发芽速度越快，但本研究土壤含水量不一致，低土壤含水量区域种子萌发数量较少，导致出现了萌发周期小于高含水量地区的现象。由于植物种子在失去发芽力之前，已经开始劣变，本研究选择了萌发指数进一步研究了香果树种子萌发特性，由结果可知，土壤含水量低的区域所播撒的种子萌发指数较低，而当土壤含水量为 40%～60%时，其萌发指数最高，当土壤含水量高于 60%时，香果树种子的萌发指数又开始下降，这表明土壤含水量对香果树种子的劣变产生一定影响。土壤硬度对香果树种子萌发及幼苗生长影响显著，随着土壤硬度的增加，香果树种子的最终萌发率和出苗率呈线性降低，其萌发指数则呈非线性下降趋势，这要求我们在播种时尽量翻耕土壤，使土壤保持相对松软。

原生境中，雨水和雾滴等的淋溶作用可使水溶性化感物质进入土壤，从而发生化感作用，抑制同种或不同种植物的种子萌发、生长及发育（Tukey，1966）。由于土壤表面枯落物的密度、分解速度及不同区域的降水量等不同，土壤中化感物质的含量有所不同（Mann，1987；Saxena et al.，1996；Escudero et al.，2000）。当土壤中的化感物质达到一定的浓度后，就会对植物种子萌发和幼苗生长产生抑制作用（Ross and Harper，1972；Grice and Westoby，1987；Witkowski，1991）。本研究收集了林下密度相对较大的枯落物（香果树的叶、果枝、果皮及竹叶）对香果树种子进行萌发实验，结果发现四类枯落物均对香果树种子萌发产生抑制作用，且随着浓度梯度的增加，其抑制效果越显著。香果树叶、果枝及果皮水提液浓度与其种子最终萌发率和化感指数之间呈二项式下降趋势，而竹叶水提液浓度与香果树种子最终萌发率和化感指数呈指数函数下降趋势。

7.5.3 香果树幼苗的初期生长与环境因子的关系

植物幼苗的定居及生长是其种群更新、群落演替或植被恢复过程中的重要阶段，是植物生活史中对环境条件反应最敏感的时期，特别是植物幼苗生长初期（周先叶等，2001；华鹏，2003；张楠，2013）。有研究认为，香果树幼树喜阴湿（刘军，2003），能耐庇荫（谢玉芳等，2004），高光强对其生长极其不利（康华靖等，2011）。为探讨光照强度对香果树幼苗的影响，本研究设置了 20～9000 lx 的多光强梯度，结果发现，光照强度对其初期生长并没表现出显著差异。前人研究认为高光强对香果树幼苗产生的不利可能是由于高光强引起土壤温度升高，蒸腾量增大，导致局部土壤含水量缺乏，而香果树幼苗根系未达深层土壤，由于缺水而生长受限（Poorter and Hayashida-Oliver，2000）。而本研究中幼苗所处的环境水分充足，不存在缺乏问题，故光照强度并未对其生长产生显著影响。

随着环境温度的增加，香果树幼苗初期的株高呈显著增加趋势，当温度为27℃时达到最大值，而后显著下降。植物幼苗初期的生长需要充足的水分积累生物量、提高幼苗的存活率（张楠，2013）。植物幼苗特别容易遭受干旱胁迫，尤其是初期幼苗可能最为敏感（Poorter and Hayashida-Oliver，2000）。香果树生存于山体沟谷及溪流边，故水分相对充足，但环境的异质性导致土壤含水量存在差异，有些地方含水量较少，有些地方含水量较高。经对香果树幼苗进行不同土壤含水量培养发现，香果树幼苗能在 20%～68%的土壤含水量范围内存活，随着土壤含水量的增加，香果树幼苗的生长速度呈先增加后减小的趋势，在土壤含水量为 44%时，其生长速度最快。Buttery 等（1998）和 Atwell（1990）研究表明，生长在硬度较大的土壤中的植物生长速度较慢。本研究证实了这一点，土壤越松散越有利于香果树初期幼苗的生长，这可能是由于土壤硬度较小，有利于其根系在土壤中穿行，并可以获得足够的氧气和水分，有利于光合作用的正常进行，从而使得幼苗生长较好（贺明荣和王振林，2004）。

化感作用是影响森林天然更新的重要因子，以前对于更新失败，人们往往对幼树所处的光照和水分等条件考虑较多，而对化感作用估计不足（翟明普和贾黎明，1993）。Fisher（1980）研究发现了植物物种间或物种内的化感作用可影响植物的更新与重建，如糖枫（*Acer saccharum* Marsh.）影响加拿大黄桦（*Betula alleghaniensis* Brit.）的重建、朴树（*Celtis sinensis* Pers.）影响草本植物的生长、黑胡桃（*Juglans nigra* L.）影响树和灌木的生长与恢复等。张化疆等（1991）研究发现梣叶槭（*Acer negundo* L.）种子的果皮有抑制其种子萌发的物质存在。在本研究中，香果树自身的叶、果枝和果皮对其种子的萌发产生一定的抑制作用，这可能是香果树对其生存环境的一种适应。由研究结果可知，只要温度达到 9℃以上，光照和水分较好时香果树种子即可萌发，但野外条件下香果树种子下落后立即萌发的现象较少，这可能与其种子受地面上的落叶、枯枝及果皮的抑制物质影响有关。已有不少研究发现竹叶中存在化感物质，何飞武等（2012）研究发现新鲜毛竹叶对阳春砂仁（*Amomum villosum* Lour.）种子萌发具有显著的抑制作用，而腐解后的竹叶对阳春砂仁种子萌发抑制效果不显著。王淑英等（2010）利用琼脂混粉法研究了多种属的竹叶对萝卜的种子萌发及幼苗生长的影响，发现不同属的竹叶均有较强的抑制作用。本研究认为，生于毛竹林中的香果树其种子萌发受到了毛竹落叶的化感物质所抑制，相同质量的毛竹叶比香果树枯落物的抑制效果要更强，且其化感物质达到一定的浓度后，化感效应指数趋于平缓，抑制效果不再进一步增强。

第8章 香果树根萌蘖能力及根萌苗生长特征

种群的自然更新是植物在时间和空间上的延续、发展、增殖、扩散，是维持群落稳定的重要因素，它受到环境条件、自然因素、人为干扰、物种特性及其与周围植物之间的关系等因素的影响（韩有志和王政权，2002a）。自然更新对于植物种群的稳定和群落的演替具有重要影响（Szwagrzyk et al.，2001），幼苗的数量、生长状况等都对植物种群中个体数量的变化及更新速率构成直接影响（Silva and Marcelo，2001）。幼苗阶段是植物个体生长最为脆弱、对环境变化最为敏感的时期（Parrish and Bazzaz，1985），它的生长受生物和非生物因素综合作用的影响，幼苗的定居和生长决定种群的格局和命运（韩有志和王政权，2002a）。因此，对植物种群幼苗的生长特征及影响因素进行研究具有重要的理论和实践意义。

香果树存在有性繁殖和无性繁殖两种繁殖方式（王万强等，2008；潘德权等，2014）。香果树种子微小，种子萌发对光照要求较为苛刻，发芽率低（13%～20%），种子寿命仅 1 a 左右（李中岳和班青，1995；杨开军，2007），因此香果树的有性繁殖能力较差；在自然环境下，香果树种群结构不完整，呈聚集分布，实生苗死亡率高，数量严重不足（郭连金，2009；康华靖等，2011），这严重制约了香果树的自然更新。无性繁殖作为有性繁殖的补充，成为香果树自然更新的重要途径（郭连金等，2017）。香果树根萌蘖能力较强，是无性繁殖的重要方式，而且根萌苗可通过吸收母树的养分迅速生长，比实生苗更具有竞争优势。国内对香果树无性繁殖的研究多限于扦插育苗（俞惠林，2005）、根埋插穗育苗（魏亚平和郭占胜，2009）及组织培养（徐杏阳等，1983；韦小丽等，2006）等方面，而对香果树根萌苗的生长特征及其影响因素方面的研究却鲜见报道。

针对严重衰退的香果树种群，根萌苗作为一种重要的更新方式，对香果树种群恢复具有关键作用。本章通过对香果树典型分布区域的香果树根萌苗的数量、生长特征、人为干扰及生态因子进行研究，阐明环境因子对其根萌苗生长的影响，寻找人为促进香果树根萌苗形成的措施，以期为香果树种群恢复提供理论依据和技术支持。

8.1　研 究 方 法

8.1.1　样地设置及林内环境因子调查

在伏牛山、大别山、三清山和武夷山选择典型的香果树种群为研究对象，每个分布区设置一个 20 m×100 m 的样地（因香果树大多分布于溪流沿岸及山地沟谷的狭长地带，故设此样地）进行群落生态学调查（表 8-1）。为研究人为措施、根的性质及母树的树龄对香果树根萌蘖能力的影响，本研究选择在武夷山分布范围最大、生境相对一致的地段进行研究，以减小生境对根萌蘖能力及根萌苗生长的影响。在武夷山挂墩山设置 4 个 20 m×100 m 的样地进行群落生态学调查（表 8-2）。采用照度计（ZDH-10）测定林内光照、通风干湿温度计（DMH2）记录林内的温湿度，便携式土壤水分速测仪（TRIME-TD RZ）测定土壤含水量，ZD-2 型电位滴定计测定土壤 pH，重铬酸钾-H_2SO_4 滴定法测定土壤有机质，所有数据每样地重复测定 5 次。此外，调查样地内砍伐、放牧等人为干扰情况（强度最大赋值为 1，最小为 0，不同样地干扰强度值根据调查结果予以赋值）（张文辉等，2004a）；调查林内土壤厚度、砾石覆盖率、枯落物盖度、枯落物厚度、腐殖质厚度等。

表 8-1　4 个地区不同香果树种群样地概况

环境因子	伏牛山	大别山	三清山	武夷山
海拔（m）	714	820	930	1283
林内地面光照强度（lx）	1013	985	1175	1220
大气温度（℃）	16.3	14.5	13.5	13.8
大气湿度（%）	58	66	63	75
土壤含水量（%）	35	61	68	65
土壤有机质含量（%）	1.4	2.1	1.8	2.3
土壤 pH	6.8	6.8	6.5	6.6
土壤厚度（cm）	10	25	23	28
土壤砾石率（%）	77	76	85	72
人为干扰	0.2	0.1	0.2	0.3

注：林内光照强度、温度、湿度等的测定于 2010 年 4 月进行，每样地连续观测 3 日，于每日 10:00、13:00、15:00 进行测定

表 8-2　武夷山不同香果树种群样地概况

环境因子	A	B	C	D
地理位置	北纬 27°44′27.74，东经 117°38′24.20	北纬 27°44′19.49，东经 117°38′20.18	北纬 27°44′9.11，东经 117°38′8.2	北纬 27°44′15.80，东经 117°38′44.47

续表

环境因子	A	B	C	D
海拔（m）	1256	1278	1297	1373
坡向	阳坡	阳坡	阳坡	阳坡
坡位	下坡	下坡	下坡	下坡
坡度（°）	19.5	21.4	25.7	25.3
土壤含水量（%）	35.4±5.8	28.6±4.3	38.2±2.7	25.7±3.2
林内地面光照强度（lx）	1041.6±121.5	1297.5±93.1	855.5±114.7	827.5±101.8

8.1.2 根萌苗生长特征统计

2010 年 4 月，于不同分布区的每样地选择 40 株香果树母树（胸径 18 cm，树高 13 m，冠幅 6 m，生长良好），标记每株母树及各级露根（选择多年没有根萌苗、仅当年有萌芽的根），统计其根萌芽的数目；每样地内选取 10 株母树并分别记录根萌苗所在方位（以正北方为 0°按顺时针方向旋转计算，下同）、与母树树干间的距离、萌生根萌苗的露根长度和直径，于 2010 年 11 月观测记录每株根萌苗的株高、基径、冠幅等形态指标。

8.1.3 根萌苗存活与生长情况动态调查

2010 年 5 月至 2013 年 11 月，在每年的 5 月、8 月和 11 月对武夷山香果树种群进行野外观测记录。每样地随机选取有露根的 20 株香果树母树，其中 10 株用于调查其露根上形成的根萌苗的株高和基径，另外 10 株用于调查母树冠幅以内或以外的根萌苗的存活率，并记录每株根萌苗在母树树冠下的方位及与母树树干之间的距离。将 2010 年观测记录的根萌苗记作 1 a 根萌苗，2011 年观测记录的根萌苗记为 2 a 根萌苗，以此类推。

8.1.4 香果树根的处理措施

2011 年 5 月、8 月和 11 月，在武夷山样地内随机选择 40 株不同年龄的香果树母树（包含 5 株伐桩或倒木）和 20 株约 30 a 树龄的香果树母树，在每株母树周围设置 15 个 1 m×1 m×0.5 m 的样方，共 3600 个小样方。在每小样方内寻找母树直径为 0～12 cm 的埋根，随机选择其中 8 条不同直径的埋根暴露于地表作为露根进行实验，每株母树供试的露根共有 120 条，并在 0～2 cm、2～5 cm、5～10 cm、10～20 cm、>20 cm 的 5 个土层深度寻找不同直径的埋根，每个土层深度选择 24 条埋根，供试的埋根共有 120 条。随机选择露根和不同土层深度的埋根各 90 条进行伤根（处理组 1：刮 0.5 cm×1.0 cm，<30%根围，深度达维管形成层。处理组 2：砍，30%根围<破坏宽度<60%根围，长度 1.0 cm，深度达木质部。处理组 3：断根处理），在所处理的香果树根的伤和断处做好标记后原土回填。以

剩余的 30 条露根和 30 条埋根作为对照组进行实验。为减少破坏，断根选择生长旺盛的香果树母树，且直径<5 cm 的根进行实验，5 cm 以上的根选择其地上部分为伐桩或倒木进行实验（实验中断根直径最大为 9 cm）。记录不同处理和对照组根的直径及在土壤中的深度，并于次年的同一时间（5 月、8 月和 11 月）分别对露根和埋根各处理的愈伤组织面积及根萌苗的数量进行统计。2011 年 5 月随机选择刮伤、砍伤、砍断及对照中直径为 3～4 cm 的露根和埋根各 30 条，每 3 个月观测一次根上产生的根萌苗数量、高度和基径，直至 2014 年 11 月调查结束，研究不同程度的机械损伤对根萌苗生长产生的影响。

8.1.5　数据处理

1．根萌苗生长特征指标的统计分析

按根萌苗所处的方位、与母树之间的距离、露根的直径和长度 4 个指标整理数据，计算香果树根萌苗的数量、距离冠幅比（计算公式为：根萌苗距离冠幅比＝根萌苗离母树距离/母树树冠的半径）及根萌苗的形态特征指标（株高、基径和冠幅）的平均值。采用 SPSS 19.0 进行方差分析和 LSD 多重比较，通过拟合方程获得回归曲线并采用 F 检验方法检验其显著性。

2．影响根萌苗生长的环境因子主成分分析

对影响香果树根萌苗生长的主要环境因子进行统计，采用 SPSS 19.0 进行主成分分析。

3．机械损伤对根萌蘖能力的影响数据分析

运用 Origin 9.0 对香果树根的萌蘖能力与母树年龄、露根直径及在土壤中的深度的关系，根萌苗的株高、基径与其年龄的关系进行非线性拟合，获取回归曲线；利用 SPSS 19.0 对不同土壤深度的根产生的根萌苗的数量进行单因素方差分析，并运用 LSD 多重比较进行两两间的显著性检验；为将人为干扰降到最低，不能对大直径的香果树的根进行断根实验，故本次实验所选的大直径根的数量较少，但由于不同直径的根对人为处理措施的响应可能不同，其萌蘖能力会产生差异，为消除上述误差，本实验选择直径为 3～4 cm 的根来研究人为处理的不同季节对香果树根的愈伤组织和萌蘖能力产生的影响及不同埋深对根萌蘖能力的影响。

8.2　香果树根萌苗的数量特征

8.2.1　香果树根萌苗的年龄结构及其生长动态

由研究结果显示，2010 年 5 月至 2013 年 11 月调查期间，香果树根萌苗随着年龄的增长，数量逐渐减少（图 8-1），1 a 根萌苗死亡率最高，达 30.30%；4 a 根萌苗死亡率最低，为 5.56%；对不同年龄的根萌苗数量进行方差分析，结果表明，不同年龄的根萌苗存活数量之间存在极显著差异（表 8-3）；LSD 多重比较也表明，4 a 间幼苗存活数量差异极显著（$p_{2010-2011}=8.32\times10^{-17}$、$p_{2011-2012}=1.01\times10^{-10}$、$p_{2012-2013}=2.31\times10^{-9}$）；香果树根萌苗的数量与时间之间呈显著相关关系，其拟合方程为 $y=79.36x^{-0.6653}$（$R^2=0.97$）。根萌苗株高和基径均随着时间的变化呈指数函数增加，其中株高变化曲线为 $y=4.79e^{0.0089x}$（$R^2=0.93$），基径变化曲线为 $y=0.39e^{0.0054x}$（$R^2=0.61$），二者均达到极显著相关，较好地反映了根萌苗的生长规律（图 8-1）。

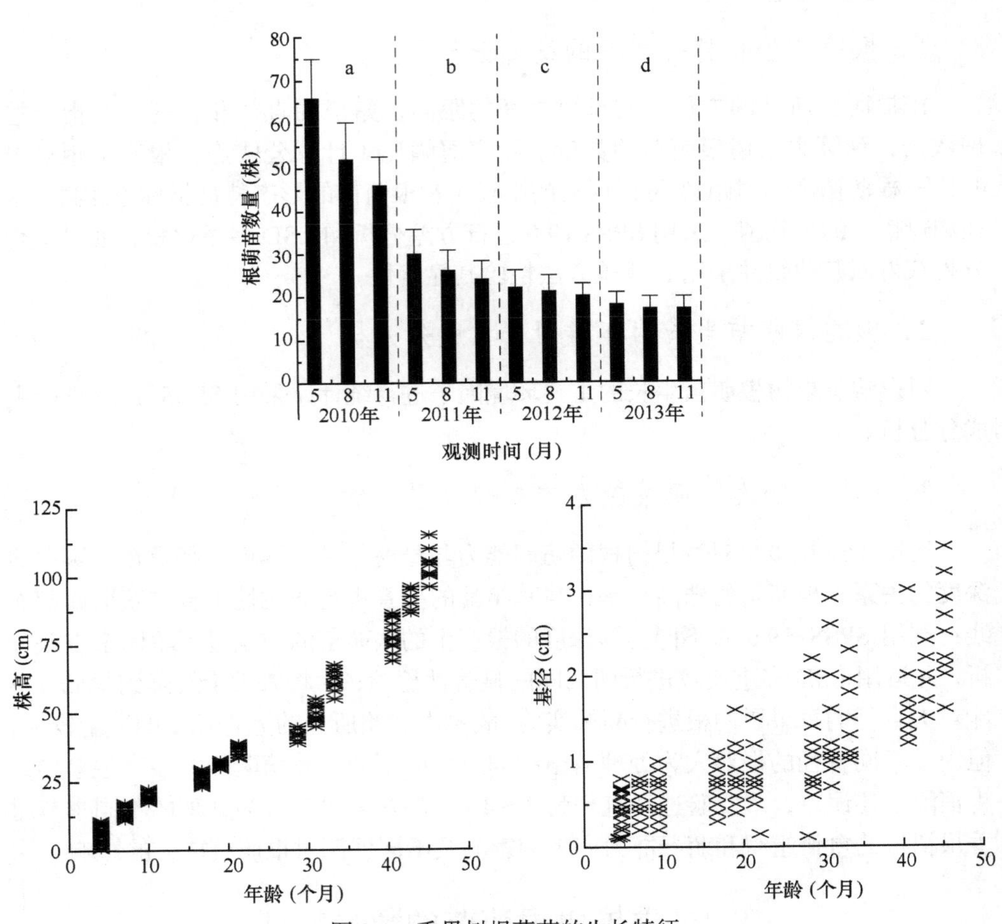

图 8-1　香果树根萌苗的生长特征

不同小写字母表示在 0.05 水平上差异显著

表 8-3　香果树根萌苗存活数量的方差分析

变异来源	平方和	自由度	均方	F 值	p 值	F 临界值
年间	25 811.36	3	8 603.79	186.10	3.65×10^{-44}	3.96
年内	5 362.97	116	46.23			
总变异	31174.33	119				

8.2.2　根萌苗生长位置的分布规律

如图 8-2 所示，香果树根萌苗的萌发位置具有明显的规律性，在母树西北向（320°）的根萌苗数量最少，平均只有 0.6 株；随着位置由母树西北方位向东南方位移动，根萌苗的数量逐渐增多，在东南方位 120°～150°时的根萌苗数量最多（图 8-2）；经拟合获得 GaussAmp 回归曲线 $y=1.163+2.561\exp\{-0.500\times[(x-139.303)/62.811]^2\}$，树冠下的方位与其所生长的根萌苗的数量之间存在极显著相关关系。露根与母树树干之间的距离对其根萌苗的数量也产生一定的影响，当露根距母树树干的距离在 0～4 m 时，根萌苗的数量较多［达（7.45±1.23）株］；当露根距母

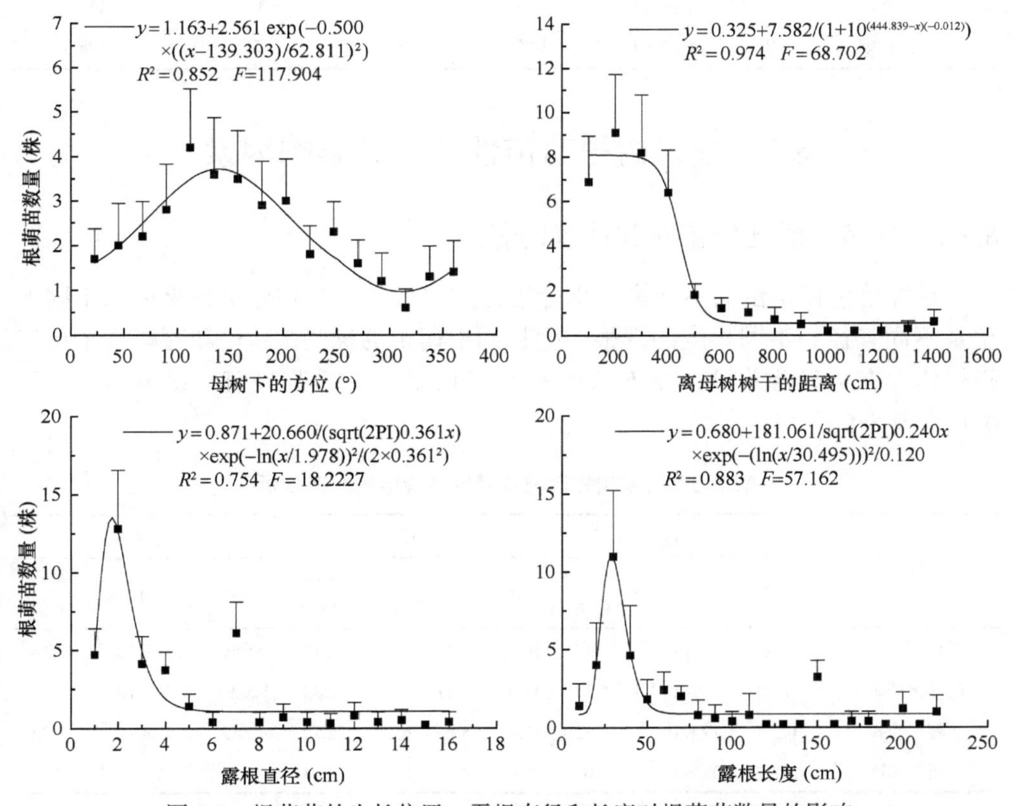

图 8-2　根萌苗的生长位置、露根直径和长度对根萌苗数量的影响

树树干的距离超过 4 m 时，根萌苗的数量显著减少，甚至减少至原来的 13%左右；经对距母树树干的距离小于 4 m 和大于 4 m 的根萌苗的数量进行双样本 t 检验，可知两者之间的差异达到极显著水平（$p=6.34\times10^{-7}<0.01$）。随着母树露根的直径和露根的长度的增加，根萌苗的数量呈先迅速增加后减少的趋势，即对数正态分布趋势；母树露根的直径为 2 cm、长度为 30 cm 时，其上形成的根萌苗的数量最多［（10.80±4.24）～（12.60±2.75）株］；而当露根的直径大于 6 cm、长度大于 50 cm 时，其上形成根萌苗的数量最少（只有 1 株左右）。对香果树根萌苗的数量进行方差分析，结果显示：香果树母树下不同方位生长的根萌苗、距母树树干不同距离处生长的根萌苗及不同直径和长度的露根所产生的根萌苗的数量间均存在极显著差异（$p<0.01$，表 8-4）。

表 8-4　母树不同方位及露根的香果树根萌苗数量方差分析

指标	F 值	p 值	F 临界值	总自由度 df_T	组间自由度 df_t	组内自由度 df_e
母树方位	12.65	1.25×10^{-19}	1.74	159	15	144
离母树的距离	67.98	2.01×10^{-50}	1.80	139	13	126
露根直径	60.18	1.98×10^{-58}	1.74	159	15	144
露根长度	26.70	1.35×10^{-46}	1.95	219	21	198

8.3　香果树根萌苗性状及其影响因素

8.3.1　根萌苗所处位置对其性状的影响

对香果树根萌苗的不同形态指标进行方差分析，结果显示香果树的不同方位及不同直径和不同长度的露根上生长的根萌苗的株高、基径和冠幅 3 个形态指标均存在极显著差异，经 F 检验所得 F 值远大于 F 临界值，或 p 值远小于 0.01（表 8-5）。

表 8-5　香果树根萌苗不同形态指标的方差分析

指标	株高			基径			冠幅		
	F 值	p 值	F 临界值	F 值	p 值	F 临界值	F 值	p 值	F 临界值
母树下方位	46.52	1.62×10^{-47}	2.17	50.43	1.38×10^{-49}	2.17	55.66	5.94×10^{-50}	2.18
离母树的距离	11.37	8.15×10^{-15}	2.34	44.05	1.11×10^{-37}	2.34	120.93	5.73×10^{-60}	2.34
露根直径	44.35	1.77×10^{-43}	2.22	22.62	8.69×10^{-29}	2.22	22.12	2.41×10^{-28}	2.22
露根长度	10.07	1.01×10^{-19}	2.01	18.66	4.89×10^{-33}	2.01	25.74	1.85×10^{-41}	2.01

注：表中各指标自由度同表 8-4

由图 8-3 可知，与基径和冠幅相比，香果树的根萌苗所处的母树方位对株高的影响较小，但由 LSD 多重比较可见，除树下 326.25°和 348.75°两个方位的根萌苗形态指标间无显著差异外（$p_{326.25°-348.75°}=0.095>0.05$），其余方位下生长的根萌苗的形态指标间均存在极显著差异。在树下 168.75°方位所生长的根萌苗的基径约为其他方位的 2.5 倍，即香果树南侧生长的根萌苗的基径最大，且向北移动，其根萌苗的基径逐渐减小。香果树根萌苗的冠幅在母树东面和西面分别达到最大值［（3.27±0.95）cm、（5.37±1.47）cm］，而南面较低，即母树南面的根萌苗的树冠较小、基径较大，而东、西面根萌苗冠幅较大、基径较小，这表明香果树的根萌苗对林下光照比较敏感。东、西面的根萌苗通过增大冠幅以捕获更多的光照。母树北面的根萌苗基径较小、冠幅也较小，分析其原因，可能是环境因子对其生长的抑制所致。

香果树根萌苗的基径和冠幅随着距母株距离的增大而逐渐减小（图 8-3），这可能是由于香果树的根萌苗随着距母树距离的增加，其获得的营养和水分逐渐减少，从而导致其形态指标逐渐降低。根萌苗的株高受距母树距离的影响较小，距母树 6.5 m 处根萌苗的株高显著高于其他根萌苗的株高（$p_{6.5\ m-其他均值}=5.55\times10^{-7}$）。

表 8-5 显示，露根直径对其根萌苗的形态指标具有极显著影响，且随着露根直径的增加香果树根萌苗的各项指标均先增加，当露根直径达到 6.5 cm 时，其根

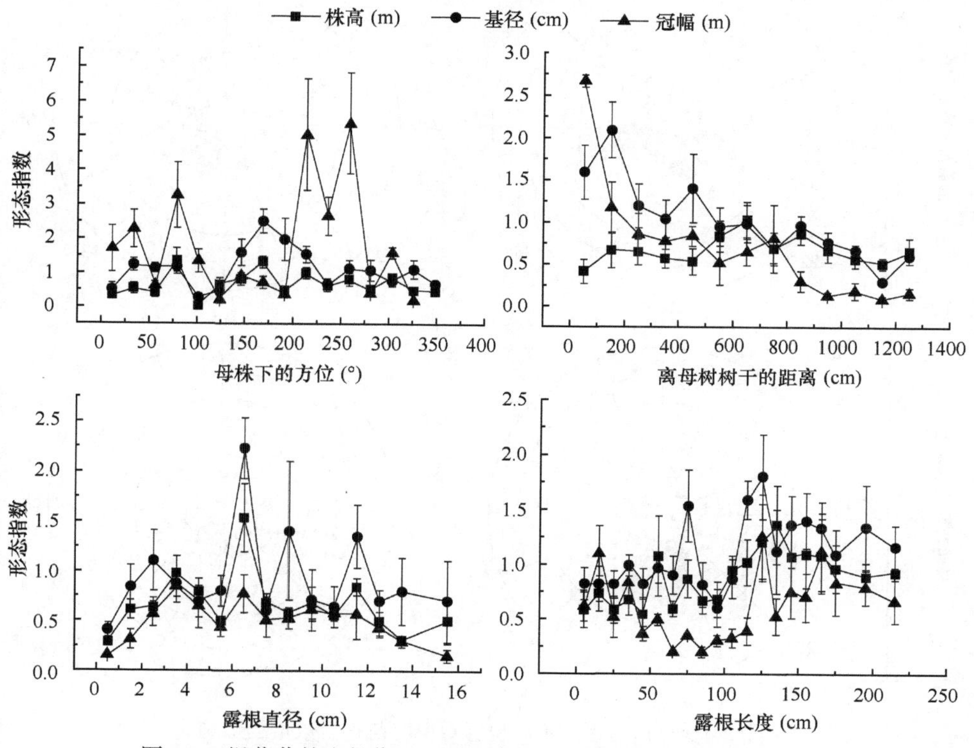

图 8-3　根萌苗的生长位置、露根直径和长度对根萌苗特性的影响

萌苗的株高和基径均达到最大值［（1.53±0.35）m、（2.23±0.31）cm］，而后缓慢降低。当露根直径＜3.5 cm 时，根萌苗的冠幅逐渐增加，达 3.5 cm 后总体表现出下降的趋势（图 8-3）。

随着露根长度的增加，根萌苗冠幅、基径和株高表现出类似的变化趋势（图 8-3）。当露根长度小于 85 cm 时，各形态指标均随着露根长度的增加而波动降低，之后上升，在根长 125～145 cm 时各形态指标均达到最大值，随后波动下降。

8.3.2 母树树冠下不同的位置对根萌苗存活数量的影响

研究结果发现，香果树的根萌苗大多位于母树树冠以内（263 株），而树冠以外的根萌苗数量较少（104 株），仅占根萌苗总数的 28.33%（图 8-4）。由表 8-6 可知，随着根萌苗苗龄的增大，其死亡率逐渐降低，且树冠以外的根萌苗的死亡率显著高于树冠以内的根萌苗的死亡率（$p_{冠内-冠外}=0.02<0.05$），这表明香果树的树冠内外差异对冠下根萌苗的存活率存在显著的影响。直到调查实验结束时（2013 年 5 月），距香果树母树 2 倍冠幅以外的根萌苗已全部死亡。

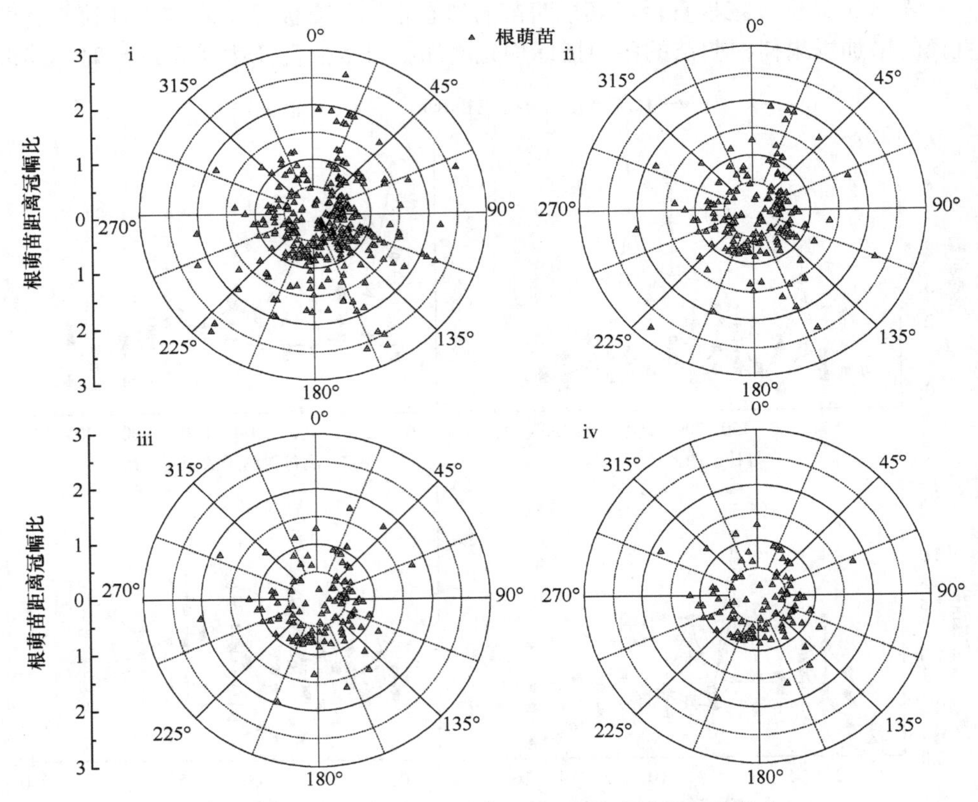

图 8-4 母树树冠下不同位置对根萌苗存活数量的影响

i. 1 a 根萌苗；ii. 2 a 根萌苗；iii. 3 a 根萌苗；iv. 4 a 根萌苗

表 8-6　母树树冠内外香果树根萌苗存活数量的差异

调查时间	冠内		冠外	
	存活数（株）	死亡率（%）	存活数（株）	死亡率（%）
2010 年	263	—	104	—
2011 年	133	49.43	35	66.35
2012 年	100	24.81	19	45.71

8.3.3 影响根萌苗的数量及其生长的环境因素

对香果树根萌苗生存环境中的主要环境因子进行了主成分分析（表 8-7），结果显示第 1、第 2 和第 3 个主成分的贡献率分别为 53.59%、27.30%、19.11%。其中，第 1 主成分中的光照因子（负荷量 0.97）和土壤因子（土壤厚度负荷量为−0.96，土壤有机质含量为 0.90，砾石覆盖率为 0.88）对香果树的根萌苗的数量及生长影响最大；第 2 主成分中的人为干扰因子（0.95）和海拔因子（0.88）对香果树根萌苗的影响次之，适度的人为干扰可形成断桩、断根、伤根等，刺激香果树的根的萌芽形成。由于人为干扰可减少地面植被的覆盖度，从而增加了林内地面的光照，有利于根萌苗的产生和生长。

表 8-7　影响香果树根萌苗生长特征的环境因子的主成分分析

环境因子	主成分		
	1	2	3
林内光照强度	0.97	−0.17	−0.18
土壤厚度	−0.96		−0.27
土壤有机质含量	0.90	0.35	−0.26
土壤砾石率	0.88		0.46
土壤含水量	−0.85	0.52	
大气温度	0.73	−0.69	
人为干扰		0.95	−0.32
海拔	−0.48	0.88	
大气湿度			0.99
土壤 pH	−0.63	−0.41	0.66
各分量贡献率（%）	53.59	27.30	19.11

8.4 机械损伤对香果树根萌蘖能力的影响

8.4.1 不同处理香果树根的愈伤组织及其根萌苗的数量变化

在不同的季节对香果树的根进行处理，其愈伤组织的形成能力存在差异。由

表 8-8 可知，处理措施在春天时，香果树露根的愈伤组织面积占伤口面积的比例最大，各人为损伤处理形成的伤口平均达 28.33%被愈伤组织所覆盖；与露根相比，埋根形成愈合伤口的能力较低，其占伤口处的面积仅为 18.67%。当处理的时间在秋天时，香果树根的伤口处的愈伤组织面积最小，其面积占露根伤口处面积的 18.00%，而仅占埋根伤口处面积的 7.67%。在同一时间进行同一人为损伤处理，露根的愈伤组织面积占总伤口面积的比例大于埋根；刮伤的香果树的根形成的愈伤组织面积占伤口处面积的比例大于砍伤的根，砍伤根的愈伤组织面积占其伤口处的比例大于断根，即刮伤根形成愈伤组织的能力最强，断根形成愈伤组织的能力最弱。

香果树新产生的根萌苗数量与其愈伤组织变化规律类似，即春季处理的根萌蘖产生的萌苗数量高于夏季，夏季高于秋季；相同条件下，露根萌蘖能力高于埋根；但与愈伤组织面积比例规律相反的是，不同处理香果树根的萌蘖能力为砍断根＞砍伤根＞刮伤根＞对照根，即随着对香果树根的破坏力度加大，香果树根的萌蘖能力增强。

表 8-8　不同季节香果树根愈伤组织及根萌苗的数量变化

机械损伤	损伤的时间（月-日）	根暴露与否	样本数（条）	形成新组织及苗	
				愈伤组织面积比例（%）	根萌苗数量（株）
对照组	4-2	露根	583	—	3.20
		埋根	585	—	2.24
	7-25	露根	587	—	2.64
		埋根	585	—	1.90
	10-18	露根	591	—	2.11
		埋根	588	—	1.25
刮伤根	4-2	露根	583	45	5.81
		埋根	593	28	2.46
	7-25	露根	588	33	3.55
		埋根	591	20	1.63
	10-18	露根	590	26	2.40
		埋根	587	12	1.07
砍伤根	4-2	露根	585	31	6.48
		埋根	589	24	3.35
	7-25	露根	594	26	3.76
		埋根	591	13	1.45
	10-18	露根	588	21	2.46
		埋根	592	9	1.30

续表

机械损伤	损伤的时间（月-日）	根暴露与否	样本数（条）	形成新组织及苗	
				愈伤组织面积比例（%）	根萌苗数量（株）
砍断根	4-2	露根	585	9	15.47
		埋根	589	4	8.20
	7-25	露根	594	8	10.04
		埋根	591	2	5.04
	10-18	露根	588	7	6.07
		埋根	592	2	2.41

注：观测的香果树根直径为 3～4 cm

8.4.2　不同树龄的香果树根的萌蘖能力

香果树根的萌蘖能力以对照组最弱，根萌苗的数量为（4.25±0.58）株/埋根和（5.88±0.33）株/露根；刮伤根产生根萌苗的数量多于对照组，为（5.79±0.61）株/埋根和（8.55±0.75）株/露根；砍伤根产生的根萌苗的数量为（5.94±0.70）株/埋根和（9.64±0.35）株/露根；而砍断根产生的根萌苗的数量最多，为（12.47±3.30）株/埋根和（19.29±1.97）株/露根（图 8-5）。对香果树的不同年

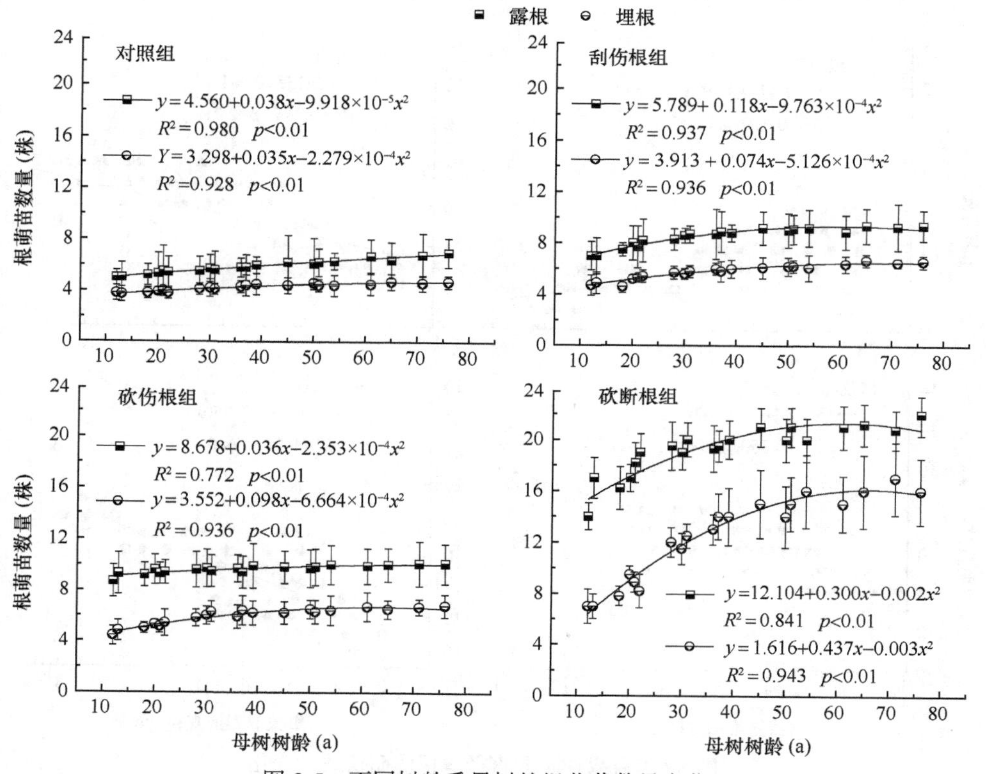

图 8-5　不同树龄香果树的根萌苗数量变化

龄与其根萌苗的数量关系进行拟合可知，4 种处理的香果树的露根和埋根上萌蘖产生的根萌苗的数量均随着母树年龄的增加而呈现出逐渐增加的趋势。刮伤、砍伤和砍断处理的香果树露根和埋根萌蘖产生根萌苗的数量随着母树年龄的增加呈二项式曲线趋势增加，增加趋势以砍断根最为明显；砍断根、砍伤根、刮伤根及对照根产生的根萌苗的数量相互之间均存在极显著差异。经 LSD 多重比较知，各组露根萌蘖产生的香果树根萌苗的数量显著高于埋根（$p<0.01$）。

8.4.3 不同直径香果树露根的萌蘖能力

由于人为损伤处理的不同，不同直径的香果树根萌蘖能力有明显差异。对照组中，随着香果树露根直径的增加，其萌蘖产生的根萌苗的数量呈直线减少的趋势，而刮伤根、砍伤根和砍断根 3 个处理的根产生的根萌苗的数量则呈不同程度的线性增加趋势（图 8-6）。四者的回归方程分别为 $y=4.474-0.392x$、$y=3.135+0.391x$、$y=3.968+0.507x$ 和 $y=10.431+11.050x$。经对不同处理的香果树的露根产生的根萌苗的数量进行双样本 t 检验知，砍断处理的露根产生的根萌苗的数量极显著高于刮伤和砍伤的露根（$p<0.01$），刮伤和砍伤

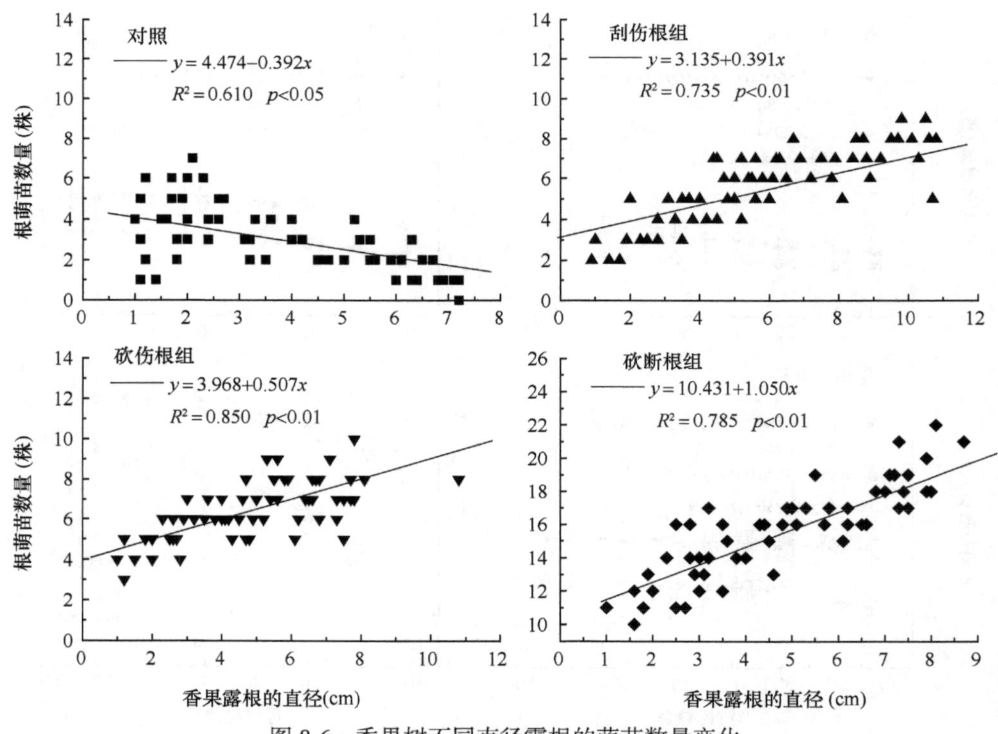

图 8-6 香果树不同直径露根的萌苗数量变化

根产生根萌苗的数量之间差异不显著（$p>0.05$），而两者均极显著高于对照组中露根产生根萌苗的数量（$p<0.01$）。由此可知，尽管刮伤和砍伤也可促进其根萌苗数量的增加，但砍断处理使香果树的露根产生的根萌苗数量极显著高于其他损伤措施。

8.4.4　不同土壤深度的香果树埋根的萌蘖能力

不同土壤深度的香果树埋根的萌蘖能力见表 8-9。随着土壤深度的增加，对照组和不同处理中的香果树根萌蘖形成的根萌苗的数量呈减少趋势，对照、刮伤和砍伤的香果树埋根在土壤深度 20 cm 以下均无萌芽产生，且同组中相邻土壤深度之间的香果树的根萌苗的数量差异均达到显著水平。香果树不同直径埋根的萌蘖能力与露根相似，随着直径的增加，对照组中香果树埋根的根萌苗数量逐渐减少，而刮伤、砍伤及砍断根产生的根萌苗数量则出现了增加趋势，且香果树断根的根萌苗数量显著大于对照组埋根、刮伤埋根和砍伤埋根产生的根萌苗数量。

表 8-9　不同土壤深度香果树根萌苗数量　（单位：株）

处理类别	埋根直径（cm）	土壤深度（cm）				
		0～2	2～5	5～10	10～20	>20
对照组	0～3	3.80±0.84a	3.40±0.89a	2.80±0.45a	1.20±0.84a	0.00±0.00
	3～6	2.63±0.57b	2.15±0.72b	1.74±0.36b	0.72±0.41b	0.00±0.00
	6～9	1.75±0.50c	1.39±0.67c	1.25±0.28c	0.40±0.26c	0.00±0.00
	9～12	0.79±0.16d	0.64±0.52d	0.51±0.33d	0.23±0.21d	0.00±0.00
刮伤根组	0～3	4.40±1.14d	3.60±0.89d	2.80±0.84d	1.40±0.94d	0.00±0.00
	3～6	4.85±1.26c	4.14±1.07c	3.16±1.26c	1.73±0.88c	0.00±0.00
	6～9	5.93±1.67b	4.95±1.33b	3.56±1.04b	2.38±1.17b	0.00±0.00
	9～12	6.40±2.01a	5.30±1.68a	3.87±1.63a	2.92±1.46a	0.00±0.00
砍伤根组	0～3	4.40±1.34d	3.40±1.02d	2.60±0.55d	1.95±1.27d	0.00±0.00
	3～6	5.21±1.05c	3.98±1.15c	2.94±0.73c	2.52±1.09c	0.00±0.00
	6～9	6.84±2.17b	4.72±1.53b	3.76±1.41b	3.04±1.63b	0.00±0.00
	9～12	7.32±2.61a	5.68±2.75a	4.13±1.57a	3.65±1.92a	0.00±0.00
砍断根组	0～3	12.40±4.51d	9.20±3.42d	10.00±5.04d	5.60±1.54d	3.80±1.30d
	3～6	14.57±4.98c	10.87±2.75c	10.68±4.21c	6.14±1.37c	4.22±1.46c
	6～9	16.16±5.31b	12.26±3.81b	11.37±4.54b	6.78±2.05b	4.95±1.77b
	9～12	17.68±6.35a	14.01±4.33a	12.06±5.21a	7.53±2.91a	5.42±1.86a

注：同一处理组同列数值后所标字母不同，表示差异显著；字母相同，表示差异不显著（LSD 多重比较，$\alpha=0.05$）

8.4.5　不同处理根的激素水平变化趋势

表 8-10 为人为损伤对香果树根中激素的影响，由此表可以看出，香果树生长素（IAA）含量最高，其次为玉米素核苷（ZR），玉米素（Z）含量最低。随着损伤

处理强度的增加，香果树露根中 IAA 和细胞分裂素（CKs）的含量及 Z/IAA、ZR/IAA 均呈显著增加趋势，由此可知，人为损伤处理可提高香果树 IAA 和 CKs 水平。

表 8-10　香果树 3～4 cm 露根中 IAA 和 CKs 的含量及比例

处理措施	生长素	细胞分裂素		玉米素/生长素	玉米素核苷/生长素
		玉米素	玉米素核苷		
对照	40.330±5.896c	0.531±0.068c	5.594±0.579c	0.013±0.000c	0.140±0.014c
刮伤根	44.165±11.022bc	0.791±0.110b	9.070±1.508b	0.019±0.008b	0.226±0.100ab
砍伤根	48.774±6.457b	0.910±0.133b	9.989±1.460b	0.019±0.003b	0.207±0.035b
砍断根	62.098±6.183a	1.527±0.197a	16.182±2.468a	0.025±0.002a	0.260±0.027a

注：同列数值后所标字母不同，表示差异显著；字母相同，表示差异不显著（LSD 多重比较，$\alpha=0.05$）

8.4.6　不同处理对根萌苗生长的影响

对刮伤、砍伤、砍断及对照各组的香果树根产生的根萌苗的株高、基径及数量进行观测（图 8-7），结果发现，香果树对照组中根萌苗的株高和基径分别较砍断、

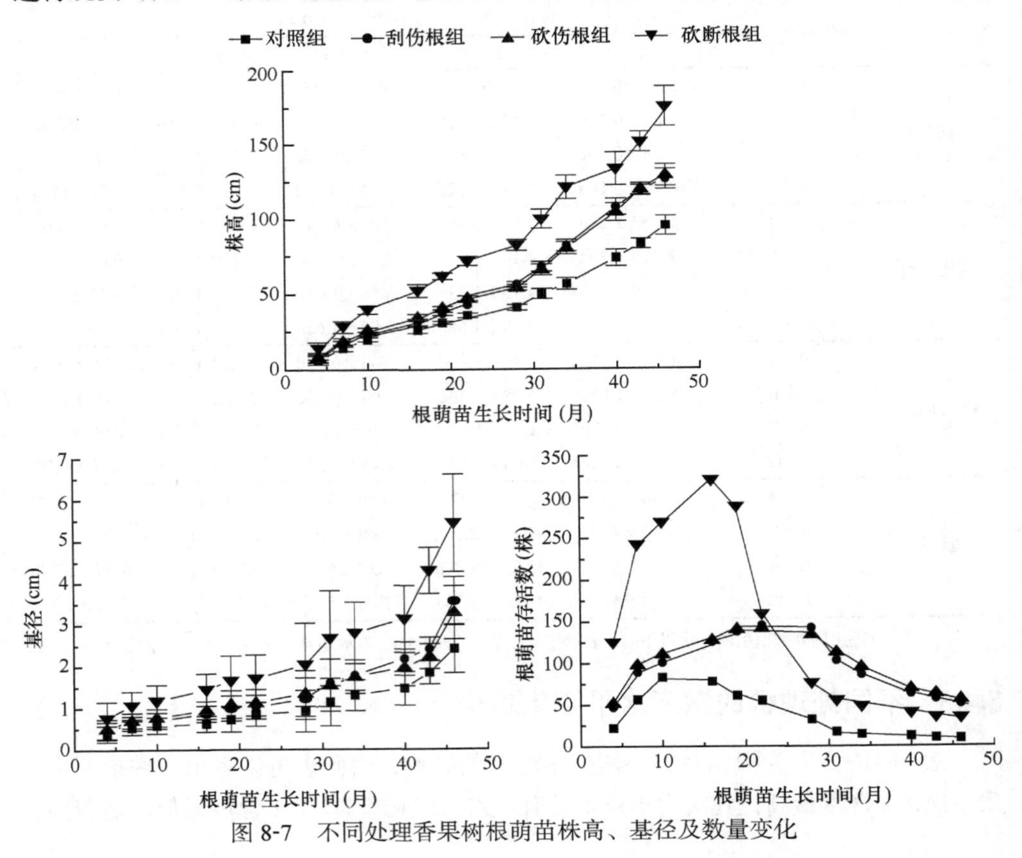

图 8-7　不同处理香果树根萌苗株高、基径及数量变化

砍伤和刮伤根产生根萌苗的株高和基径小；砍断根可促进香果树根萌苗的生长，其株高和基径均高于刮伤、砍伤和对照的根萌苗。经 LSD 检验知对照及 3 种人为损伤处理的根萌苗的株高和基径之间分别存在着极显著的差异（$p<0.01$）。不同处理对香果树的根萌蘖产生的根萌苗数量刺激作用的时间不同，刮伤和砍伤的根产生根萌苗数量均在前 22 个月持续上升，而后逐渐下降；断根产生的根萌苗数量在前 16 个月持续上升，后快速下降；对照组的根萌苗数量在前 10 个月呈上升趋势，后下降。断根对香果树根的刺激强度最大，其根萌苗的最大数量约为刮伤、砍伤的 2 倍，约为对照根的 4 倍，砍伤和刮伤根的根萌苗数量相当。

8.5　小　　结

8.5.1　原生境中香果树的繁殖方式

原生境中香果树有性繁殖率较低（郭连金，2009），母树一般 2～4 a 开花 1 次，开花量大但结实率极低，存在花多果少的现象（郭连金等，2011）；又由于其种子发芽率较低（康华靖等，2011），极易腐烂（康华靖，2008），因此实生苗繁殖的自然更新受到严重抑制。在这种情况下，根萌苗更新对其种群稳定具有重要的作用。野外调查发现，香果树大多生长于溪流边，基质中存在大量砾石，部分根系无法扎入土壤而暴露于空气中，这也为香果树根萌苗的产生提供了前提条件。香果树的根萌苗可通过露根吸收母树的养分进行生长，随着根萌苗自身的根系发育完善、抵抗力逐渐增强，还可经由露根与母树进行物质交换和营养运输，共同利用生境中的营养物质。香果树在不利于实生繁殖的生境中，利用根萌苗作为该种群更新的一种有效途径，可迅速补充幼苗和幼树，是一种打破种群更新瓶颈的有效策略。尽管香果树的根萌苗代替实生苗可维持种群的数量，迅速恢复与完善种群的结构和功能，降低丧失遗传多样性的风险（杨旭等，2013），但该种群更新如果长期依赖根萌苗，势必会导致遗传多样性的单一，种群整体活力下降，群落稳定性降低，从而加速种群灭亡。因此，在不利于香果树实生苗生长的环境中，我们可以积极采取措施，促进其根萌苗的生长、存活，人为促进其根萌苗进入主林层，完成更新。严禁砍伐进入生殖期的香果树，且对其生境进行封禁，保护现有实生苗，提高实生幼苗、幼树的存活率，维持香果树遗传多样性，提高其对环境的适应能力，以达到逐渐恢复该种群的目的。

8.5.2　香果树根萌苗的生长及数量特征

随着年龄的增加，香果树根萌苗的死亡率逐渐下降，1 a 根萌苗死亡率最高，达 30.30%，4 a 根萌苗死亡率最低，为 5.56%。香果树根萌苗的株高和基径随着时间的延长均呈指数增长，同一龄级根萌苗的株高的变异较小，基径则变异较大，究其原因可能是由于香果树的根萌苗在母树树冠下所处的位置不同因而从母树获得的养分和水分有所差异。康华靖等（2011）研究发现，大田培育的香果树实生苗在其生长期内株高每个月可增加 1 cm 左右，而在本研究中香果树根萌苗平均每个月增高超过 2 cm。由此可见，与实生苗相比，根萌苗表现出更强的竞争力，本结果与濒危植物樱桃李（*Prunus divaricata* Ldb.）的更新相似（李海冰等，2013）。

李海冰等（2013）研究表明，樱桃李的根萌苗仅能在距母树树干 0.2～1.6 m 的地方存活，而在本研究中香果树的根萌苗最远可生长于离母树 14 m 处，但大部分根萌苗集中分布于距母树树干 4 m 的范围内；在母树的东南方向，直径＜4 cm 及长度＜50 cm 的露根上产生的根萌苗的数量相对较多。香果树的根萌苗各形态指标的增长与根萌苗所生长的位置有着密切的联系：母树南面根萌苗的基径最大，母树西面根萌苗的冠幅最大；随着距母树树干的距离的增加，根萌苗的各形态指标均呈下降趋势。露根的直径为 6.5 cm 时，其上产生的根萌苗各形态指标最大。71.67%的香果树的根萌苗由树冠内的露根产生，只有较少部分的根萌苗产生于香果树冠外的露根。随着年龄的增加，根萌苗的死亡率逐渐降低，且冠外根萌苗死亡率显著高于冠内，这可能是由于距香果树母树较远不利于其营养物质的获取（郭连金，2009），同时，冠内外的光照条件不同也可能会影响其生长。

本研究中香果树母树东南面的根萌苗的数量较多，可能是由于母树东南面光照条件较好，土壤温度和空气温度均较高，有利于其根萌苗萌芽的产生、幼苗的生长及其存活。颜培岭等（2008）研究了光叶楮［*Broussonetia papyrifera*（L.）Vent.］根的繁殖技术，结果发现：根段直径越大，其根萌苗的数量越多。本研究结果却有所不同，直径为 2 cm 的露根产生的根萌苗的数量为最多，直径小于或大于 2 cm 的露根上所产生的根萌苗数量则迅速减小。这是由于香果树直径超过 2 cm 时其露根开始产生次生结构，根周皮逐渐加厚，导致不定芽原始体在形成层部位很难形成，从而减少了根的萌芽数量；而小于 2 cm 的露根由于其发育尚未完善，萌蘖能力较弱。

8.5.3 香果树根对外界机械损伤的响应

植物根系受到的损伤程度不同，其响应也有所不同。有研究表明，美国榉木（*Fagus grandifolia* Ehrh.）的根系受到外界损伤后，可产生大量的愈伤组织和根萌苗（Jones and Raynal，1988）。本研究对香果树的部分根进行刮伤、砍伤、砍断的人为损伤处理，发现香果树的根受到外界损伤后，也可形成愈伤组织并萌蘖产生根萌苗，但由于处理措施的不同，其愈伤组织面积、根萌苗的数量之间存在显著差异。刮伤处理后的香果树根的愈伤组织面积占伤口面积的比例最大，但此处理 1 a 内所产生的根萌苗的数量较少；尽管砍断根处理的根创面上形成的愈伤组织面积比例最小，但其萌蘖产生的根萌苗的数量最多。可见，香果树的根对刮伤、砍伤有一定的抵御能力，但当对其进行较大程度的损伤处理（比如砍断）后，其愈伤组织很难形成；香果树的根受到外界损伤时的季节不同，其愈伤组织面积占伤口面积的比例和产生的根萌苗数量也有所差异。当香果树的根进行机械损伤发生在春季时，其愈伤组织面积占创面比例较大，形成的根萌苗数量多；当损伤处理发生在秋季时，损伤的香果树的根产生的愈伤组织面积较小，形成的根萌苗数量也少。

8.5.4　不同处理香果树根的萌蘖能力差异

当植物达到一定的年龄后，随着其年龄的增长，植物体内积累的生长促进物质含量逐渐减少，而抑制物质含量有所增加，导致植物的生长缓慢，趋于生理衰老（王成霞等，2008），发芽和生根能力减弱（薛崇伯等，1984；张锦，2002）。对不同树龄香果树的根进行伤根和断根处理，随着树龄的增加，不同处理和对照的根萌蘖产生的根萌苗的数量变化均呈二项式上升趋势，这表明 80 a 树龄的香果树并未达到生理衰老期。有研究表明，火烧干扰植物的地上部分，可增强其埋根的萌蘖能力，香果树种群生存林下潮湿，发生火灾的概率极小，但林分中经常有野猪、麂子等动物出没，这些动物对香果树根啃食、刨挖等，导致香果树根暴露于土壤表面或部分根部皮损伤。本研究模拟了动物对香果树根的损伤强度，对其埋根进行暴露、刮伤、砍伤和砍断等处理，结果显示断根产生的根萌苗数量显著高于砍伤处理的香果树根产生的根萌苗数量；砍伤和刮伤处理所产生的根萌苗的数量之间差异不显著，而两者均与对照组所产生的根萌苗数量显著差异。

根的直径显著影响其萌蘖能力，研究发现随着根直径的增大，对照组中香果树露根的萌蘖能力呈线性下降的趋势，而经损伤处理的露根的萌蘖能力均呈线性上升趋势。其中砍断处理的露根的萌蘖能力最强，这表明在一定的范围内，外界对香果树根的干扰强度越大，其萌蘖能力越强。刘春花（2006）研究认为空心莲子草［*Alternanthera philoxeroides*（Mart.）Griseb.］的根在 0～20 cm 的土层里萌蘖能力最强，而露根萌蘖能力极低，而本研究中香果树的埋根则随着土壤深度的增加，其根萌苗的数量显著减少，这可能与香果树的生存环境有关。香果树主要分布于水分充足的溪流和沟谷边，土壤表层水分含量较高，由于受光照辐射影响，土壤表层温度相对较高，这有利于其根的物质转运、合成与分解，促进其产生不定芽（Maini and Horton，1966），从而香果树的埋根离地面越近，其萌蘖能力越强。随着根直径的增大，香果树的埋根因损伤处理的不同而产生的根萌苗数量变化规律与露根一致。

8.5.5　不同处理香果树根组织的激素水平变化

植物根萌芽能力的差异与其体内不同水平的生长素和细胞分裂素关系密切。本研究发现不同损伤均可促进香果树根 IAA 和 CKs 含量的增加，特别是砍断处理后的根中激素水平显著高于其他损伤处理和对照，且 CKs/IAA 的值随着损伤处理强度的增加而显著增加。有研究表明，细胞分裂素与生长素的高比例促进了芽的开始和进一步生长，而它们的低比例抑制新芽的发育，即细胞分裂素与生长素的比例决定了植物根的萌芽能力。本研究证实了这一点，香果树根中 CKs/IAA 的值越大，其萌芽力越强，即不同水平的 CKs 和 IAA 可以引起香果树根的萌芽能力的变化。研究发现，尽管香果树根萌芽力强弱与 IAA 和 CKs 含量无直接关系，但损伤强度可显著影响其香果树的内激素的含量，导致了 IAA 和 CKs 的含量增减幅度不同，使得 CKs/IAA 的值发生变化。由此可知，人为措施可以对香果树根的萌蘖能力起到调节作用。

8.5.6　不同处理香果树根萌苗的生长动态

Jones 和 Raynal（1988）研究发现，不同处理措施对美国山毛榉根刺激作用的时间有所不同。本研究对香果树不同处理措施下的根萌苗进行跟踪观测，结果表明不同处理组及对照组的香果树根萌苗的萌蘖数量存在一定差异，其中砍伤和刮伤对根的刺激持续时间最长，根萌苗的数量可在 22 个月内持续增加；而砍断则对根的刺激作用的时间较短，16 个月内均有根萌苗产生，但砍断刺激产生的作用强度最大，其根萌苗的最大数量约为砍伤和刮伤根形成的根萌苗最大数量的 2 倍，约为对照组根上产生根萌苗的最大数量的 4 倍。香果树根萌苗的株高和基径的月增长量由高到低的顺序是：断根（株高 3.79 cm/月；基径 0.11 cm/月）＞砍伤（株高 2.81 cm/月；基径 0.06 cm/月）＞刮伤（株高 2.76 cm/月；基径 0.07 cm/月）＞对照（株高 2.07 cm/月；基径 0.05 cm/月），即砍断措施对香果树的根萌苗的生长最有利，砍伤和刮伤的根次之，对照组中香果树的根萌苗生长最慢；在观测的第二年 11 月，砍伤和刮伤根的根萌苗存活数量达到最大值，超过断根，而后砍伤和刮伤根的根萌苗的数量呈下降趋势，但高于断根和对照的根萌苗数量。

第9章 香果树自然更新中幼苗组成及其贡献

植物种群的自然更新是一个复杂的生态学过程，它对种群的增殖、扩散、延续及种群的稳定具有重要的作用（李小双等，2008）。植物种群自然更新的前提是有足够数量的存活幼苗（李宗艳和郭荣，2014）。足够数量的存活幼苗是防止濒危植物灭绝的关键，大多数关于濒危植物的研究集中于种群的结构及其空间分布格局（李林等，2012；杨永川等，2011；李奎等，2012；梁宏伟等，2011；杨乃坤等，2015）、种子雨与种子库（红雨等，2013）、种子萌发及幼苗生长（闫兴富等，2015）、光合作用与蒸腾作用（刘建锋等，2011；王晓燕等，2015）及遗传多样性（李雪萍等，2015；王祎玲等，2015）等方面。原生境中部分濒危植物如峨眉冷杉［*Abies fabri*（Mast.）Craib］、蒙古扁桃［*Amygdalus mongolica*（Maxim.）Ricker］、沙冬青、水青冈和南方铁杉［*Tsuga chinensis*（Franch.）Pritz.］等拥有较高的种子产量和扩散范围，但由于种子被采食、种子发生霉烂、环境胁迫等导致种子萌发率较低或形成幼苗的数量较少（李林等，2012；红雨等，2013；陈晓丽等，2013；张进虎等，2013），且大部分物种的实生苗生长缓慢和抗性较差等（Kauffman，1991；Toivonen et al.，2011），因此在原生境中有些濒危植物的自然更新主要依赖于伐桩和根上萌蘖产生的根萌苗来完成（Mwavu and Witkowski，2008；郭连金等，2015）。

有研究表明，树木的伐桩及其损伤的根系可产生大量的萌生苗（薛瑶芹等，2012；易青春等，2013；闫淑君等，2013；郭有燕，2014），但有关伐桩萌苗和根萌苗对植物种群恢复的贡献鲜见报道（Bellingham，2000；Pausas，2001），关于伐桩萌苗、根萌苗和实生苗对植物种群更新贡献的比较更为少见（Paciorek et al.，2000），特别是珍稀濒危植物的萌生苗和实生苗更新的比较，迄今为止未见相关报道。科学地认识一种植物的天然更新特性是制定合理的人工促进天然更新措施，进行自然资源保护的生态学基础（闫淑君等，2013）。

原生境中的香果树主要存在实生苗和根萌苗两种更新方式（郭连金等，2015；王万强等，2008）。由于香果树群落盖度较高，且其幼苗主要存在于乔木树冠下，光照条件较差（郭连金等，2015）。对于此环境中香果树这两种起源幼苗的生长状况，以及它们在香果树种群自然更新中的作用尚无人报道。本章研究了香果树实生苗和根萌苗的组成、生理生化特征等，以期阐明原生境中香果树不同起源幼苗的生存状况、适应能力及香果树的更新策略，为香果树种群恢复提供理论依据和实践指导。

9.1 研究方法

9.1.1 样地调查

于2014年3月在武夷山香果树分布比较典型的区域设置4个样地（表9-1），样地面积为20 m×20 m。调查其生境内容包括：①生境，包括地貌地形、土壤、坡向、坡位及光照、温度、土壤含水量等生态因子，其中光照、大气温度和湿度分别利用ZDS-10型光照计和DHM_2型通风干湿温度计，在距地面0.5 m处测定（郭连金等，2015）。② 不同起源幼苗的确定。通过种子萌发及幼苗根系观察确定幼苗的来源，标记实生苗和根萌苗的数量、高度、盖度、频度等，观测其生长动态并计算其重要值。

表9-1　香果树样地概况

环境因子	A	B	C	D
地理坐标	北纬27°44′27″，东经117°38′24″	北纬27°44′19″，东经117°38′20″	北纬27°44′9″，东经117°38′8″	北纬27°44′15″，东经117°38′44″
海拔（m）	1256	1278	1297	1373
坡向	阳坡	阳坡	阳坡	半阳坡
坡位	下坡	下坡	下坡	下坡
坡度（°）	19.5	21.4	25.7	25.3
土壤含水量（%）	37.9±5.1	31.7±3.5	42.8±3.2	30.6±4.6
林内光照强度（lx）	972.8±153.2	1023.7±129.5	712.3±89.4	689.5±103.2
种群密度（Ind./100 m^2）	11.5	10.9	13.2	15.1

9.1.2 香果树幼苗组成、生长及生态位

2015年8月记录样地每株幼苗的高度、基径、叶数，并利用活体叶面积仪（LA-S）测定其叶面积，并摘取叶片自然晾干，测定其干重，用以计算其比叶重，以了解不同起源香果树幼苗的生长动态。2015年11月，将样地内所有幼苗按照起源进行分类，依据香果树幼苗主茎芽鳞痕的数目、节间的长短及茎干表皮与周皮的纹路确定其年龄，每增长一年设置一个龄级，即1 a、2 a、3 a，以此类推。统计林内1～8 a幼苗中每龄级个体数，作为该种群动态分析的基础数据。年龄结构图由每龄级个体数统计绘制而成，生命表由种群各龄级株数编制而成，存活曲线和死亡曲线由生命表中标准化存活数、死亡数绘制而成（任青山等，2007）。

生态位指种群在时间、空间的位置以及种群在群落的地位和功能作用。生态位宽度是物种多样性及群落结构的决定因素，反映该种群对资源的利用能力及其在群落或生态系统中的功能位置。本研究生态位测度采用Levins生态位宽度（B_i）和Shannon Weiner生态位宽度［$B(sw)_i$］方法计测，其公式分别为

$$B_i=\frac{1}{\sum_{j=1}^{r} r(P_{ij})^2} \tag{9-1}$$

$$B(\mathrm{sw})_i=\frac{-1}{\log s}\sum_{j=1}^{r} P_{ij}\times\log P_{ij} \tag{9-2}$$

式中，B_i、$B(\mathrm{sw})_i$ 为种群 i 的生态位宽度；P_{ij} 为种群 i 利用资源状态 j 的数量（本研究以种群 i 在第 j 样方的重要值表示）占它利用资源总数的比例；r 为资源位数，也即样地数；s 为种群数。

9.1.3 不同起源幼苗光合日进程的测定

香果树幼苗主要分布于 4 种微生境，即树冠下、树冠缘、林窗及林缘空地。在 2015 年 8 月下旬至 9 月上旬选择晴朗无云的天气，在每个微生境中选取 3 株生长正常且能代表该生境中平均生长水平的 2 a 实生苗和萌生苗（由于香果树萌生苗绝大多数为根萌蘖形成，本章实验采用的萌生苗为根萌苗），在所选植株相同叶位的叶片（从顶部向下第 3～4 片具有完全功能的叶片）上进行光合指标测定。利用 CI-340 便携式光合仪，测定香果树幼苗的叶片气孔导度（G_s）、胞间 CO_2 浓度（C_i）、净光合速率（P_n）、蒸腾速率（T_r）等参数的日变化，同时测定气温、空气相对湿度、光合有效辐射强度（PAR）、大气 CO_2 浓度，测定时间为 7:00～18:00，每小时测定 1 次，每次测定 20 min，共测定 8 d。

9.1.4 不同起源香果树幼苗 P_n-PAR 响应曲线参数及气体交换测定

野外实地测定发现，香果树幼苗生存环境中光合有效辐射最强为 1380 μmol/(m^2·s)，本研究所采用的光合有效辐射（PAR）梯度为 1400 μmol/(m^2·s)、1200 μmol/(m^2·s)、1000 μmol/(m^2·s)、800 μmol/(m^2·s)、600 μmol/(m^2·s)、400 μmol/(m^2·s)、200 μmol/(m^2·s)、100 μmol/(m^2·s)、50 μmol/(m^2·s)、20 μmol/(m^2·s)、0 μmol/(m^2·s)，CO_2 浓度为 450 μmol/mol，叶室温度为 28℃，相对湿度为 80%。对 P_n-PAR 响应曲线采用抛物线模型（$y=ax^2+bx+c$）拟合，以获得香果树幼苗的光饱和点，并对 PAR 为 0～200 μmol/(m^2·s) 时的净光合速率散点图做直线回归（$y=ax+b$），获得表观量子效率、暗呼吸速率及光补偿点（Harrison，1986；祁娟等，2013）。

测定气体交换参数时选择 PAR=400 μmol/(m^2·s) 时的光合参数，包括 P_n、气孔导度（G_s）、胞间 CO_2 浓度（C_i）和蒸腾速率（T_r），利用公式 P_n/T_r 计算瞬时水分利用效率（WUE）。

9.1.5 香果树幼苗水势参数测定

采用植物水势仪（TP-PW- II）和压力室法测定香果树幼苗枝条的水势。

试验于 2017 年 8 月进行，6:00～20:00，每隔 2 h 测定一次。分别选择生长健康、长势良好、所处环境因子相似的 9 株 3 a 的香果树实生苗和根萌苗作为标准株，每次测定时，剪取各标准株中上部南向带叶小枝进行测定。测定重复 3 次。

自然饱和亏缺在 13:00～14:00 取样，随机采集若干株不同起源的 3 a 香果树幼苗的成熟叶片 100 g 左右，装入黑色塑料袋中，带回实验室，从根萌苗和实生苗叶片中随机取鲜叶 1 g 左右，称量后用蒸馏水浸泡 24 h，称饱和重，后在 105℃烘箱中烘干 12 h，称干重。临界饱和亏缺在 19:00～20:00 取样，伤口浸入水中，用黑色塑料纸包裹，经过 10 h 吸水，使其处于饱和状态，将它们在室内自然条件下失水，直到叶片出现不可恢复性损伤，称重，然后 105℃烘箱中烘干 12 h，称干重。测定重复 3 次。

$$\text{自然饱和亏缺（\%）}=\text{（饱和重}-\text{鲜重）/（饱和重}-\text{干重）}\times 100 \quad (9\text{-}3)$$

$$\text{临界饱和亏缺（\%）}=\text{（饱和含水量}-\text{临界含水量）/饱和含水量}\times 100 \quad (9\text{-}4)$$

$$\text{需水程度（\%）}=\text{自然饱和亏缺/临界饱和亏缺}\times 100 \quad (9\text{-}5)$$

9.1.6 香果树幼苗的竞争指数及竞争范围

竞争指数是竞争木对对象木竞争能力的总计，表征对象木被剥夺利用资源权利的大小，其值越大，说明对象木受到竞争压力越大。Hegyi（1974）提出的单木竞争模型计算竞争指数大小，公式为 $CI=\sum(D_j/D_i)/L_{ij}$，但张跃西认为当邻体与基株大小相等时，模型简化导致邻体对基株的影响仅与两者的距离有关，这与生态学基本原理及自疏现象等生态学实事相矛盾，故于 1993 年提出新的改进模型（张跃西，1993），其公式为

$$CI=\sum_{j=1}^{n}(D_j^2/D_i)\times\frac{1}{L_{ij}^2} \quad (9\text{-}6)$$

式中，CI 为对象木竞争指数；n 为竞争木株数；D_i 为对象木 i 胸径；D_j 为竞争木 j 胸径；L_{ij} 为对象木 i 与竞争木 j 之间的距离。根据竞争指数模型，计算出每个竞争木对对象木的竞争指数，然后将同一竞争种的所有单木间竞争指数累加后求平均，即得出香果树幼苗种内、种间竞争强度。在竞争强度研究中，一般以胸径作为个体大小标准，但在幼苗调查中，许多幼苗无法测量胸径，故采用更能代表其个体大小的基径进行研究。

为研究香果树幼苗的竞争强度及范围，对每株香果树幼苗附近半径 4.0 m 样圆范围内的竞争木进行每木检尺，分别编号。香果树幼苗主要的竞争木种类有毛竹、山槐、胡颓子、弯蒴杜鹃、红脉钓樟、黄檀等，4 个海拔中竞争木的平均基径分别为 0.51 cm、0.50 cm、0.45 cm、0.47 cm。依野外调查每株竞争木坐标

数据，计算竞争木与对象木之间距离，再分别计测距对象木 0～4.0 m 内竞争木的平均竞争指数，应用单一斜率变点法确定竞争转折点，得出两种类型香果树幼苗的竞争范围。

9.2　香果树不同起源幼苗组成

9.2.1　香果树不同起源幼苗年龄结构比较

由图 9-1 可知，2015 年 11 月平均每个种群中有 32.5 株 1 a 幼苗存活，在 1～3 a 龄级，随着年龄的增长，香果树幼苗的数量持续下降，至 5 a 后数量逐渐稳定在 2.3 株左右，即幼苗的密度约为 56.2 株/hm^2，其间 3 a、5 a 和 7 a 实生苗缺失。随着年龄的增长，香果树根萌苗在幼苗总体中的比例逐渐提高，其中 1 a 的根萌苗约占 37.8%，1 a 的实生苗占 62.2%。但到 8 a 时，根萌苗占 79.0%，实生苗仅占总体幼苗的 21.0%。

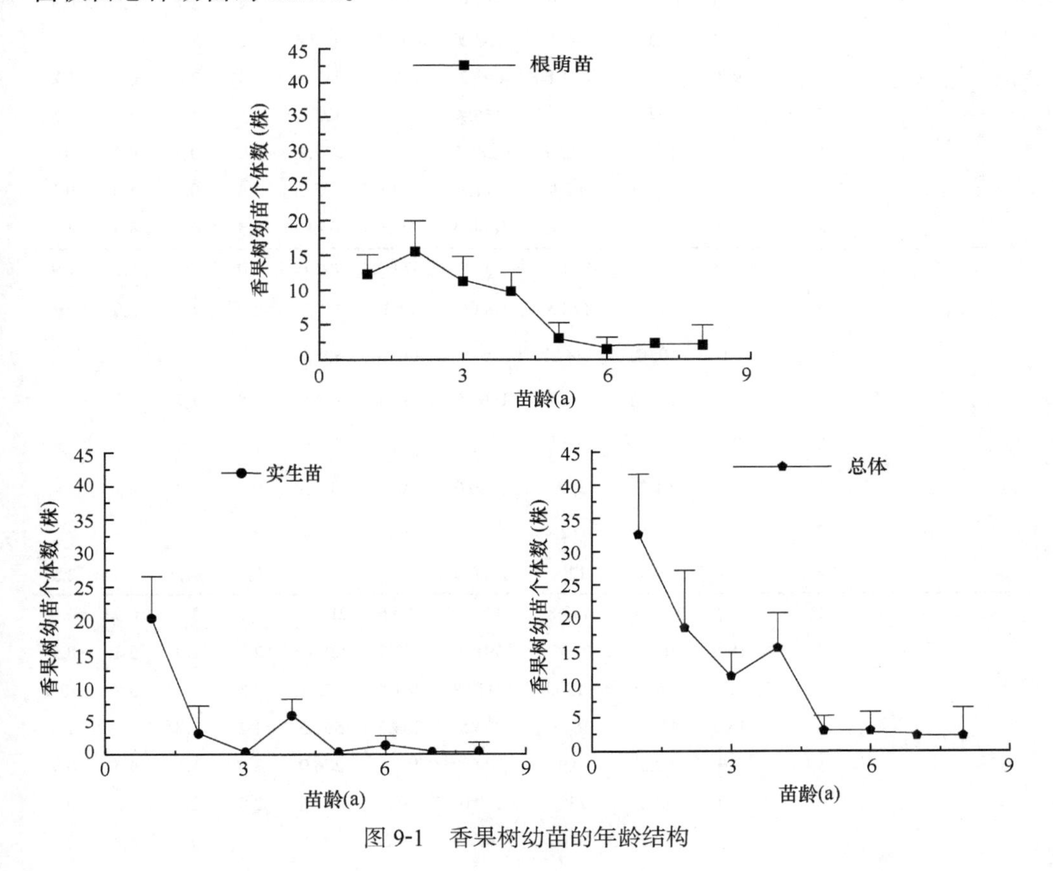

图 9-1　香果树幼苗的年龄结构

9.2.2 香果树不同起源幼苗生命表及存活曲线

由表 9-2 知，幼苗总体的死亡率和损失率在 3 a 龄时出现负值，根萌苗在 1 a 和 6 a 龄时出现负值，这表明该龄级香果树幼苗数量不足。香果树幼苗的存活曲线介于 Deevey Ⅱ型和 Deevey Ⅲ型之间，经数学模型检验（图 9-2）可知，香果树幼苗总体和实生苗存活曲线经幂函数拟合所得 F 值及 R^2 均大于指数函数，故两者更接近于 Deevey Ⅲ型，而根萌苗存活曲线拟合方程则出现幂函数拟合方程的 F 值大，指数函数的 R^2 大，从而表明根萌苗的存活曲线介于 Deevey Ⅱ型和 Deevey Ⅲ型之间。

表 9-2 香果树实生苗和萌生苗的静态生命表

幼苗	苗龄（a）	a_x	l_x	d_x	q_x	L_x	T_x	e_x	$\ln a_x$	$\ln l_x$	k_x
根萌苗	1	12.3	790.3	−209.7	−265.3	895.2	3163.3	4.0	2.5	6.7	−0.2
	2	15.5	1000.0	259.9	259.9	870.1	2407.9	2.4	2.7	6.9	0.3
	3	11.3	740.1	98.7	133.3	690.8	1603.6	2.2	2.4	6.6	0.1
	4	9.8	641.4	444.1	692.3	419.4	912.8	1.4	2.3	6.5	1.2
	5	3.0	197.4	82.2	416.7	156.3	493.4	2.5	1.1	5.3	0.5
	6	1.8	115.1	−32.9	−285.7	131.6	337.2	2.9	0.6	4.7	−0.3
	7	2.3	148.0	16.4	111.1	139.8	205.6	1.4	0.8	5.0	0.1
	8	2.0	131.6	131.6	1000.0	65.8	65.8	0.5	0.7	4.9	4.9
实生苗	1	20.3	1000.0	851.5	851.5	574.3	995.0	1.0	3.0	6.9	1.9
	2	3.0	148.5	148.5	1000.0	74.3	427.0	2.9	1.1	5.0	—
	3	0.0	0.0	−284.7	—	142.3	358.9	—	—	—	—
	4	5.8	284.7	284.7	1000.0	142.3	216.6	0.8	1.7	5.7	—
	5	0.0	0.0	−61.9	—	30.9	74.3	—	—	—	—
	6	1.3	61.9	61.9	1000.0	30.9	43.3	0.7	0.2	4.1	—
	7	0.0	0.0	−12.4	—	6.2	12.4	—	—	—	—
	8	0.3	12.4	12.4	1000.0	6.2	6.2	0.5	−1.4	2.5	2.5
总体	1	32.5	1000.0	430.8	430.8	784.6	2111.5	2.1	3.5	6.9	0.6
	2	18.5	569.2	223.1	391.9	457.7	1396.2	2.5	2.9	6.3	0.5
	3	11.3	346.2	−130.8	−377.8	411.5	973.1	2.8	2.4	5.8	−0.3
	4	15.5	476.9	384.6	806.5	284.6	561.5	1.2	2.7	6.2	1.6
	5	3.0	92.3	0.0	0.0	92.3	276.9	3.0	1.1	4.5	0.0
	6	3.0	92.3	23.1	250.0	80.8	184.6	2.0	1.1	4.5	0.3
	7	2.3	69.2	0.0	0.0	69.2	103.8	1.5	0.8	4.2	0.0
	8	2.3	69.2	69.2	1000.0	34.6	34.6	0.5	0.8	4.2	4.2

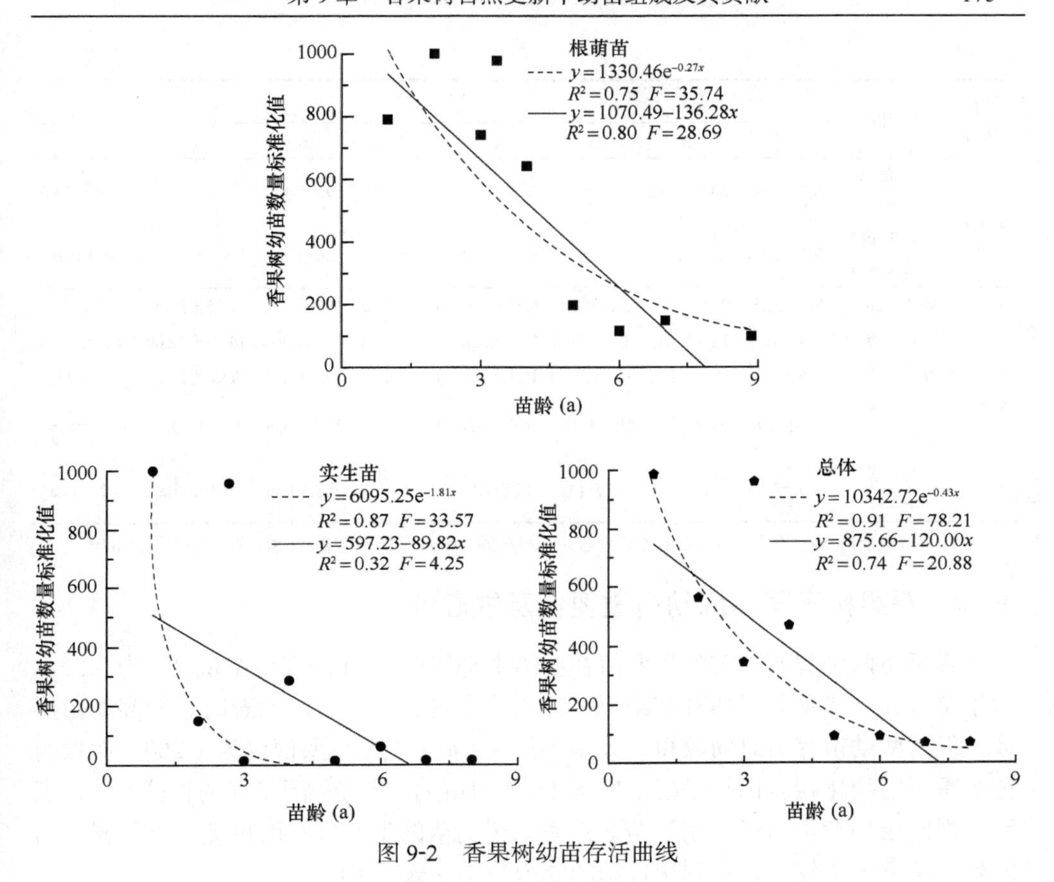

图 9-2　香果树幼苗存活曲线

9.2.3　香果树不同起源幼苗生长特征

武夷山香果树原生境中的根萌苗生长较早，每年的 3 月中旬开始展叶，而实生苗较晚，4 月初香果树种子露白萌发，4 月中旬出现真叶。由表 9-3 可知，香果树根萌苗的株高、基径等形态指标均大于实生苗（叶数除外），两种幼苗在 1 a、2 a 时的形态指标差距较小，随着年龄的增长，而逐渐增大。两种幼苗株高的差距最大，根萌苗的平均株高为实生苗的 3 倍以上。

表 9-3　香果树幼苗生长特征

幼苗来源	形态指标	苗龄（a）							
		1	2	3	4	5	6	7	8
实生苗	基径（mm）	1.2±0.2e	2.5±0.2d	—	4.7±0.6c	—	7.31±1.2b	—	12.3±2.3a
	株高（cm）	2.6±0.2e	5.9±0.4d	—	20±2.8c	—	35±4.5b	—	57.5±5.2a
	叶数（片）	8.4±1.2d	12.1±2.3c	—	12.5±1.7c	—	14.9±2.4b	—	16.1±2.2a

续表

幼苗来源	形态指标	苗龄（a）							
		1	2	3	4	5	6	7	8
实生苗	叶面积（cm^2）	8.1±1.9d	20.7±3.4c	—	23.1±3.2c	—	39.4±4.8b	—	66.4±7.3a
	比叶重（mg/cm^2）	2.1±0.5b	2.7±0.7b	—	3.2±0.6ab	—	3.6±1.0a	—	3.6±0.9a
根萌苗	基径（mm）	1.30±0.5h	2.78±0.9g	3.41±1.1f	6.22±1.3e	9.87±1.4d	14.0±2.7c	17.5±2.9b	26.3±3.1a
	株高（cm）	7.4±1.2g	18.5±3.4g	33.1±5.1f	68.5±5.5e	80.1±7.9d	125.6±9.6c	144.5±12.0b	209.5±23.8a
	叶数（片）	6.6±0.4f	10.0±1.1e	12.9±1.5d	16.1±2.3c	16.4±2.0c	18.1±2.7b	18.8±2.9b	24.3±2.6a
	叶面积（cm^2）	16.9±2.8g	21.9±3.6f	29.8±3.5e	46.6±5.2d	59.6±5.5c	73.9±6.9b	81.8±10.2a	81.9±9.0a
	比叶重（mg/cm^2）	3.0±0.5b	4.1±0.8a	4.1±1.0a	4.2±1.1a	4.1±0.9a	4.2±1.3a	4.3±1.0a	4.2±1.2a

注：同行数值后所标字母不同，表示差异显著；字母相同，表示差异不显著（LSD 多重比较，α=0.05）

9.2.4　香果树不同起源幼苗重要值及生态位

香果树两种起源幼苗的重要值在群落中都较低，1 a 的实生苗最高，为 8.524。由于调查前一年部分母树开花结果，产生了大量种子，因此调查时有较多幼苗形成，但这些幼苗存活时间较短，大多夭折，2 a 实生苗重要值仅为 1.260，而根萌苗的重要值变化相对比较平缓，甚至 2 a 根萌苗的重要值高于 1 a 的根萌苗，这表明，根萌苗的竞争力优于实生苗。由香果树幼苗的生态位宽度可知，香果树幼苗的生态位宽度值较小，其利用资源的能力较差（表 9-4）。

表 9-4　不同起源香果树幼苗的重要值及生态位

幼苗来源	重要值及生态位	苗龄（a）							
		1	2	3	4	5	6	7	8
根萌苗	重要值 IV	5.165	6.509	4.745	4.115	1.260	0.756	0.966	0.840
	生态位宽度 B_i	0.447	0.452	0.422	0.366	0.163	0.162	0.090	0.087
	生态位宽度 $B(sw)_i$	0.293	0.301	0.274	0.228	0.103	0.102	0.061	0.056
实生苗	重要值 IV	8.524	1.260	—	2.436	—	0.546	—	0.126
	生态位宽度 B_i	0.675	0.146	—	0.279	—	0.071	—	0.037

9.3　香果树不同起源幼苗光合作用、水分生理特征

9.3.1　香果树幼苗的光合作用

1．香果树幼苗不同微生境的环境因子日变化

原生境中香果树幼苗的分布生境有 4 种，母树及其他树木的树冠下、树冠边

缘、林窗内及林缘空地。经 CI-340 光合仪测定发现不同生境光合有效辐射、大气温度、大气 CO_2 浓度及相对湿度之间经单因素方差分析，其 p 值分别为 0.0003、0.0092、0.0020、0.0008，均小于 0.01，即表明不同生境中 4 种指标间均存在极显著差异。由图 9-3 知，四者在 11:00～14:00 光合有效辐射达到最大值。其中树冠下的光合有效辐射在 50 μmol/（m^2·s）以下，光照条件较差；树冠边缘处的光照条件较好，光合有效辐射最大值为 268.43 μmol/（m^2·s）；林窗中光照条件优于树冠边缘，光合有效辐射最大为 567.23 μmol/（m^2·s）；而林缘空地中的光合有效辐射最大，最大值达到 1291.77 μmol/（m^2·s）。

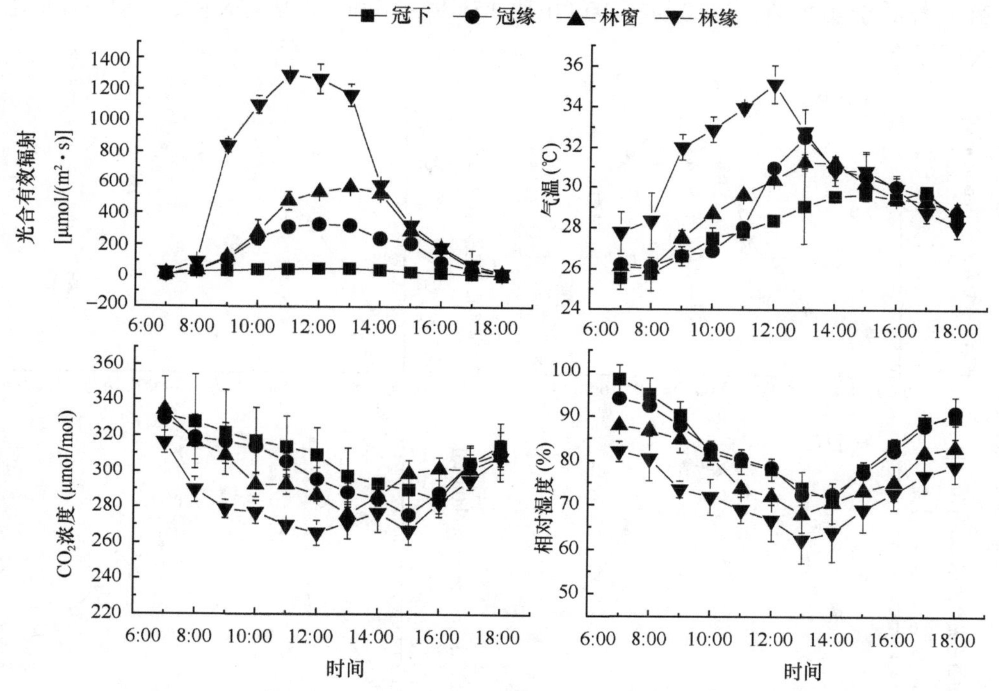

图 9-3　香果树幼苗生境中气温、大气 CO_2 浓度、空气相对湿度及光合有效辐射日变化

不同生境中大气温度随着时间的延长均出现先升高后降低的趋势。树冠下大气温度在 14:00 左右达到最大值，而林窗和树冠边缘生境的温度在 13:00 左右达到最大值，林缘空地则在 12:00 左右，即由树冠下至林缘空地移动，其一天中达到气温最大值的时间逐渐提前。树冠下的气温显著小于冠缘和林窗（$p=0.0173<0.05$），而林缘空地的大气温度与其他 3 种生境中存在极显著差异（$p=0.0047<0.01$）。大气 CO_2 浓度和相对湿度日变化为先下降后上升的趋势，其中林缘空地的大气 CO_2 浓度和相对湿度均显著小于其他生境（$p=0.0001<0.01$），树冠下 CO_2 浓度显著高于树冠边缘和林窗中的 CO_2 浓度，而其大气相对湿度则与林窗差异不显著（$p=0.0749>0.05$）。

2. 香果树不同起源幼苗净光合速率日变化

由图 9-4 知，4 种微生境中香果树根萌苗净光合速率（P_n）与实生苗之间存在差异，经双样本 t 检验知，同一微生境中两者 P_n 差异显著（$p<0.05$）。不同微生境对叶片 P_n 的影响差异显著（$p<0.05$）。冠下和冠缘的根萌苗和实生苗净光合速率日变化呈单峰型，根萌苗显著高于实生苗，冠下和冠缘的香果树幼苗叶片 P_n 从上午 7:00 开始随着时间的延长而逐渐上升，达到最大值后逐渐降低。林窗和林缘下的根萌苗和实生苗叶片净光合速率日变化趋势均呈双峰型，且根萌苗显著低于实生苗，在 8:00～10:00 和 15:00～16:00 出现最大值，且上午峰值大于下午。

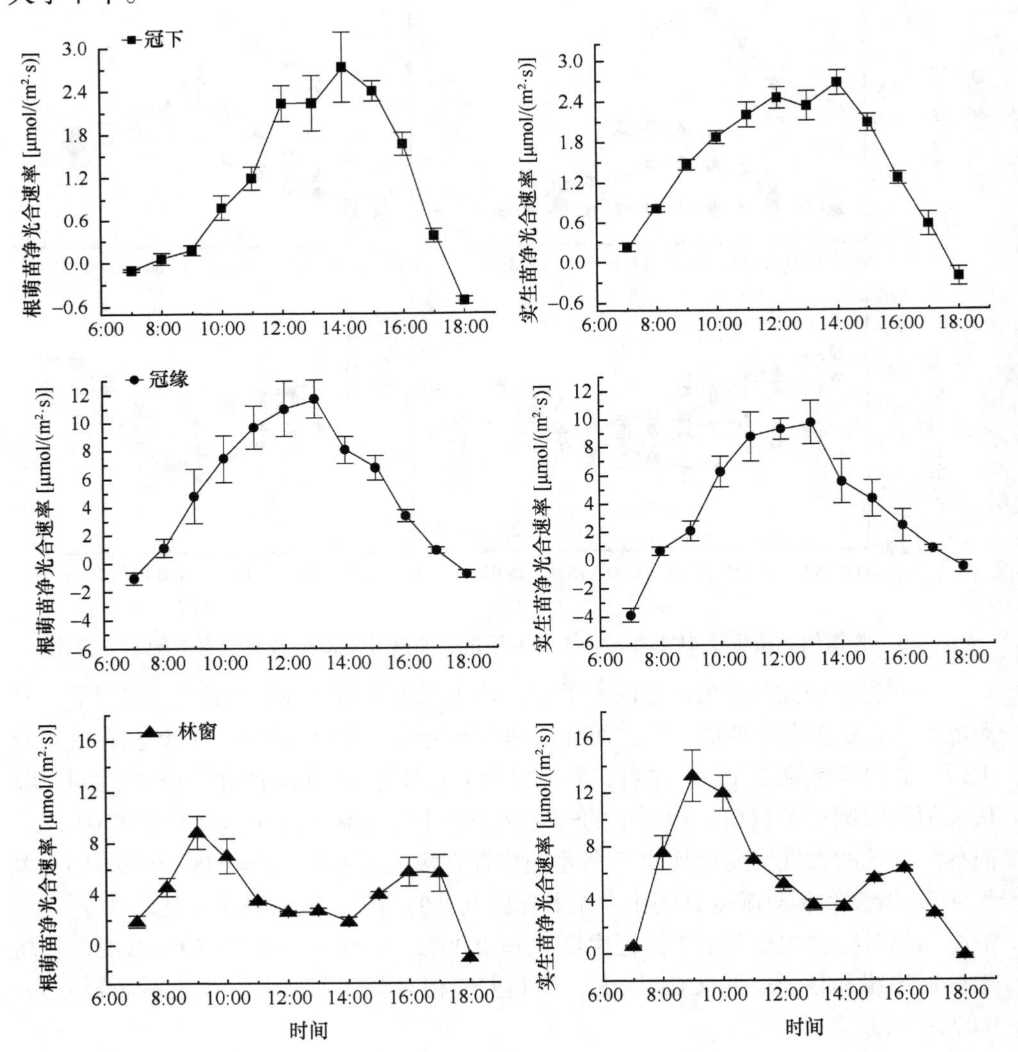

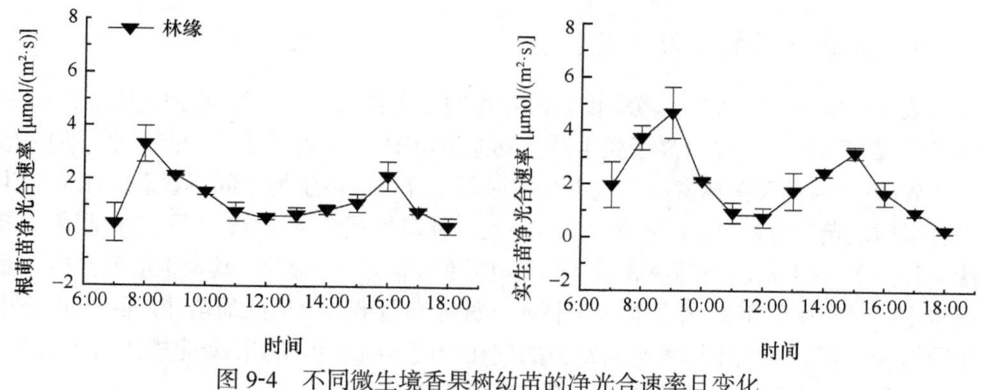

图 9-4　不同微生境香果树幼苗的净光合速率日变化

3．香果树不同起源幼苗光合特性

表9-5显示，冠下和冠缘微生境中香果树根萌苗叶片的最大净光合速率（$P_{n\max}$）、光饱和点（LSP）、表观量子效率（AQY）显著高于实生苗，光补偿点（LCP）、暗呼吸速率（R_d）显著低于实生苗。林窗微生境中根萌苗 $P_{n\max}$ 和 LCP 显著低于实生苗，其他指标差异不显著。林缘微生境中根萌苗的LSP、LCP、R_d 显著低于实生苗，$P_{n\max}$ 和 AQY 差异不显著。不同微生境中根萌苗叶片的 $P_{n\max}$ 之间差异显著，冠下和冠缘根萌苗的LSP和LCP差异不显著，林窗、林缘微生境中的根萌苗LSP、AQY、R_d 之间差异不显著。不同微生境中香果树实生苗的 $P_{n\max}$ 之间及LSP之间均存在显著差异，其中林窗中幼苗叶片的 $P_{n\max}$ 显著大于其他生境（$p<0.05$），其次为冠缘幼苗叶片的 $P_{n\max}$，冠下幼苗叶片的 $P_{n\max}$ 最小。不同生境幼苗叶片的LSP、LCP、R_d 由林缘空地到冠下呈下降趋势，AQY值的变化规律与其他光合特征参数相反，林缘和林窗中幼苗叶片的AQY较小，冠下生境中幼苗叶片的AQY较大。

表 9-5　香果树幼苗 P_n-PAR 响应曲线的特征参数

幼苗类别	微生境	最大净光合速率 [μmol/(m²·s)]	光饱和点 [μmol/(m²·s)]	光补偿点 [μmol/(m²·s)]	表观量子效率（mol/mol）	暗呼吸速率 [μmol/(m²·s)]
根萌苗	冠下	2.73±0.49d	236.7±8.9c	5.7±0.2d	0.037±0.013a	0.573±0.032d
	冠缘	11.70±1.33a	263.9±9.0c	8.9±0.4d	0.035±0.015b	0.756±0.034c
	林窗	8.83±1.04b	312.8±14.9bc	21.3±1.9c	0.026±0.012d	1.098±0.084b
	林缘	5.15±0.72c	345.7±13.2b	35.1±3.2b	0.025±0.013d	1.215±0.101b
实生苗	冠下	2.67±0.20d	189.1±6.5d	6.8±0.1d	0.035±0.014b	0.638±0.032d
	冠缘	9.74±0.50b	219.6±8.7c	9.6±0.2d	0.032±0.012c	0.826±0.047c
	林窗	13.25±0.91a	352.0±11.2b	32.9±1.7b	0.025±0.009d	1.196±0.081b
	林缘	4.67±0.66c	406.0±11.8a	43.2±1.5a	0.024±0.010d	1.408±0.105a

注：同类苗中同列数值后所标字母不同，表示差异显著；字母相同，表示差异不显著（LSD多重比较，α=0.05）

4. 水分利用效率及气孔特征

表 9-6 显示，冠缘微生境中根萌苗叶片的净光合速率（P_n）、蒸腾速率（T_r）、胞间 CO_2 浓度（C_i）均显著高于实生苗，其他生境中 P_n 显著低于实生苗，水分利用效率（WUE）两者仅在林窗微生境中存在显著差异，其他生境之间不显著。不同微生境香果树幼苗叶片的 P_n 变化规律基本一致，林窗＞冠缘＞林缘＞冠下（根萌苗中冠缘＞林窗）。其中根萌苗林缘和冠下幼苗叶片的 P_n 差异不显著，其余生境差异达到显著水平。林窗中幼苗的 T_r 显著大于林缘，林缘和冠下微生境的幼苗叶片的 T_r 显著小于冠缘和林窗。不同生境香果树幼苗的气孔导度（G_s）和 WUE 变化规律与 T_r 类似，林窗和冠缘微生境中幼苗叶片的 C_i 低于冠下和林缘。

表 9-6 香果树幼苗气体交换参数

幼苗类别	生境	净光合速率 [μmol/（m² · s）]	蒸腾速率 [mol/（m² · s）]	气孔导度 [mmol/（m² · s）]	胞间 CO_2 浓度（mg/kg）	水分利用效率（mol/mol）
根萌苗	冠下	1.10±0.06e	2.12±0.12d	0.105±0.013de	436.3±21.0a	0.52±0.11d
	冠缘	5.23±0.15a	3.45±0.15a	0.137±0.015c	414.6±23.9b	1.52±0.20b
	林窗	3.92±0.23b	3.56±0.18a	0.120±0.027d	429.7±21.5a	1.10±0.28c
	林缘	1.22±0.14de	1.17±0.09f	0.118±0.012d	432.9±31.2a	1.04±0.16c
实生苗	冠下	1.48±0.04d	1.74±0.13e	0.140±0.017c	406.1±22.8c	0.85±0.17cd
	冠缘	3.78±0.10b	2.41±0.11c	0.159±0.023b	399.8±21.4d	1.57±0.24b
	林窗	5.62±0.15a	2.70±0.14b	0.174±0.026a	387.3±18.5e	2.08±0.33a
	林缘	2.04±0.02c	2.07±0.15d	0.095±0.010e	401.7±27.6d	0.99±0.12c

注：同列数值后所标字母不同，表示差异显著；字母相同，表示差异不显著（LSD 多重比较，α=0.05）

5. 香果树幼苗净光合速率的影响因子

表 9-7 显示，大气温度及相对湿度与净光合速率和气孔导度相关性不显著，而与蒸腾速率相关性达到显著水平；光合有效辐射及 CO_2 浓度与净光合速率、蒸腾速率以及气孔导度呈极显著正相关关系，且光合有效辐射与净光合速率、蒸腾速率及气孔导度的相关系数高于其他环境因子。因此光合有效辐射是影响香果树幼苗 P_n 的主要环境因子，其次为 CO_2 浓度、气温与相对湿度，它们仅影响香果树叶片的蒸腾速率。

表 9-7 环境因子与香果树幼苗叶片光合特性的相关性

	蒸腾速率	气孔导度	光合有效辐射	CO_2 浓度	大气温度	相对湿度
净光合速率	0.356**	0.327**	0.565**	0.395**	0.198	0.059
蒸腾速率		0.919**	0.579**	0.330**	0.347*	−0.305*

续表

	蒸腾速率	气孔导度	光合有效辐射	CO_2浓度	大气温度	相对湿度
气孔导度			0.537**	0.414**	−0.033	0.172
光合有效辐射				0.044	0.479**	0.015
CO_2浓度					−0.020	0.177
大气温度						−0.202**

*表示显著相关；**表示极显著相关

9.3.2 香果树幼苗叶片水分生理特征

由图 9-5 知，香果树实生苗和根萌苗叶片的水势日变化趋势是一致的，均是下午 14:00 达到最低，14:00 点以前呈下降趋势，14:00 点以后呈上升趋势，黎明前水势最高。两者不同之处在于根萌苗叶片水势下降速度快于实生苗，上升速度也快于实生苗。

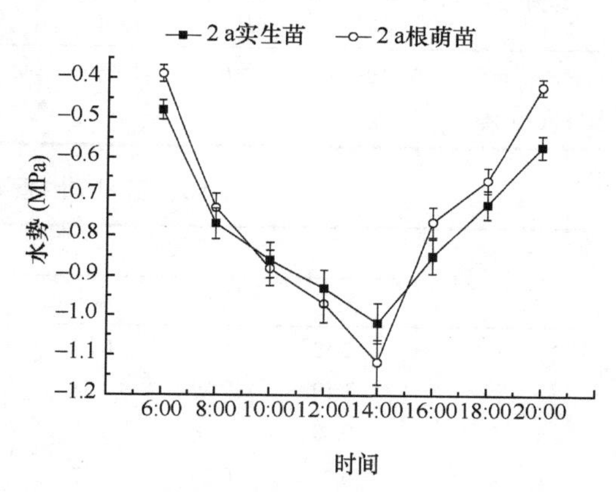

图 9-5　不同起源幼苗香果树叶片水势日变化

除了临界饱和亏缺较高外，香果树实生苗其余的水分参数均低于根萌苗（表 9-8），香果树实生苗通过减弱蒸腾速率，减小自然饱和亏缺，其需水程度较低，更适应土壤含水量较低的环境，而根萌苗的蒸腾速率较高，自然饱和亏缺更高，需水程度较高，生长速度较快，更适应阴暗湿润的环境。

表 9-8　香果树幼苗水分参数

来源	日均水势（MPa）	水势日变幅（MPa）	自然饱和亏缺（%）	临界饱和亏缺（%）	需水程度（%）
实生苗	−0.78±0.13	0.53±0.04	12.98±0.56	52.62±2.19	24.67±2.39
根萌苗	−0.74±0.08	0.71±0.08	15.37±1.25	49.31±2.47	30.98±2.24

9.4 香果树幼苗邻体竞争强度及范围

9.4.1 香果树幼苗的竞争强度

本研究根据香果树幼苗所在的 4 种微生境进行归类，冠下、冠缘、林窗、林缘实生幼苗和萌生幼苗数量见表 9-9。采用张跃西的单木竞争模型计算了香果树幼苗的竞争强度，研究发现不同苗龄及不同微生境中幼苗的竞争强度均有差异。随着苗龄的增加，香果树两种幼苗的竞争强度均呈下降趋势（表 9-10），其中不同苗龄根萌苗的竞争强度基本小于同龄实生苗（除冠下 1 a、2 a 两个苗龄外）；不同微生境香果树萌生苗和实生苗的竞争强度规律有差异，根萌苗竞争强度由大到小的顺序为冠下＞冠缘＞林窗＞林缘，而实生苗则为林窗＞冠缘＞冠下＞林缘。图 9-6 为香果树两种幼苗不同微生境中竞争强度随竞争距离的变化趋势，随着竞争距离的增大，两种幼苗的竞争强度呈下降趋势。

表 9-9　香果树幼苗对象木的数量及基径特征

竞争参数	根萌苗				实生苗			
	冠下	冠缘	林窗	林缘	冠下	冠缘	林窗	林缘
基径（mm）	5.12±0.43	5.53±0.50	5.47±0.47	4.95±0.35	1.74±0.12	2.23±0.18	2.46±0.27	2.89±0.31
数量（株）	87	73	53	18	17	46	48	11

表 9-10　不同年龄香果树幼苗的竞争强度

苗龄（a）	根萌苗				实生苗			
	冠下	冠缘	林窗	林缘	冠下	冠缘	林窗	林缘
1	2.58	1.30	0.84	0.23	1.39	1.78	2.11	0.59
2	1.19	0.59	0.38	0.11	0.67	0.86	1.01	0.29
3	0.80	0.48	0.37	0.14	—	—	—	—
4	0.27	0.20	0.17	0.10	0.35	0.46	0.54	0.15
5	0.21	0.16	0.15	0.08	—	—	—	—
6	0.17	0.18	0.16	0.08	0.23	0.29	0.35	0.10
7	0.14	0.14	0.13	0.09	—	—	—	—
8	0.13	0.12	0.12	0.09	0.14	0.17	0.21	0.10

注：“—”表示无该苗龄实生苗

9.4.2　香果树幼苗的竞争范围

由样圆半径与平均竞争强度间的回归关系图（图 9-6）可知，香果树实生苗和根萌苗受到的平均竞争强度在 2.0 m 左右处有一明显的拐点，在拐点前，平均竞争强度呈直线下降，下降较快，斜率值较大，拐点后，平均竞争强度虽然仍在下降，但下降速度明显变慢，斜率值较小。采用分段拟合，实生苗和根萌苗各微生境中的竞争强度与样圆半径间的回归方程均达到显著水平，说明该点为转折点，即为竞争木的适宜竞争范围。由回归方程计算结果显示，不同微生境根萌苗的适宜竞争范围为 2.3 m（冠下）、2.0 m（冠缘）、2.0 m（林窗）、1.9 m（林缘），不同微生境实生苗的适宜竞争范围分别为 2.0 m（冠下）、2.1 m（冠缘）、2.2 m（林窗）、2.1 m（林缘）。

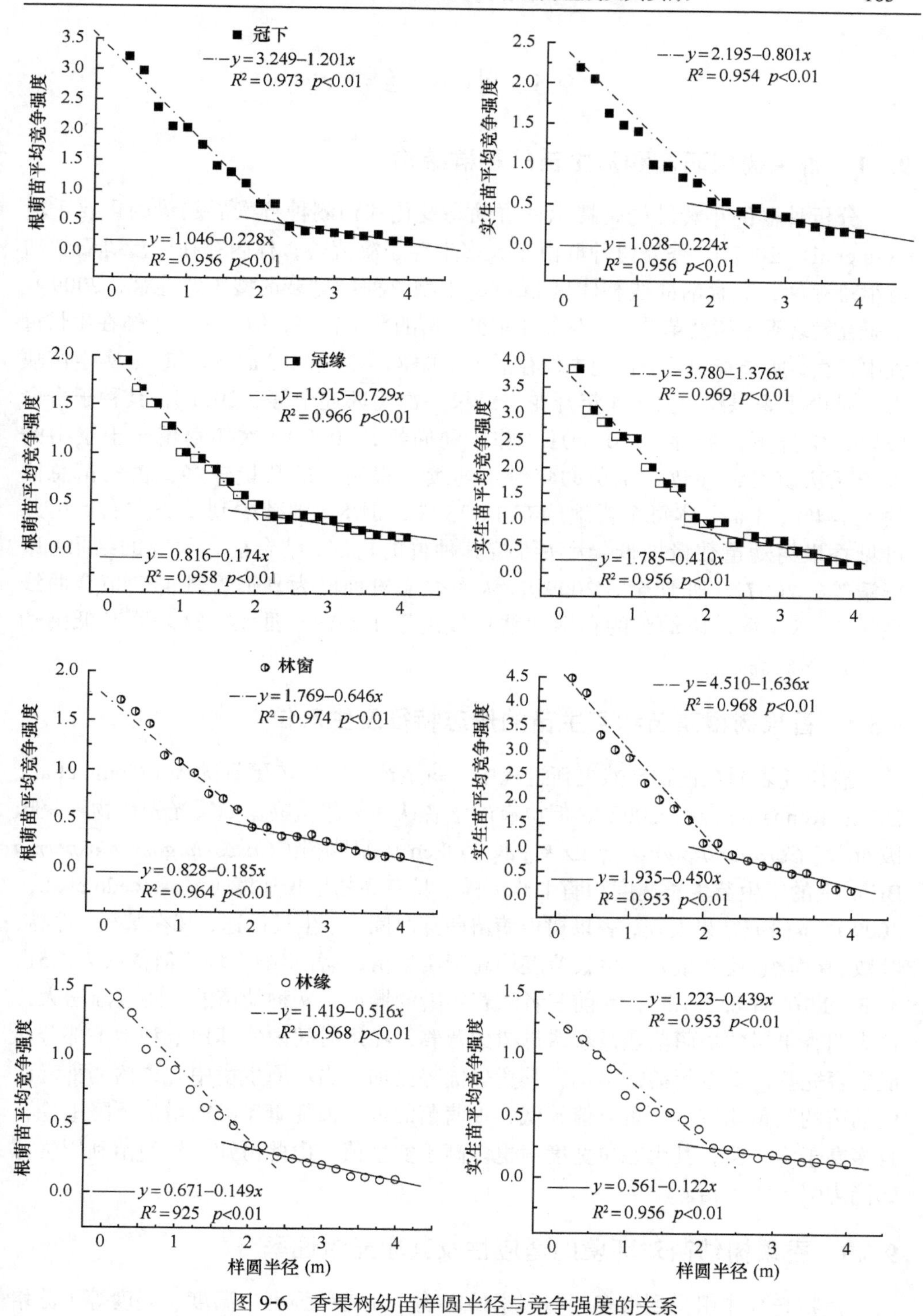

图 9-6　香果树幼苗样圆半径与竞争强度的关系

9.5 小　　结

9.5.1 香果树根萌苗和实生苗的种群结构

分析种群的年龄结构是揭示种群动态变化和预测种群发展趋势的重要手段（Wu et al.，2002），香果树种群由于大多生存于溪流边，林内存在大量砾石，幼苗很难存活，其存活曲线整体呈 Deevey Ⅰ型，种群呈衰退型（郭连金，2009）。本研究发现香果树幼苗较少，尽管 1 a 实生苗的数量较多，但大多数个体在生长过程中死亡，所调查的 4 个样地中仅存活了 1 株 8 a 实生苗，3 a、5 a 和 7 a 实生苗缺失，是由于香果树每 2～4 年开花、结果一次（郭连金等，2011），其种子寿命极短，常温下仅能存活 10 个月（陈黎和周凯，2008），次年存留于土壤中的种子无法萌发，导致实生苗的年龄不连续。根萌苗的数量较多，占幼苗总体的 65.44%，1 a 个体每个样地约有 12.25 株，但 8 a 则减少到 2 株左右，由此可见香果树幼苗数量极低，无法维持其种群的稳定，结合前人研究的结果（康华靖等，2007c；郭连金，2009），认为香果树种群为衰退型种群。拟合曲线显示 1～8 a 香果树幼苗的存活曲线更接近于 Deevey Ⅲ型，这表明其低龄幼苗死亡率极高。

9.5.2 香果树根萌苗和实生苗的形态特征及生态位

有研究表明在植物自然更新过程中，萌生苗比实生苗更具优势（Gould et al.，2002；Kennard et al.，2002），但也有的学者认为某些植物｛如喜光先锋物种蒜味破布木 [*Cordia alliodora*（Ruiz & Pav.）Oken]、嘉赐树（*Casearia gossypiosperma* Briq.）｝的实生苗生长速度和萌生苗一样，具有高的生长速度（Mostacedo et al.，2009）。本研究结果发现，香果树根萌苗萌芽时间早、生长迅速，其在基径、株高、叶数、叶面积、比叶重方面生长速度均高于实生苗，其各年龄平均比值依次为 1.51、3.33、1.10、1.85、1.32，且前三者随着年龄的增加，两种幼苗的差距逐渐增大，这表明香果树的根萌苗通过获取母树的营养，在短时间内使其地上和地下部分功能发育完善，随着年龄的增加，其竞争优势更加突出。原生境中香果树两种起源的幼苗的数量均较少，重要值较低，根萌苗的重要值随着年龄的增加下降平稳，且多高于实生苗，其生态位宽度值也多高于实生苗，由此可知，根萌苗利用资源的能力强于实生苗。

9.5.3 香果树幼苗对环境的适应性及其净光合速率

植物光合作用受到很多环境因素的影响，如光照强度、温度、湿度等（苏培玺等，2003）。对香果树幼苗的光合有效辐射、温度、湿度及 CO_2 浓度的日变化进行测定，发现香果树幼苗所生存的 4 种生境（冠下、冠缘、林窗、林缘）的光合有效辐射和大气温度的日变化呈先上升后下降的趋势，大气湿度和 CO_2 浓度与之相反，各指标间均存在极显著差异，由光合有效辐射可知，香果树实生苗在 50～1380 μmol/（m^2·s）的光合有效辐射下实生苗均能成活，大于濒危植物巨柏［*Cupressus torulosa* D. Don ex Lamb. var. *gigantea*（W. C. Cheng et L. K. Fu）Farjon］［50～600 μmol/（m^2·s）］和南川升麻（*Cimicifuga nanchuenensis* Hsiao）［（10～200 μmol/（m^2·s）］原生境中的光合有效辐射范围（岳春雷和刘亚群，1999；兰小中等，2005），可见与其他濒危植物相比，香果树幼苗对光合有效辐射的耐受能力相对较强。有研究表明濒危植物南川升麻、银杉等光合日变化都为单峰型，无午休现象（岳春雷和刘亚群，1999；张旺锋等，2005），植物的净光合速率日变化峰型与气孔及非气孔因素（张玉洁，2002）、叶片光合能力（刘玉华等，2006；王景燕等，2016）有关。香果树两种不同起源幼苗的净光合速率在冠下和冠缘为单峰型，但在林缘和林窗中出现双峰型，即不同微生境导致其净光合速率日变化规律不同，这可能与植株自身的特性及环境因子有关。香果树实生苗和根萌苗的净光合速率日变化峰值随着微生境的不同变化规律基本一致，实生苗由大到小依次为林窗、冠缘、林缘、冠下，根萌苗由大到小依次为冠缘、林窗、林缘、冠下，这表明林窗和冠缘两种微生境中的环境因子对香果树幼苗生长最为有利，冠下和林缘两种微生境则不利于香果树幼苗的生长。

9.5.4　香果树幼苗的光合特性及影响因子

张建新等（2013）研究认为，光饱和点（LSP）＜460 μmol/（m^2·s）、光补偿点（LCP）＜46 μmol/（m^2·s）的植物为耐阴植物。香果树幼苗的光补偿点平均值为 20.44 μmol/（m^2·s）左右，光饱和点均值约为 290.73 μmol/（m^2·s），表观量子效率为 0.03 mol/mol，刚达到自然光照条件下植物的表观量子效率（0.03～0.06 mol/mol）的下限，表明香果树幼苗为耐阴植物，但其耐阴性相对较弱。由两种香果树幼苗光合特性指标比较知，林缘实生苗光饱和点、补偿点及暗呼吸速率均显著高于根萌苗及实生苗其他微生境，林窗实生苗光饱和点、补偿点及暗呼吸速率与林缘根萌苗差异不显著，但其与冠缘根萌苗的最大净光合速率较高，两者显著高于其他微生境实生苗及根萌苗的最大净光合速率，冠下和冠缘实生苗的和根萌苗光饱和点、光补偿点及暗呼吸速率值较小，但其表观量子效率较高，显著高于其他微生境，这表明不同微生境对香果树幼苗的光合参数产生显著影响，冠下实生苗光补偿点及暗呼吸速率明显低于其他微生境，低的光补偿点及暗呼吸速率可以便于植株有效利用冠下弱光，减少碳的消耗，有利于碳的净积累（Pearcy and Sims，1994），其较高的表观量子效率表明冠下香果树幼苗的耐阴性较其他环境下的实生苗好。由不同微生境香果树幼苗光饱和点和补偿点变化趋势可知，随着微生境位置逐渐远离香果树母树，微生境环境因子中光照越强、温度越高、CO_2浓度越低及大气湿度越小，香果树幼苗的光饱和点和补偿点越高，这表明环境因子可影响植物的光合参数，导致其耐阴能力发生变化（邹长明等，2015）。由环境因子与香果树幼苗叶片的光合特性指标的相关性知，环境因子对其产生显著影响，其中光合有效辐射、CO_2浓度与香果树幼苗的光合参数显著相关，大气温度及相对湿度与香果树幼苗叶片的蒸腾速率显著相关，即环境因子对香果树幼苗的光合作用影响显著。

9.5.5　香果树幼苗水分利用效率及水分生理特征

植物能否适应当地的环境条件，关键在于其能否很好地协调碳同化和水分耗散之间的关系，即水分利用效率是其生存的主要决定因素，是评价植物对环境适应能力的综合指标，其值越大，表明植物利用水分的能力越强，适应能力越强（Ueda et al.，2000；曹生奎等，2009）。不同微生境中的香果树实生苗叶片的水分利用效率平均为 1.37 mol/mol，根萌苗的水分利用效率平均为 1.05 mol/mol，均小于濒危植物香木莲（*Manglietia aromatica* Dandy）、大叶木莲［*Manglietia dandyi*（Gagnep.）Dandy］、大果木莲（*Manglietia grandis* Hu et Cheng）等（李芸瑛等，2008），说明香果树幼苗积累干物质的效率低于上述 3 种濒危植物。原生境中，林窗实生苗及冠缘萌生苗的水分利用效率较高，而冠下和林缘两种幼苗较低，这表明林窗和冠缘是香果树幼苗较适宜的微生境，而冠下和林缘微生境中香果树幼苗适应能力较差。

薛敏等于 2011 年测定了刺槐群落中多种植物的水势发现，植物水势日变化均呈“高—低—高”的变化趋势，本研究中香果树幼苗的水势日变化趋势与之相似，即黎明前水势最高，日最低水势在 14:00 点左右。植物水分参数与环境因子之间密切相关，尽管生境一致或相似时，两种不同起源的香果树幼苗在水分适应性方面存在一定的差别，香果树根萌苗自然饱和亏缺和需水程度分别为 15.37%±1.25% 和 30.98%±2.24%，分别比实生苗高 2.39%和 6.31%，而根萌苗的临界饱和亏缺比实生苗低 3.31%，结合光合特征，可知香果树根萌苗为适应环境通过提高蒸腾速率，增加需水量来完成生理、生长过程，其更适合光线相对较暗、土壤含水量较高的环境；而实生苗则因蒸腾速率较弱，自然饱和亏缺较小，需水程度较低，故更适合相对干燥、土壤含水量较低的环境。

9.5.6　香果树幼苗的竞争能力

光照、温度、水分及养分是植物生长所必需的资源，植物在生长过程中对一种或多种资源进行竞争而产生相互作用，竞争力的强弱影响着植物的生长、分布及种群的稳定性（何中声等，2012）。本研究采用张跃西的单木竞争模型，对香果树幼苗的强度进行分析发现，香果树两种幼苗的竞争强度存在一定差别，总体来看，冠缘、林窗和林缘 3 个微生境中实生苗的竞争强度要高于根萌苗，而冠下微生境仅有 1 a、2 a 两个苗龄的根萌苗竞争强度高于实生苗，这表明相同环境下香果树根萌苗基径大于实生苗，竞争能力强于实生苗，1～2 a 根萌苗由于集中于根的局部，因此竞争强度较大，竞争激烈，这与实生苗和根萌苗的生长特征符合。

植物个体并非和群落中的所有个体产生竞争，而是与其邻近的个体产生资源竞争和空间竞争，竞争可影响对象木的正常生长和发育。确定对象木的最佳竞争范围有助于了解其竞争机制及资源利用等级（段仁燕和王孝安，2005）。本研究发现，香果树幼苗的最佳竞争范围在 2 m 左右，均小于黄土区人工油松（2.8 m）、黄山松（*Pinus taiwanensis* Hayata）（5 m）、太白红杉（6 m）、沙地榆（*Ulmus pumila* L. var. *sabulosa* J. H. Guo Y. S. Li et J. H. Li）（8 m）等植物（段仁燕和王孝安，2005；段仁燕等，2009；昭日格等，2011；李萍等，2012），大于格氏栲（*Castanopsis kawakamii* Hay.）幼苗的最佳竞争范围（1.7～1.9 m）。一般认为植物最佳竞争范围由其自身特性决定，本研究发现不同微生境根萌苗与实生苗的最佳竞争范围稍有差别，这说明环境因子及幼苗的属性均对竞争范围产生一定的影响。冠下根萌苗及林窗实生苗竞争范围较大，说明冠下根萌苗及林窗实生苗旺盛，竞争能力强，与竞争木竞争激烈；林缘根萌苗最佳竞争范围小可能是由于林外光照强、土壤含水量低，竞争木数量少，生长缓慢，而根萌苗可通过根吸取香果树母树水分和养料，故竞争处于优势，竞争范围较小；冠下实生苗竞争范围小与其阴湿的环境竞争木较少、竞争压力小有关。

第10章 香果树种群的濒危原因及其恢复策略

在自然界中，植物物种往往采取适应性进化以适应变化的环境，或提高繁殖率，或迁移到更有利的地区或生境。当整个种群用进化或迁移的方式与不利的环境斗争失败时，此物种就趋于灭绝。地球史上生物进化中曾出现5次大规模物种灭绝：第一次是奥陶纪末期（4.35亿年前），由于气候变冷，南半球广布冰川，海平面下降，约85%的海洋生物灭绝；第二次是泥盆纪后期（3.65亿年前），由于气候变冷及小行星撞击地球，约30%的陆地物种灭绝和约50%的海洋生物灭绝；第三次是二叠纪末期（2.55亿年前），是生物演化史上最大规模的灭绝事件，地球上80%～90%的物种灭绝；可能是由小行星的撞击，火山爆发所致；第四次是三叠纪晚期（2.05亿年前），规模较小，部分海洋生物及非恐龙类爬行动物灭绝，给了恐龙演化的空间；第五次是白垩纪（6500万年前），仅次于二叠纪末期的大灾难，在短期内，地球上75%的物种灭绝，其中包括全部恐龙，几乎全部的海洋浮游生物，给了哺乳动物演化的空间。前5次物种灭绝是由地质灾害和气候变化造成的。蒋志刚（2004）认为自工业革命开始，地球已经进入第六次物种大灭绝时期。当代的大灭绝是人类活动的结果。人口剧增，加剧了对植物资源的消耗，尤其是不合理的开发导致了生态环境的迅速退化，严重威胁着与人类息息相关的生态环境，生物物种的灭绝速率比其自然过程加快了约1000倍。

据统计，全世界每小时有3个物种灭绝。植物物种的灭绝会对人类和生态系统产生严重影响。据研究，一种植物灭绝就会引起10～30种其他生物的消失（李文军和王恩明，1993；Myers，1998）。为减缓人类活动对环境的压力，保护受威胁物种，在20世纪80年代初期，国际社会制定了受到威胁植物的保护计划，并提出“抢救植物就是拯救人类本身”。我国珍稀濒危植物分别采用“濒危”“稀有”和“渐危”三个等级（傅立国，1991）。其中濒危（即临危）种是指物种在其分布的全部或显著范围内有随时灭绝的危险，如天目铁木（*Ostrya rehderiana* Chun）等。稀有（罕见）种是指并不会立即有绝灭危险、中国特有的单型科、单型属或少数种属的代表种类，但在它们分布区内只有很少的群体，或是由于存在于非常有限的地区内，可能很快地消失；或者虽有较大的分布范围，但只有零星存在着的种类，如银杏等。渐危（即脆弱或受威胁）种是指那些因人为的或自然的原因所致，在可以预见的将来，在它们整个分布区或分布区的重要部分很可能成为濒危的种类。

10.1　濒危植物的致危机制及保护策略

10.1.1　濒危植物的一般特征

濒危植物是指由于受到各种致危因素的影响已不能在自然条件下正常产生个体或延续后代的植物，其种群数量已经减少到具有灭绝危险的临界水平。濒危植物的研究需着眼于种群水平，它是一个群体概念，其致危过程不仅是一个生物学过程，还是一个生态学过程（祖元刚等，1999）。

经对国内外已发表的论著进行总结，我们认为濒危植物具有以下特征。

1．地理分布区域逐渐缩小

大部分濒危植物的地理分布区域狭窄，像攀枝花苏铁、裂叶沙参、短柄五加［*Eleutherococcus brachypus*（Harms）Nakai］等均为岛状分布，分布区域狭窄（张文辉等，2002）；而松叶蕨［*Psilotum nudum*（Li）Beauv.］产于秦岭南坡以南，华南马尾松产于华中、华南、华东及台湾等地，刺桫椤［*Alsophila spinulosa*（Wall. ex Hook.）R. M. Tryon］产于华南、华西、东南及台湾、香港等地，这些濒危植物呈星散分布，其地理分布范围广。无论濒危植物的地理分布区域大小，其均呈逐渐缩小的趋势。攀枝花苏铁在 20 a 前有 13 个分布地点，现仅存 5 个地点（何永华和李朝銮，1999）。裂叶沙参在 20 世纪 50 年代在四川金川、马尔康等三个地区有分布，现在在马尔康已消失（张文辉和祖元刚，1998b）。松叶蕨原来广泛分布于我国热带、亚热带低海拔地区，由于过度开发利用，目前浙江境内仅存在于缙云、仙居、平阳等几个县，安徽境内仅见于店前镇司空山风景区（朱圣潮和莫建军，2007；赵鑫磊等，2015）。

2．种群数量呈减少趋势

应用时间序列预测、Leslie 矩阵等方法对濒危植物种群数量进行预测表明，多种濒危植物种群的数量呈减少趋势。大花黄牡丹［*Paeonia ludlowii*（Stern et Taylor）D. Y. Hong］种群数量在 20 a 内减少 30%左右（杨小林等，2007），木根麦冬（*Ophiopogon xylorrhizus* Wang et Dai）的 3 个种群中有 2 个则在 100 a 内消失（何田华等，1999），长柄双花木种群总数在 50 a 内将逐步下降（肖宜安等，2004），在未来 25 a 流苏石斛（*Dendrobium fimbriatum* Hook.）种群各龄级的个体数及种群总数均表现出持续下降趋势（刘强等，2012），缙云卫矛各种群均处于衰退状态，大多数的种群表现出种群越小，种群数量下降越快的趋势（胡世俊等，2013）。有些濒危植物的种群数量在短期内出现小幅增加，但仅表现为该物种在特定时间内具有恢复潜能，若没有有效的人为保护措施加以实施，种群数量仍会持续减少，直至灭绝（张文辉等，2004b；林永慧等，2011）。

3．种群年龄结构或高度结构表现为衰退型

大多数濒危植物的幼苗较少，老龄个体较多，种群结构呈现出衰退趋势。太白红杉由于林下种子萌发及幼苗生长困难，幼苗数量稀少（张文辉等，2004b，2004b）。原生境中崖柏（*Thuja sutchuenensis* Franch.）幼苗尽管较多，但在生长过程中大量死亡，导致种群扩展缺乏足够的幼龄个体（刘建锋，2003）。珙桐种群的年龄结构和高度结构都近似倒金字塔形，其幼树死亡率高，种群成衰退趋势（刘海洋等，2012）。有些古老的孑遗濒危植物[银杉、连香树(*Cercidiphyllum japonicum* Sieb. et Zucc.)、青檀（*Pteroceltis tatarinowii* Maxim.）等]寿命较长，有些濒危植物（矮沙冬青、裂叶沙参、长柄双花木等）寿命较短，但不管其寿命长短，这些植物种群的存活曲线显示为 Deevey Ⅱ或 Deevey Ⅲ型，种群的繁殖力很低，高死亡率集中出现在幼龄阶段（姚连芳和李宏瀛，2005；杨洁，2016；谢宗强等，1999；张文辉和祖元刚，1998b；肖宜安等，2007）。

4．种群的空间分布格局呈聚集型分布或随着年龄的增加其聚集强度波动减弱

种群的空间分布格局显示部分濒危植物在群落中表现为聚集分布，这表明濒危植物所处的群落内的生境异质性显著，种间竞争激烈（张文辉等，2002）。有些濒危植物如元宝山冷杉、秦岭冷杉、攀枝花苏铁等随着年龄的增加，其聚集强度逐渐减弱，最终趋于随机分布（祝宁和臧润国，1994；李先琨等，2002；张文辉等，2005b）。而南方红豆杉的种群分布格局变化趋势更为复杂，其萌生能力较强，萌生苗较多，幼苗期剧烈的种内和种间竞争作用，导致个体密度下降、集群程度降低，种群表现扩散趋势，而小树、中龄树因占据了所需的生态位空间，种内竞争相对减缓，集聚强度有所增强，随个体生态位空间的扩张，种内和种间竞争重新加剧，种群密度下降，种群空间格局转为随机分布（李先琨等，2003）。濒危植物分布格局的变化表明聚集强度与濒危植物的生物学特征、生态学特征、生境条件关系密切，是对生境中资源竞争后适应生态因子的一种外部表现。

5．种群的生存力和适应力均较差

由于濒危植物种群的分布范围较窄或星散分布，因此种群间缺乏基因交流，其生存力及适应力较差（张文辉等，2002）。为保证现有个体得以存活，部分濒危植物的适应性往往出现遗传分化。宁夏六盘山桃儿七[*Sinopodophyllum hexandrum*

(Royle) Ying] 光饱和点、补偿点最高，表观光量子效率、瞬时光能利用率和最大光合速率最低，而云南纳帕海的桃儿七与之相反（尚海琳等，2008）。鹅掌楸在光生态适应性方面以江汉平原为界，分为东西两个亚区，西部亚区的种群光合能力较强，光适应生态幅较宽（贺善安等，1999）。尽管濒危植物对环境的适应产生相应遗传分化，但它们的生理代谢速率均比同生境中其他物种的生理代谢速率低，且生态幅较窄，导致适应力较差，如资源冷杉（*Abies ziyuanensis* L. K. Fu et S. L. Mo）的光合、呼吸和蒸腾速率在一天内均低于其他针叶树种（张玉荣，2009），裂叶沙参的光合速率和水分利用效率等生理代谢速率比泡沙参低（张文辉等，2002）。

6. 有性生殖存在障碍，种子向幼苗的转化率低，幼苗的成活率低

大多数濒危植物存在有性生殖障碍：四合木开花期，昆虫的访花率极低，从而使其传粉受到限制，导致坐果率、产种率低（徐庆等，2003）；蒜头果（*Malania oleifera* Chun et S. Lee ex S. Lee）开花期大多数为阴雨天，限制了访花昆虫的有效传粉，导致其出现产种量极少（赖家业等，2008）；斜翼（*Plagiopteorn suaveolens* Griffith）开花后出现自行脱落，胚囊退化败育现象，花粉败育率达 38%，这导致了该植物受精不正常，从而导致生殖失败（唐亚和陈建中，1995）。有些濒危植物（银杉、裂叶沙参、沙冬青、水青树等）的种子小，千粒重低，抗性差（张文辉和祖元刚，1998b；刘果厚等，1999；谢宗强和李庆梅，2000；甘小洪等，2008）；而有些濒危植物的种子尽管较大（巴旦杏、红豆树、沙冬青等），抗性较好，但遭鼠害、昆虫等啃食严重，种子库中空粒率很高（王雄，2003；刘鑫等，2011；汪智军和靳开颜，2014），这导致濒危植物的种子萌发率及成苗率极低（张文辉等，2002）。即使自然条件下林下形成少量的濒危植物的幼苗，但仍然有大部分在竞争中被淘汰或被动物取食死亡，最终导致幼苗存活率极低，无力完成自然更新（胡世俊等，2013；闫兴富和曹敏，2008）。

7. 克隆繁殖对种群更新的作用有限

并非所有濒危植物均有克隆繁殖，克隆繁殖在裸子植物中比较少见，如非洲西部纳加森林中仅有 2 种裸子植物具有克隆能力（Tredici，2001）。迫于环境恶化、资源竞争等压力，有些濒危植物在原生境中存在有性繁殖和克隆繁殖两种繁殖方式，而有些甚至完全依赖于克隆繁殖完成其自然更新（何池全和赵魁义，1999），但克隆繁殖仅是对有性生殖的补充，是有性生殖失败情况下繁衍后代的一种对策，其贡献极为有限（张文辉等，2002）。尽管克隆繁殖可以使其母株周围形成多个个体，通过母株获得所需的营养物质更容易安全度过幼龄期，可实现成功定居，然而，克隆繁殖的扩散范围有限，往往集中在母株周围，造成激烈的同胞竞争（De et al.，1996），且植物为了产生克隆后代，将其大量营养物质储存于营养器官

（根和茎），导致植物的繁殖器官因营养物质匮乏而败育，因此克隆繁殖后代的花、果实或种子产量显著低于有性繁殖的后代，且其种子成活率也较低（Bell and Ojeda，1999），从而导致其适应进化方面不及有性生殖有效。

8．种间竞争力较弱，不利因素增加

大多数濒危植物在与其他植物竞争中处于劣势。原生境中野核桃林木高大，建始槭（*Acer henryi* Pax）数量多且萌生能力极强，毛竹根茎发达，扩张能力强，这几种植物对宝华玉兰［*Yulania zenii*（W. C. Cheng）D. L. Fu］的营养竞争产生了很大威胁，导致其处于不利地位（蒋国梅等，2010）。荷叶铁线蕨（*Adiantum reniforme* L. var. *sinense* Y. X. Lin）原生境中大多为适应能力强的单子叶草本植物｛荩草［*Arthraxon hispidus*（Thunb.）Makino］、野古草（*Arundinella anomala* Steud.）、白茅［*Imperata cylindrica*（Linn.）Beauv.］、鸢尾（*Iris tectorum* Maxim.）等｝，其在种间竞争中处于明显劣势，对其种群规模的保持和扩大造成了极大的威胁（张祖荣和冉烈，2010）。七子花为阳性树种，林下幼苗生长缓慢，无法与其他生长迅速的阔叶树种竞争，导致其幼苗大量死亡（金则新和张文标，2004）。濒危植物竞争能力差的原因是其自身对某种或多种生态因子适应的生态幅较窄（金则新和柯世省，2002）。

由于环境恶化，生物多样性减少，原有的群落各物种间平衡被打破，互惠互利关系遭到破坏，病虫害、鼠害等不稳定因素增加，给濒危植物的生存带来严重的威胁（张文辉等，2002）。金花茶在遭受赤叶枯病、炭疽病、白绢病等的侵染，以及天牛、木蠹蛾等害虫的啃食后极易坏死（韦霄等，2010）。生境破碎，鸟类种类及数量的减少，使得依赖于鸟媒传播的刺五加的种子传播困难（祝宁等，1998）。裂叶沙参原生境中鼠兔危害严重，导致裂叶沙参被大量啃食而失去生殖能力（张文辉和祖元刚，1998b）。其他濒危植物也同样遭到来自植物、动物和微生物的危害。

10.1.2 植物种群的濒危机制

植物种群的濒危机制是生物多样性保护中的重大问题，是保护生物学所要解决的核心问题之一。植物种群的濒危机制来自物种内外两方面的因素，内因包括植物的生殖特性、种群动态、遗传多样性等，外因则来自进化历史事件、人为干扰、生态环境变化等。而这些内外因素的共同作用往往是物种濒危的主要原因（洪德元和崔同林，1994）。植物物种濒危的原因概括起来有如下几点。

1．生殖生物学特性

生殖生物学特性包括生殖方式（有性无性或兼性）、传粉和受精、生殖能力、种子散布方式等。银杉的有性生殖周期较长，从传粉到受精，经历 13 个月，胚胎发育约 4 个月，期间要遭遇许多不良生境，这对胚珠的正常发育极为不利，致使受精前胚珠的败育率高达 71%，受精后的败育率高达 84%，造成银杉生殖效率极低（谢宗强和陈伟烈，1999）。原生境中桦木［*Betula uber*（Ashe）Fern.］种群的种子萌发率只有 1%，导致该物种濒危（Kruckeberg and Rabinowitz，1985）。刺柏属和柏木属是近缘属，其生物学特征相似，而在美国西部，刺柏属为广布种，柏木属分布区很有限，柏木属中濒危物种的比例很高。究其原因，是由于刺柏属种子可被鸟类啄食，并携带到较远的地方，起到散布种子的作用，而柏木属种子在木质球果里，无法借助鸟类扩散，即柏木属的植物濒危与其生殖特点有关。有些濒危植物为了应对环境变化，以克隆繁殖为主，甚至完全依赖克隆繁殖，导致其后代近交严重，种子产量少，无法进行有性繁殖等现象产生，进而降低物种对环境的适应性和进化潜能，甚至丧失进化潜能（颜亨梅，1998）。

2. 生理生态学特点

生理生态学特点包括植物个体水平的光合生理、水分生理及抗性生理，种子的休眠和萌发生理生态特性，个体生长发育所需的环境条件，种群的数量变化、出生率和死亡率、年龄组成、空间分布格局等（Kruckeberg and Rabinowitz，1985）。喀斯特地貌特有植物单性木莲在高光强下的净光合速率、蒸腾速率、树高和地径的增长量、生物量都较大，而单性木莲的原生境盖度较大，这严重抑制了单性木兰的生长，使其器官受到不同程度的伤害（田淑娟，2010）。夏蜡梅（*Calycanthus chinensis* Cheng et S. Y. Chang）与其伴生植物相比，其日均净光合速率、最大净光合速率、水分利用效率和光合速率/呼吸速率均明显偏低（马金娥，2008）。白桂木（*Artocarpus hypargyreus* Hance）的果皮含有抑制物质，抑制了种子的萌发（沈琼桃，2011）。多毛坡垒（*Hopea chinensis* Hand.-Mazz.）种子适宜萌发的温度是 20～30℃，最适含水量为 50%～60%（文彬等，2009）。与伴生物种相比，长叶榧（*Torreya jackii* Chun）对光适应的生态幅度较窄，光合能力较弱，在激烈的种间竞争中处于不利地位（王强等，2014）。明党参（*Changium smyrnioides* Wolff）对光照有一定要求，光照限制了其分布的大范围，本身的生物学特征决定了小规模上的分布格局（李伟成，2004）。缙云卫矛适宜生长在水热条件良好的环境中，目前仅分布于重庆北碚缙云山、北温泉公园和统景温泉风景区内，总分布面积约为 2900 m^2，生态幅较小（张桂萍等，2004）。近 5 a 来，小黄花茶（*Camellia luteoflora* Li ex H. T. Chang）种群数量减少了约 20%，种群生存面临很大威胁（张华雨等，2016）。长柱红山茶（*Camellia longistyla* Chang ex F. A. Zeng et H. Zhou）种群中龄个体数量多、幼龄个体数量少，其年龄结构处于衰退型早期阶段（刘海燕等，2016）。扇脉杓兰（*Cypripedium japonicum* Thunb.）种群空间分布格局均为明显的集群分布，其占据空间的能力较小（李桂强，2011）。

3．遗传特性及其多样性

濒危植物的遗传学研究是揭示濒危机制的另一个重要方面，一般认为濒危植物往往出现遗传衰退，造成遗传衰退的原因有濒危植物的自然选择、繁育系统、基因流、遗传漂变等（洪德元和崔同林，1994；孙林和耿其芳，2014）。自然选择是物种进化的主要机制，在长期进化过程中，有利于物种适应生境的基因型将得到保留，而不利的基因型会被淘汰（孙林和耿其芳，2014）。在白桂木天然林中，其个体数量少，近交自交严重，种群间基因交流少，小种群分化严重，种群内杂合度低，适应性弱（范繁荣，2008）。与其他濒危植物相比，七子花的遗传多样性水平较高。这主要是由于其有很强的萌蘖繁殖能力，这种无性繁殖方式降低了小种群中遗传漂变和近交对遗传多样性的影响，使七子花的遗传变异得到维持（陆慧萍，2004）。

4．进化历史

濒危植物的进化历史包括物种的起源、演化发展及在此过程中一些历史事件对物种的影响（洪德元和崔同林，1994）。科学家通过化石分析发现，部分濒危植物为孑遗植物，曾广泛分布于世界各地，但由于冰川、火山爆发、气候变化等历史事件导致分布范围缩小，如水杉、银杏曾广泛分布于世界各地，目前水杉天然种群仅分布于我国四川、湖北和湖南，银杏天然种群仅分布于浙江天目山。北美红杉［*Sequoia sempervirens*（Lamb.）Endl.］曾广布于北美洲西部，而如今仅分布于加利福尼亚州海岸（Kruckeberg and Rabinowitz，1985）。鹅掌楸曾广布于北半球温带地区，但长期的生殖隔离导致目前形成两个物种——鹅掌楸和北美鹅掌楸（*Liriodendron tulipifera* Linn.），鹅掌楸现仅存在于我国陕西以及安徽以南地区，北美鹅掌楸现仅分布于北美洲东南部。而另一些濒危植物则可能是处于物种形成和扩展的初期，如盘状莱雅菊（*Layia discoidea* D. D. Keck）仅分布在加利福尼亚州南部 155 km^2 范围的稀有种，为加州莱雅菊［*Layia glandulosa*（Hook.）Hook. Arn.］中衍生出来的物种，具有丰富的遗传多样性，其分布范围可能会逐步扩大。

5．生态环境的变化

生态环境的变化是导致物种濒危的重要原因。与常见植物相比，大多数濒危植物对其生境要求较为苛刻。雷氏马先蒿（*Pedicularis rainierensis* Mt.）只能生存于单个火山口上，德州菰（*Zizania texana* Hitchc.）只在美国得克萨斯州圣马科斯河的一处中偏碱性、年温差不到 5℃的溪流中生长。由于全球变暖、森林覆盖度降低、草原面积减少、沙漠化扩大以及人为滥砍滥伐、过度开发利用等，植物的原有生境破碎化、异质性逐渐消失，从而使植物失去与之相适应的环境而灭绝。

1988～1995 年，四合木的分布面积减少了 14%，斑块的数量由 92 个增至 101 个（张云飞，2000），这使得部分地区的土壤因子、地形因子、立地条件等不适宜其生存，导致其种群数量减少（甄江红等，2010）。中华补血草［*Limonium sinensis*（Gifard）Kuntze］主要生存于江苏沿海湿地，但当地湿地面积不断减少、水污染等，导致其濒临灭绝（董必慧，2005）。

6．人类活动

随着人口的迅速增长，人类生产、经济活动的不断加剧，尤其是人类掠夺性地向自然界索取生物资源，生物多样性受到了严重的威胁，生态退化加剧，生物多样性持续降低（段文军，2007）。因此，从某种意义上讲，地球上任何一种生物均无法逃离人类活动的影响。此处所说的人类活动是指直接导致植物种群个体减少或消失的行为，如自 1971 年美国化学家从红豆杉中发现紫杉醇及其抗癌疗效之后，大量的商人收购红豆杉树皮、种子等，使得大量红豆杉遭到砍伐和破坏等，几乎绝种。殖民时期的美国自 16 世纪大肆贩卖西洋参至亚洲，以换取东方的茶叶和丝绸，使得该物种于 1975 年因数量稀少而被列为濒危植物。长白山旅游区的毛毡杜鹃（*Rhododendron confertissimum* Nakai）因游客的踩踏、折、挖行为导致其林下土壤硬化，使得其伴生的大苞柴胡（*Bupleurum euphorbioides* Nakai）因种子丧失萌发条件而濒临灭绝（黄利亚等，2016）。另外，人类活动已使大陆间物种的迁移速率远超过其自然速率。人类在夏威夷定居之前，维管植物和多细胞生物在那里移植速率约为每 5 万年 1 种；但 4 世纪波利尼西亚人殖民之后，其移植率增长到每 100 年 3 或 4 种；而在最近的几十年里这一速率增大到每年 20 余种（Loope and Mueller-Dombois，1989）。地球上已经没有哪一个国家和地区没有入侵的生物存在，大多数国家植物区系中的 20%左右为外来区系（李博和陈家宽，2002）。在这种情况下，入侵生物在世界各地猖獗，成为某些濒危植物的外来克星（王庄林，2013）。

10.1.3 濒危植物的保护策略

人类是在对自然界的不断探索、不断适应、不断改造中进化的。在人类社会物质文明不断发达的今天，地球生态环境和自然资源遭受严重的破坏，使得地球上的很多生物正在加速灭绝。许多生物甚至在人类还没认识它们的时候就已经灭绝了。物种一旦灭绝，便不可再生，生物多样性的消失将造成农业、医药卫生、工业方面的根本危机，造成生态环境的破坏，威胁人类自身的生存，因此保护生物多样性是人类当代生活及未来的需要。21 世纪是生物多样性保护的关键时期，而珍稀濒危物种应视为优先保护之列（张仁波，2006）。保护的目标是通过不减少基因和物种多样性，不毁坏重要的生境和生态系统的方式，尽快挽救和保护濒危的生物资源，以保证生物多样性的持续发展和利用（中国科学院生物多样性委员会，1992）。

1．完善濒危植物物种保护政策法规体系

1949年以来，我国颁布的野生植物保护法律法规主要有1950年5月《关于稀有生物保护办法》；1985年7月林业部（现为国家林业和草原局）颁布的《森林和野生动物类型自然保护区管理办法》；1987年国务院发布的《野生药材资源保护管理条例》；1996年9月国务院发布的《中华人民共和国野生植物保护条例》《水产资源繁殖保护条例》《植物新品种保护条例》；2002年农业部（现为农业农村部）发布的《农业野生植物保护办法》等。此外，我国宪法、环境法及《中华人民共和国海洋环境保护法》《中华人民共和国森林法》《中华人民共和国草原法》《中华人民共和国渔业法》等自然资源法中也对野生动植物的保护做了原则性的规定，行政法规、部门规章、地方法规等也对野生植物的保护做出规定。

尽管经过多年的立法努力，我国已经初步形成野生植物保护的立法体系，但是现行的野生动植物保护立法体系不可避免地存在着不足之处，如我们知道环境恶化是导致物种濒危的一个重要原因，但对野生植物生境的破坏行为没有提出具体的处罚措施，仅要求相关单位和个人采取补救措施，报当地农业行政主管部门，接受处理。对危害野生植物保护行为主要是在经济方面进行追究，如《中华人民共和国野生植物保护条例》第24条规定“违反本条例规定，出售、收购国家重点保护野生植物的，由工商行政管理部门或者野生植物行政主管部门按照职责分工没收野生植物和违法所得，可以并处违法所得10倍以下的罚款”等。其他处罚措施如刑事责任规定不具体，《农业野生植物保护办法》规定凡违反本办法，依照《条例》（即《中华人民共和国野生植物保护条例》）的相关规定追究法律责任，但《条例》仅对野生植物主管部门的工作人员的刑事责任进行了规定，对哪些破坏野生植物的行为构成犯罪，需追究刑事责任没有规定。因此，需制定专门的野生植物保护法，并适时予以修改和完善（卢炯星等，2010）。

2．加强宣传教育力度，强化民众的保护意识，实现资源永续利用

生物多样性为人类提供了适应区域，但随着经济的发展，交通能源、建筑业的发展和土地、生物各种资源的不合理开发和利用，各种污染物使动植物的生存环境日益恶化，加之种植作物的单一化，使不少适于当地生长的品种已丢失或减少，生物多样性遭到空前破坏。当前，资源的掠夺式、粗放式的开发利用导致了物种的减少和生态环境的恶化。保护植物物种首先要通过网络、电视广播和图书等广泛宣传，林业部门可将保护濒危植物做成宣传册分发给村民，加强人们的保护意识，让人们了解珍稀濒危物种保护的意义，让全社会重视、理解、支持和参与。

为调动人们对保护濒危植物的积极性和主动性，必须保护与开发相结合。对部分经济植物给予重点发展，做到既保护又利用，明确保护的最终目的就是永续利用。在各级自然保护区的缓冲区和试验区内建立珍稀濒危植物园，开展一定限度的生态旅游项目，进一步进行生物多样性保护科普教育，唤起全社会的物种保护意识，增强社会公众物种保护的紧迫感和责任感。

3．加强管理人员素质培训及技术人员的培养

提高全民的物种保护意识，加强宣传，管理人员首先要有足够的知识储备，因此对管理人员的培训是必要的，通过培训使得各管理部门积极参与濒危植物的保护和执法工作。同时需要培养一批技术人员，特别是各级自然保护区需设立科技部门，通过对辖区内濒危植物的科学研究，了解辖区内濒危植物的生物学和生态学习性，这样可以为管理提供切实可行的方略。例如，巴东木莲（*Manglietia patungensis* Hu）分布于湖北、湖南两省境内，数量有限。目前其生境破碎化严重，母树结果量很少，林下幼苗少见（李晓东等，2004）。在这种情况下，应该严禁人们对巴东木莲采种、挖苗以冒充黄心夜合进行贩卖，需保护好巴东木莲的结籽母树。科技人员可通过研究其种子萌发，寻找其无法更新的原因，打破其更新瓶颈，为该植物恢复提供有效保护及复壮措施。

4．建立濒危植物动态监测和评价体系

针对自然保护区、生态脆弱区等濒危植物较多或易遭受人为影响的区域，需建立濒危植物的动态监测体系。首先必须通过详细的资源调查掌握区域濒危植物的种类、生境、数量等。其次是利用现有的国家、省、县三级保护区网络，对濒危植物的种类、生境、数量定期监测、统计，对于受到威胁严重的植物进行原因分析、种群数量未来预测，并及时制定复壮措施。

5．对现有濒危植物进行就地保护和迁地保护

对濒危植物的保护不仅限于对其个体或群体的保护，其生存的环境同样需要保护，否则失去生存环境，植物同样会灭绝，因此，首先要对原生境中的濒危植物进行建档、挂牌，分布集中的地区可进行围栏保护，防止人为直接采挖、砍伐等破坏；其次是需要对其栖息环境进行保护，停止森林破坏、毁林开荒、过度放牧等人为破坏，并通过一定的恢复措施，恢复其最适生境。

然而，有些濒危植物由于其生境破碎化严重，种群数量下降到了无法自身恢复的水平，本身适应能力差，存在某些方面的更新缺陷，无法仅通过保护原有生境而得到恢复时，需要将其转移到植物园或引种繁育中心进行保护，通过人为驯化和繁殖首先使其恢复到一定数量，再重新放归自然。

6．建立种质资源库

建立濒危植物种质资源库，是当前十分重要的一种保护措施，它包括种子低温保存、超低温保存及种质离体保存等方法。种质资源库保存以种子为主体的濒危植物种质资源及其近缘种种质资源，这些材料可随时提供给科研、教学及育种单位研究利用。种质资源库在接纳到种子后，需对种子进行清选、生活力检测、干燥脱水等入库保存前处理，然后密封包装存入−18℃冷库。入库保存种子的初始发芽率一般要求高于 85%，种子含水量降至 5%～6%。但有些濒危植物的种子萌发率过低，故也可储藏根、茎、叶、花粉等器官。

7．加强濒危植物的科学研究及开发利用

由濒危植物的一般特征可知，濒危植物在现有生境中逐渐减少，表明其生长、繁殖、种子萌发、生理活动、遗传多样性等方面出现无法适应生境的现象。为保护濒危植物，必然要对其遗传学、繁殖生物学、种群生态学、生态适应性等方面进行研究。另外，一些濒危植物具有不可替代的科学价值。在漫长的地球地质年代的演化过程中，新的物种出现，原有的物种消亡，但总有部分经历了环境的巨变依然保存下来的，这些物种在物种进化、生态适应、选择的条件等科学问题的研究方面具有独特的科学价值。

加强濒危植物保护具有长远的社会经济价值，对于濒危植物保护的最终目的是合理开发、持续利用濒危植物，为当代和子孙造福。濒危植物中许多种类的用途已被人们所了解，如红豆杉、人参、天麻等的药用价值，珙桐、金钱松、金花茶等的观赏价值，但仍有众多濒危植物的用途尚未被人们所了解，需要人们去研究发现其利用价值。

10.2　香果树种群的受危表现

10.2.1　香果树种群的地理分布范围

香果树种群在我国主要分布于秦岭以南、横断山区以东的 14 个省区，但由于人类活动影响较大，其地理分布区呈缩减态势。刘昉勋等于 1956 年及姚淦于 1977 年分别在江苏省宜兴桥涯和磬山采集了香果树标本，但王坚强等在 2012 年开始通过近 4 a 的野外调查未发现江苏省宜兴境内分布香果树野生种群，也就是说，生存于宜兴境内的香果树已经消失。其原因可能是人们大力发展竹业，原有的落叶阔叶林分布面积锐减，导致香果树没有适生环境而灭绝（王坚强等，2016）。安徽天堂寨由于开山炸石造成大面积森林被毁、砍伐等人为破坏，香果树的原有适生环境不断缩小（杨开军等，2007）。关克俭和王文采曾于 1963 年在四川省天全县二郎山新沟附近采集到香果树的标本，但 2015 年张小平等对天全县进行香果树资源调查，新沟附近已没有香果树种群。七姊妹山国家级自然保护区所存天然香果树数量已急剧减少，目前仅有 48 株零星生长于天然次生林中（满金山等，2008）。由上述可知，濒危植物香果树目前的地理分布区域与过去的地理分布范围相比，均出现了大幅度的收缩，并破碎化严重。

10.2.2　香果树种群的年龄结构及分布格局

香果树种群的年龄结构基本呈倒 J 字形，幼苗数量较多，超过 100 a 的大树少。香果树自然种群基本呈 Deevey Ⅲ型，5 a 以上的实生苗极少，其死亡率高（有的生境第一年死亡率高达 90%），且由于该物种存在 2～4 a 开花一次的生殖特性，其实生更新极为困难。尽管根萌苗的数量相对较多，但多聚集分布于母树树冠下，密度过大，而导致大量死亡，且其扩展能力很弱。由 4 个山区的香果树年龄结构比较可知，伏牛山种群各龄级数量均较少；大别山种群数量最大，40 a 以内的个体最多，但 1 a 的幼苗较少；三清山与武夷山种群幼苗数量较多，但大龄个体较少。香果树幼苗占其种群数量的比例随着海拔的升高呈现出先低后高的趋势，即中海拔幼苗数量较少，高海拔和低海拔幼苗数量较多。进一步研究发现，在高海拔和低海拔中香果树幼苗组成大多为根萌苗，实生苗较少，这可能是香果树为了完成其自然更新在实生苗更新无法完成的情况下进而依赖根萌苗进行更新的一种体现。

香果树种群的计盒维数值均较小，这表明其种群的扩展能力较弱。不同海拔对其扩展能力产生显著影响，其中武夷山中海拔香果树种群的扩展能力最强，高海拔和低海拔种群扩展能力最弱。信息维数表明，高海拔香果树种群幼苗较多，聚集强度较大，分布不均匀。香果树幼苗在 8～16 m^2 和 50～64 m^2 时聚集强度较大，随着年龄的增加，其聚集强度逐渐减小。其中，伏牛山香果树种群的聚集强度较大，伏牛山基本呈随机分布。随着海拔的升高，香果树种群的聚集强度逐渐增强，但各龄级个体的聚集尺度逐渐减小。由空间关联性可知，相邻两龄级香果树个体间存在负相关关系，但相间龄级间负关联减弱，正关联增强。这表明相邻龄级个体间存在资源竞争，导致呈现出负相关关系。经时间序列预测可知，原生境中香果树种群数量在未来 50 a 均有小幅度增加，其中大别山种群增幅最大，武夷山种群增幅最小。这种假设是建立在生境相对稳定的情况下，但由于香果树多生于沟谷、溪流边及茶园、竹林中，往往因水土流失、塌方等自然灾害及人为破坏如打除草剂、砍伐等而数量锐减。

10.2.3　香果树种群的有性生殖特征

香果树种群于每年 6 月底至 7 月初开始开花，其单花花期为 5～8 d，花期持续时间为 33～73 d。香果树的单花花期和花期持续时间随着其分布区由北向南呈现出逐渐延长的特征，单日开花量的规律与之相反。香果树单株花枝数在 42～128 个，花数在 3000～12 000 朵，其坐果量在 29～146 个。由此可见，香果树具有明显的花多果少的生殖现象。香果树单花花期、花期持续时间、单株产花枝量、花量及结果量均随着树龄的增长呈增加趋势，单花花期、单株产花枝量及花量随着海拔的升高呈增加趋势，而花期持续时间和单株结果量受海拔的影响较小。产地位置对香果树的生殖构件数量产生显著影响，纬度越低，其花枝、花和果实产量越多（其中大别山和伏牛山香果树种群花枝和果实产量无显著差异）。香果树的花枝、花和果实主要分布于树冠的南侧和西侧及树冠上层，其有性生殖对光照、温度和湿度要求较高，光强 30 000 lx、28℃和 70%的空气湿度有利于其生殖构件的形成和发育。不同分布区、海拔及树冠的方位均对香果树的果实和种子表型性状产生影响，其中地理分布南方的武夷山和北方的伏牛山香果树种群果实大小、直径、果皮厚度、单果种子数、果实干重、种子大小及种翅大小等表型性状值均小于中部分布区的大别山，但大别山香果树种子千粒重小于武夷山，而饱满率小于伏牛山。经计算，单株香果树母树产种量在 11 200～14 700 粒，其中饱满种子数量在 2900～5000 粒，以伏牛山和武夷山单株产种量较高，大别山和三清山产量较低；不同年龄对其种子产量具有显著影响，随着年龄的增加其种子产量及饱满率呈显著升高趋势。

香果树的种子雨于每年 10 月下旬开始至 12 月下旬结束，不同种群种子雨持续时间为 40～50 d。树龄和海拔对其种子雨持续时间具有显著影响，其中随着树龄的增大，香果树种子雨散布时间逐渐延长，高峰期推迟，种子雨开始日期提前；随着海拔的升高，其开始和结束时间后移，高峰期同样推迟，但种子雨持续时间未见显著差异。香果树种子库为瞬时种子库，其存在时间仅有 7 个月左右。由于香果树种子为需光种子，70%～80%的香果树种子存留在枯落物和苔藓层中，这为其萌发提供便利。但经调查发现这些种子中近六成霉烂或被虫蛀而失去萌发能力，且仅有 7%左右的种子存留下来，最终次年 3 月用于萌发的健康种子密度仅为 1.75 粒/m^2。香果树原生境中种子萌发率极低，在 0.5‰～3.5‰，但其萌发的种子在第一个月死亡率达到 78.50%，仅有 3%～10%的萌发幼苗通过第一个生长期。由上可见，香果树单株母树最多能形成 14 株幼苗，但仅有 1～2 株幼苗通过第一年生长，这表明香果树通过有性生殖的方式进行更新极为困难。

10.2.4 香果树种群的无性生殖特征

香果树无性幼苗主要以根萌苗的形式存在，母树萌发形成的根萌苗数量在 0～14 株，时间对其有显著影响，随着时间的延长，根萌苗的数量特征呈幂函数下降趋势；香果树 1 a 根萌苗死亡率最高，约为 30.30%，但也显著高于 1 a 实生苗的死亡率（3%～10%）。香果树根萌苗主要生存于母树的东南侧，距母树 4 m 以内的范围内，且 2 cm 直径裸露 25 cm 长的香果树根容易形成根萌苗。香果树根萌苗所处的位置、离母树的距离、露根的直径及露根的长度对其生长均存在显著影响，其中母树南侧的根萌苗基径最大，冠幅较小，而东西两侧的根萌苗冠幅较大，基径较小，北侧的根萌苗冠幅和基径均较小；随着香果树根萌苗离其母树距离的增加，其基径和冠幅呈减小趋势，而株高则呈先增高后降低趋势；香果树根萌苗的株高、基径和冠幅最大值均集中在直径为 3.5～6.5 cm 的露根上，可见 3.5～6.5 cm 的根有利于其快速生长；露根长度大于 1.25 m 时，香果树根萌苗的株高、基径和冠幅较大。

光照、土壤、干扰和海拔因子对香果树根萌苗的形成均有显著影响，其中光照、土壤有机质、砾石覆盖率、外界干扰等均对香果树根萌苗的形成具有促进作用，土壤深度对其形成具有抑制作用。但由香果树根萌苗的扩展来看，仅有少量生存于母树冠外，大多数生存于母树冠内；母树冠外的香果树根萌苗的死亡率显著高于冠内，且距母树 2 倍冠幅外的根萌苗在 4 a 内全部死亡，可见其占据空间的能力很弱，在种群更新中作用较小。

10.3　香果树种群的致危因素

10.3.1　内部致危因素

1．遗传力衰竭

在濒危植物个体及种群的遗传过程中，因种群个体数量较少，往往存在部分遗传物质丧失的现象。熊丹等（2006）对神农架地区的香果树进行了遗传多样性研究，结果发现：神农架香果树的基因流 $N_{\mathrm{m}}=0.2329$，低于一般物种的基因流，表明该种群间可能由于自身种子、花粉的传播距离、地理隔离及自交等原因，基因流受到了限制（杨开军，2007）。与其他濒危植物相比，香果树的遗传多样性较低，Nei 基因多样性指数为 0.1678，Shannon 信息指数仅为 0.2491。张文标等（2007）研究认为，香果树种群间遗传分化程度很高，而种群内分化较低，即其遗传变异主要存在于种群间。近交衰退学说认为在小种群中极易发生种内近交，减少了种群之间的基因交换概率，限制了基因的流动，导致有害基因的显性，从而导致物种的遗传衰竭。由上述学者的研究结果来看，香果树正在经历基因流受限、遗传多样性丧失及遗传力衰竭的危险。

2．生殖力衰竭

本研究发现香果树存在花多果少的现象（花果转化率在 0.0263～0.0078），尽管单果产种量较高（均值为 55～181 粒，单果产种量最高可达 733 粒），但其种子饱满率并不高（24%～45%），且其种子萌发率极低（＜3.5‰），实生苗存活率仅为 6.4%（＜10%），导致每株香果树母树仅能产生 1 或 2 株 1 a 的实生苗，而又由于香果树母树每 2～4 年开花一次，故香果树实生苗数量极为有限。香果树有性生殖能力低下是导致其濒危最重要的一个原因，其中香果树种子萌发率过低是其濒危的关键，导致其种子萌发率极低的原因如下：首先为香果树种子过小，千粒重仅为 0.5 g 左右，由于种子质量小，其内储藏的营养物质少，野外存活时间较短，抗逆性差，这影响了香果树种子的发芽，以及其后幼苗的生长和幼苗对不良环境的抵抗力和适应力。其次是香果树的生存环境比较恶劣，其主要生存于沟谷、溪流边，土壤含水量较高，导致香果树种子霉烂程度较高，且由于种子萌发始于每年 4 月，此时枯落物和苔藓层虫害严重，大量种子被虫蛀，从而导致多半种子因霉烂和虫蛀失去活力。第三是种子为需光种子，即萌发过程中需要光照，香果树种子尽管约有 70%储存于枯落物和苔藓层中，但种子雨后林间微风可致使部分枯叶摆动，导致种子进入枯落物层中无法获得光照；部分种子尽管在枯落物和苔藓层表面，得以萌发，但由于其营养过少，无法支持胚根穿过较厚的枯落物和苔藓达到土壤层，导致大量幼苗死亡；部分种子尽管存在于薄的枯落物和苔藓层，甚至土壤表面，但由于受到太阳光的照射，会出现局部温度过高、土壤含水量过低的现象，导致种子萌发过程中失水死亡。

一般认为，无性幼苗的扩散能力较有性生殖弱，而且由于将大量的营养物质储存于地下器官用于无性繁殖，导致用于有性生殖的能量有限，因此无性系植株的结种率及幼苗成活率较低，对种群遗传多样性的扩大贡献较少（Bell and Ojeda，1999；Bond and Midgley，2001；闫恩荣等，2005）。原生境中，香果树根部由于受到外界干扰能形成根萌苗，其数量相对较多，但研究发现香果树无性繁殖能力较弱，尽管萌芽较多，但多聚集生长，导致种内竞争激烈，死亡率高（＞30%），且香果树的根萌苗主要生存于母树冠下，超过母树树冠两倍冠幅距离的根萌苗很难存活，这限制了香果树根萌苗的空间扩展能力，从而导致其更新能力有限。

3．生活力衰竭

原生境中香果树种子萌发于每年 4 月，萌发时间较晚，不利于其生长，该物种生长缓慢，1 a 的幼苗株高为 1～15 cm。野外调查发现，香果树实生苗主要生存于裸地或石缝中，无法与林内相邻的大披针薹草、常春藤、狗脊等体型较小的植物竞争，尽管某些地段存在一定量的实生苗，但其无法替代其他植物而处于优势地位，因而不能增加自己种群的数量，扩大自己的分布区，如武夷山挂墩山林壁上于 2015 年 4 月萌发的实生苗生长 3 a 后株高仅有 1.3 cm，无法起到自然更新的目的。与实生苗相比较，根萌苗通过母树的庞大根系可有效地利用土壤中的水分和养分，其生长速率较快，1 a 株高可达 30 cm，对香果树种群的维持及稳定有重要意义。香果树尽管可通过根萌苗实现更新，但更新的结果导致其后代有性生殖能力低下，且无性繁殖产生不了新的基因信息，香果树的生长适应性和生存力不能进化，而自然环境在不断地变化，导致香果树生活力衰竭。

4．适应力低下

香果树分布于秦岭以南、横断山脉以东的中、低山区，分布范围广。北方产地光照充足，但空气干燥，温度较低，香果树生长期短，导致其大量果实未发育完全而停止生长。南方产区花期持续时间较长，但由于南方产地在香果树开花结果期阴雨天多，其光照条件过低，而湿度又过大，影响了果实及种子质量。室内实验发现香果树种子萌发需光，在黑暗条件下种子不能萌发，但野外调查发现，香果树子叶期幼苗在 9000 lx 光照强度、18℃气温条件下仅能存活 1 h，可见其适应能力较弱。香果树种子没有休眠特征，每年 11 月种子雨开始，下落的种子即可在 14℃土壤温度表面吸胀 2 d 后萌发，但由于无法越过严冬，当年萌发幼苗死亡。香果树 2 a 的实生苗表现出耐阴植物的特性，能在 50～1380 μmol/（m^2·s）的光强下成活，其光饱和点在 189～406 μmol/（m^2·s），净光合速率仅为 1～6 μmol/（m^2·s），由水分利用效率可知，香果树 2 a 幼苗的水分利用效率最高为 2.08 mol/mol，可见其光能利用率和水分利用率均较低。香果树种子萌发的最低温度为 9℃，但仅能露白，不能持续生长，15℃可正常生长，其最适温度为 27℃，36℃可萌发，但萌发后胚根软化死亡。与濒危植物野生紫斑牡丹［*Paeonia suffruticosa* Andr. var. *papaveracea*（Andr.）Kerner］（景新明等，1995）、天山雪莲及林内其他物种如大披针薹草、悬铃叶苎麻等相比，香果树种子萌发的最低温度较高，不利于与其他物种竞争，从而适应能力较弱。如前所述，香果树幼苗极易遭受蜗牛、蚂蚁、猿叶虫、潜叶虫等害虫啃噬，其子叶期易感黑腐病和疫霉病，这是导致香果树幼苗大量死亡的原因之一，故其抗病虫害的能力差。

10.3.2　外部致危因素

1．自然灾害

山体滑坡、洪水暴发、病虫害等自然灾害是导致香果树濒危的重要外部因素。地理环境影响植株生存，香果树多生在峡谷沟旁，易受山体滑坡掩埋、山洪暴发冲刷威胁，另外，连年干旱、森林火灾等也影响香果树生存。2013 年伏牛山的香果树 5 a 以下的幼苗遭到潜叶虫啃噬率达到 100%，同时该年降水量极少，造成大量幼苗死亡。2016 年大别山因近一个月的持续降雨，导致山洪暴发，造成老路沟等多处香果树大树被毁。

2．人为破坏

人为破坏是导致香果树濒危的另一重要因素，香果树种群分布区海拔多在800～1500 m，人类活动频繁。由于人们对香果树认识不到位，管理保护不到位，香果树分布区矿山开发、景区开发、道路修建等致使部分香果树个体遭到破坏。单一经济物种的种植侵占了香果树的原生境，同样导致了香果树数量的锐减。另外，当地农民把香果树作为薪炭林树种砍伐，造成植株数量急剧下降（王万强等，2008）。由于种植毛竹，江苏溧阳原香果树分布区已被毛竹所替代，原有香果树已消失不见。伏牛山七星潭景区修路，沿路部分香果树遭到破坏；宝天曼国家级自然保护区一株开花结果的香果树大树被当地居民移走。武夷山香果树分布区多与茶园重叠，部分茶农为了防止香果树影响茶叶产量，在初春喷洒除草剂，导致香果树实生苗大量死亡，而在茶园中个体较大的根萌苗均遭到砍伐。

10.4 香果树种群的恢复策略

10.4.1 就地保护

就地保护是指保护自然生态系统和自然生态环境中受到威胁的动植物种类，通过对濒危动植物所处的原有生境进行封育管理促进其生存繁衍，这是一种最为有效的保护措施（蒋志刚等，1997）。野外调查表明，香果树更新及保存较好的分布地区，其群落环境破坏较少，植被的原始性较强，这表明香果树已与其生存环境形成了相互依存、相互影响的关系。对香果树加以保护，就必须保护其原有生境。香果树就地保护的层次：首先根据香果树分布区植物资源的丰富程度，建立一定范围的自然保护区，作为香果树就地保护的场所。其次由于自然保护区强调严格保护，这可能与当地社会经济发展存在矛盾与冲突，为此可以建立国家公园、风景名胜区或森林公园，以满足保护香果树等濒危植物及繁荣地方经济等作用。再次如果香果树所处植被稀疏，没有建立保护区或公园的价值，可以设立香果树保护地，以保护香果树的原有生境。

1．增加坐果率、种子饱满率的措施

由于香果树在国内分布区较广，星散分布，且每个种群均有独特的基因型，种群内变异较小，而种群间变异较大（熊丹等，2006；张文标等，2007），因此每个种群都具有保护价值，对不同分布区香果树的保护需同等重视。由香果树的生殖特征可知，就地保护不能只对该群落进行封禁，需适度地人为干扰才可以促进其更新。针对香果树开花结实需要较强的光照条件，可对其他伴生乔木植物（非保护植物）进行择伐或间伐，以减小其所在群落的盖度，改善其光照条件，促进香果树开花结实。程喜梅（2008）对连康山香果树的传粉生物学进行研究发现，香果树单花花粉量较大，散粉后 1～3 d 花粉活力在 80%～97%，表明其花粉质量不是导致香果树濒危的原因，但进一步研究发现，香果树主要传粉昆虫为中华蜜蜂（*Apis cerana* Fabricius）、熊蜂（*Bombus* spp.）、金毛长腹土蜂（*Campsomeris prismatica* Smith）等几种，传粉媒介不足，导致其结果率低。基于此原因，我们可以通过养蜂，增加其传粉昆虫的数量，来增加访花率，提高传粉概率。本研究中发现，武夷山和三清山的香果树花主要分布于母树树冠的西侧和南侧及树冠的上层，局部营养失衡，供给果实形成和生长的营养物质较少，导致结果量较少，这种现象在年幼的香果树母树最为明显，年龄较小的香果树开花量大，而几乎不结果实，因此需摘除部分花朵，减少香果树花的密度，减少营养消耗以满足果实、种子生长的需要，提高坐果率和种子饱满率。

2．增加种子萌发率及幼苗成活率的措施

香果树种子雨始于每年的 10 月底至 11 月初，持续 1～2 个月后结束，其大部分种子落入枯落物和苔藓层中（＞70%），由于香果树种子雨比其落叶要晚，香果树种子微小，极易受环境影响，而造成二次迁移，故大部分种子并非在枯落物或苔藓表面，而位于其中，这导致香果树种子吸胀过程中不能获得光照，由于其为需光种子，因而无法萌发，且在枯落物和苔藓层中种子的发霉率和虫蛀率增高，导致了多半种子失去活力；萌发的部分种子也因缺乏足够营养无法穿过枯落物或苔藓层扎根于土壤，这导致了香果树幼苗大量死亡。由此可知，香果树种子萌发受林下枯落物和苔藓层的影响较大，故可在香果树种子雨前清理林下枯枝落叶及较厚的苔藓层，以减小种子霉烂或被虫蛀的可能，使香果树种子能与土壤接触，增加其萌发定植的概率。鉴于原生境中香果树土壤种子库主要以霉烂和虫蛀种子存在，故可考虑在其种子雨散布前，采集成熟的果实，待翌年土壤温度上升至种子萌发下限（9℃）后清理枯落物和苔藓层并播撒于林内，以减少种子库阶段种子的消耗，增加种子萌发率及幼苗建成数量。

由于香果树种子具翅且质量非常小，故容易被风吹至离母树很远的地方，研究发现最远可至 100 m 以外的地方，这些地段可能位于光照较强的林外或裸露无地被物的地方，由于缺乏活地被物的遮阴，其地表光照和温度均较高，且光照、土壤温度和湿度变化剧烈，极易导致种子萌发后失水死亡，且降雨雨滴直接冲击幼苗植株，极易导致其下胚轴断裂死亡。因此在香果树林外及种子可及的裸地需增加地被物，以减缓环境剧烈变化对其幼苗带来的冲击，减少其死亡率。

香果树种子萌发后子叶期较长，室内研究发现，将香果树种子直接浸泡入蒸馏水中，其种子可以萌发，褪去种皮，展出子叶，在水中存活 2 个月后逐渐死亡。

野外条件下，香果树部分种子飘落溪水中，同样可萌发，如在萌芽阶段遇到浅滩，即可扎根定植成苗，这可能是香果树沿溪流沿岸分布的主要原因。因此在香果树原生境溪流边设置一些障碍物，减缓水流速度，增加香果树种子驻留的时间，以利于其扎根于溪流边的浅滩上。在土壤表面光强低于 50 lx 时，香果树幼苗维持子叶期可达 3 个多月不长真叶，而在光强 500 lx 以上则仅需要 3 周左右即可长出真叶。光照在植物形态建成中具有关键作用，康华靖等（2011）对香果树幼苗的生长规律研究发现，在 2200 lx 的光强下，其根径及株高的生长速度最快，而 1000 lx 和 5000 lx 的光强下生长较慢。原生境中香果树冠下环境光照强度很低，一般低于 1000 lx，这严重抑制了香果树幼苗光合作用，导致其生长极为缓慢，增加了其夭折的风险。因此除了上述择伐和间伐乔木伴生种以外，还需适当清理林下活地被物，增加林下的光照条件，这样有利于香果树幼苗的快速生长。

3．断根、伤根处理，提高其根萌苗形成

对不同直径的香果树的根进行不同埋深、不同损伤程度、不同季节等处理，研究发现香果树露根的萌蘖能力高于埋根，随着埋深的增加，其萌蘖能力逐渐减弱；断根对香果树根的刺激强度最大，可显著提高其萌蘖能力，而砍伤和刮伤则对其刺激的作用时间较长，其根萌苗的数量多于断根；香果树的根系对较强的机械损伤形成的伤口愈合能力较差，断根产生的愈伤组织面积比例最小，而砍伤和刮伤的根愈伤组织面积相对较大，春季处理的愈伤组织面积较大，秋季较小，故采用根萌苗对香果树进行种群恢复时，应尽量在春季操作，选择较细的根暴露于土壤表面，进行无损伤处理或对较粗的根进行适度的刮伤和砍伤处理，尽量避免断根，这样将人为干扰的程度降到最低，并提高其根萌能力，促进该种群恢复。

10.4.2 迁地保护

迁地保护是指为了保护生物多样性，把因生存条件不复存在，物种数量极少或难以找到配偶等原因，生存和繁衍受到严重威胁的物种迁出原地，移入动物园、植物园、水族馆和濒危动物繁殖中心，进行特殊的保护和管理，是对就地保护的补充，是生物多样性保护的重要部分。植物迁地保护的理论基础和基本措施是植物的引种驯化，植物引种驯化是人类根据自身的需要，把野生植物改变成栽培植物，并不断扩大它们的种植面积，提高植物数量和质量的全过程。

1．实生苗育苗条件分析

香果树种子微小，储藏营养物质少，顶土力弱，且该种子为需光种子，黑暗下不能萌发，故只能播种于土壤表面。温度和光照对香果树种子萌发具有重要作用。香果树种子萌发温度为 9～36℃，9℃胚根生长极为缓慢，36℃胚根易腐烂，即高温和低温均不利于其种子萌发及幼苗生长。低温条件下，随着光照强度的增加，香果树种子萌发率、发芽指数逐渐增高，这表明在一定条件下光照强度可以对温度起到补偿作用，但在高温条件下，此现象消失。光照强度＞20 lx时，香果树种子即可萌发。除33℃、36℃外其他温度条件下，2000～3000 lx时香果树种子萌发指数较高、萌发周期较短、活力指数较高，最有利于其种子萌发。香果树幼苗可在含水量20%～68%的土壤内存活，44%是其幼苗生长的最佳土壤含水量。当土壤硬度＜1.0 MPa时，香果树幼苗容易扎根存活，表明香果树幼苗易在松散的土壤中生长、存活。香果树林内枯落物及苔藓均对香果树幼苗的生长具有抑制作用，故尽量清除土壤表面的地被物，以促进香果树幼苗快速生长。

2．实生苗育苗

本研究在武夷山保护区香果树分布区外的茶园边及生境相似的坡面设置苗圃进行了播种育苗工作，种子来自武夷山挂墩山5号香果树，种子大而饱满。武夷山挂墩山和一里坪两处分别设置40个3 m×3 m的样方，相邻两样方间隔1 m，播种在每年的4月。

操作过程是：首先整地，清除其他植物及啃噬种子的蜗牛、小黑飞、蚯蚓、蚂蚁等动物（土壤消毒），充分浇水后将种子均匀播撒于苗床土壤表面，其上用竹竿做成1 m高的拱形棚，并用塑料膜将其罩起来，在拱棚上盖一层透光率为20%的遮阳网，防止苗床阳光暴晒及雨水冲刷，待幼苗脱掉种皮、子叶展开后将塑料膜和透光率为20%的遮阳网揭去，在拱棚上覆盖透光率为50%的遮阳网直至第二年春天撤去拱棚。期间注意苗床浇水、除草及病虫害防治。

由于2013年、2014年育苗时未加盖塑料膜，种子被雨水冲刷，埋入土壤，导致连续两年育苗失败，2015年挂墩山种子育苗成功，2016年一里坪种子育苗成功。香果树苗木生长尚好，但每年死亡率高达70%以上，实生苗的数量依然很少。截至2017年8月，挂墩山香果树3 a实生苗为165株，一里坪2 a实生苗为80株。

3．根萌苗育苗

本研究自2015年开始进行根萌苗育苗，根段来自于断根处理、激素测定形成的断根及2016年洪水暴发导致老路沟香果树产生的断根。根段采集后用苔藓保湿包装并立即送至苗圃。

若取根段时间在秋冬季节，则需将根段两端剪口修剪平滑，将根段平卧埋入20 cm深的土壤中保存，土壤需保持足够水分，待翌年4月取出扦插。若取根段时间在春、夏季节，则无须埋根，直接进行扦插。

扦插前将香果树根段截成15 cm一支，根段的细端在2,4-D 200 mg/kg的生根粉浸泡1 h后，以细端在下将根段与地面45°斜插入苗床，粗端露出地面1～2 cm，其上覆盖苔藓保湿。并在苗床上架设拱形棚，加盖透光率为50%的遮阳网，直至第二年春天撤去拱棚。

由表 10-1 可知，香果树根段的总体成苗率为 58.33%，最佳成苗根段的直径为 10～15 mm，其成苗率达 76.36%，其次为 15～20 mm 的香果树根段，成苗率为 70.45%。研究发现尽管部分 25 mm 以上的根段可形成根萌苗，但每一根段往往萌苗数量过多，导致其生长缓慢，无法与其他直径根段的根萌苗竞争。

表 10-1 香果树根段育苗实验

根段直径（mm）	根段长度（cm）	1a 幼苗高度（cm）	成活根段数（段）	总根段数（段）	成活率（%）
0～5	15	3.41	5	17	29.41
5～10	15	10.28	19	48	39.58
10～15	15	17.605	42	55	76.36
15～20	15	11.75	31	44	70.45
20～25	15	6.865	13	22	59.09
>25	15	2.97	2	6	33.33

10.4.3 种质资源保存

离体保存及其研究始于 20 世纪 70 年代，主要是以组织培养的方式来贮藏种质。贮藏珍稀濒危植物的种子、根、茎、叶、花粉等器官、组织或试管苗于种质资源库或基因库内，并建立野生植物种质保存基因库，以便长期保存和满足将来研究需要。在人工控制的条件下保存种子，可以延缓种子的衰老过程，从而大大延长种子的寿命。这样，不仅可以避免珍稀植物在遇到不可抗拒的自然灾害时整个物种灭绝的悲剧，也可以避免在自然条件下发生遗传变异而导致珍稀物种的基因流失。

陈黎和周凯（2008）研究发现 5℃是香果树种子储藏的最佳温度，该温度下冷藏 18 个月的香果树种子萌发率有 64.3%；−5℃冷冻储藏效果较差，冷冻 18 个月的香果树种子萌发率为 35.3%；室温贮藏最差，16 个月时香果树种子全部失去活力。本研究发现，与低温冷藏相比，低温沙藏是香果树种子的最佳储藏措施，其连续 9 个月消耗的干物质量为冷藏消耗的 89.3%，种子萌发率为 86%，连续贮藏 30 个月，种子萌发率为 21%，而贮藏于野外的香果树种子 9 个月均失去活力。洪森荣和尹明华于 2010 年对香果树带芽茎段进行了离体保存实验，结果表明，多效唑（PP_{333}）对香果树的离体保存影响显著，最适合的 PP_{333} 浓度为 6 mg/L，180 d 后其成活率可达 95%以上。2008 年 3 月河南驻马店建立香果树种子资源保存库（张华丽等，2015），该种质资源保存库的建立，能有效地防止该物种灭绝，防止该物种遗传基因丢失，具有十分重要的意义。

10.4.4　加强香果树种群繁衍的研究

继续深入对香果树生存繁衍问题进行研究。目前在伏牛山黄龙潭分布的香果树植株弱小，仅见零星分布，林下无幼苗。一般认为无性繁殖个体的结种率较低、种质资源库有限、种子的成熟率和生长率均较低，其幼苗的成活率也会较低（Bell and Ojeda，1999；Bond and Midgley，2001；闫恩荣等，2005）。武夷山挂墩山林壁上竹林中的香果树种群仅有百年以上大乔木，尽管都进入繁殖期，但其坐果率低、种子干瘪率高，种子萌发率极低，林下仅见 30 多株 1～3 a 实生苗和 50 多株 1～3 a 根萌苗，无大苗、幼树和中龄阶段个体。为何此地香果树坐果率低、种子干瘪率高？这种现象是否与无性繁殖有关？香果树实生苗和萌生苗无法进入主林层，其幼苗、幼树生长受哪些因素影响，是如何造成的？这些问题关系到香果树的自然更新，还有待进一步研究。

10.4.5　加大宣传力度和执法力度

由于香果树等濒危植物大多分布于山区，极易受到周围居民的干扰、破坏，如 2013 年伏牛山上河段公路边一株开花香果树被当地村民挖走致使其死亡，武夷山部分山民为防止杂草、杂树侵入其茶园影响茶叶产量，每年 4～5 月打除草剂，清理其他植被，导致茶园边大量香果树实生苗及根萌苗死亡。主要原因是他们不知道这些植物是濒危植物，只有让他们认识生活中可能遇到的濒危植物及知道保护珍稀濒危植物的重要性，才能从根本上解决濒危植物的保护问题，如大熊猫是人尽皆知的国宝，即使其破坏了山民农田，他们也会保护大熊猫。对濒危植物，人们了解很少，故加大力度宣传珍稀濒危植物，让人们知道濒危植物资源是人类生存和发展必不可少的物质基础，大量的濒危植物有药用价值、生态价值、经济价值等，一旦灭绝，将无法挽回。

加强执法力度，严格执行《中华人民共和国森林法》《中华人民共和国草原法》《中华人民共和国野生植物保护条例》《野生药材资源保护管理条例》等相关法律和条例，严厉打击盗伐、盗采活动，严禁人们进入保护区核心区从事生产活动，对破坏濒危植物的行为坚决予以制止，迫使群众保护濒危植物的行为由被动转变为主动。

主要参考文献

边才苗，金则新，李钧敏．2005．濒危植物七子花的生殖构件特征［J］．西北植物学报，25（4）：756-760．

操国兴，钟章成，刘芸，等．2003．缙云山川鄂连蕊茶种群空间分布格局研究［J］．生物学杂志，20（1）：10-12．

操国兴，钟章成，谢德体，等．2004．川鄂连蕊茶种群生殖力分析［J］．应用生态学报，15（3）：363-366．

操国兴，钟章成，谢德体，等．2005．不同群落中川鄂连蕊茶的生殖分配与个体大小之间关系的探讨［J］．植物生态学报，29（3）：361-366．

曹坤方．1993．植物生殖生态学透视［J］．植物学通报，10（2）：15-23．

曹生奎，冯起，司建华，等．2009．植物叶片水分利用效率研究综述［J］．生态学报，29（7）：3882-3892．

柴胜丰，韦霄，蒋运生，等．2009．濒危植物金花茶开花物候和生殖构件特征［J］．热带亚热带植物学报，17（1）：5-11．

陈波，达良俊，宋永昌．2003．常绿阔叶树种栲树开花物候动态及花的空间配置［J］．植物生态学报，27（2）：249-255．

陈迪马，潘存德，刘翠玲，等．2005．影响天山云杉天然更新与幼苗存活的微生境变量分析［J］．新疆农业大学学报，28（3）：35-39．

陈继团，汪祖潭，俞彩珠．1991．香果树苗木湿腐病的研究［J］．浙江林学院学报，8：85-92．

陈坤荣，赵滇庆．1998．珙桐繁殖的生物学特性［J］．西南林学院学报，18（2）：68-73．

陈黎，周凯．香果树种子贮藏寿命的研究［J］．黄山学院学报，2008，9（5）：64-66．

陈同斌，张斌才，黄泽春，等．2006．超富集植物蜈蚣草在中国的地理分布及其生境特征［J］．地理研究，24（6）：825-833．

陈晓丽，王根绪，杨燕，等．2013．贡嘎山不同林龄峨眉冷杉种子雨及土壤种子库［J］．生态学杂志，32（5）：1141-1147．

陈远征，马祥庆．2007．濒危植物生殖生态学研究进展［J］．中国生态农业学报，15（1）：186-189．

程喜梅．2008．国家重点保护植物香果树传粉生物学研究［D］．郑州：河南农业大学硕士学位论文．

崔秀明，安娜，黄璐琦，等．2010．三七种子后熟期的生理生化动态研究Ⅰ．不同贮存条件对种子活力的影响［J］．西南农业学报，23（3）：704-706．

戴月，薛跃规．2008．濒危植物顶生金花茶的种群结构［J］．生态学杂志，27（1）：1-7．

丁岩钦．1980．昆虫种群数学生态学原理与应用［M］．北京：科学出版社．

董必慧．2005．濒危植物-中华补血草的保护性研究［C］// 全国植物逆境生理与分子生物学研讨会．

段仁燕，黄敏毅，吴甘霖，等．2009．黄山松种群邻体范围与邻体竞争强度的研究［J］．广西植物，29（1）：111-115．

段仁燕，王孝安．2005．太白红杉种内和种间竞争研究［J］．植物生态学报，29（2）：242-250．

段文军．2007．南亚热带退化草坡及典型人工林林下植物多样性形成机制［D］．广州：中国科学院华南植物园；中国科学院华南植物研究所博士学位论文．

范繁荣．2008．濒危植物白桂木的濒危机制与迁地保育研究［D］．福州：福建农林大学博士学位论文．

范媛媛，项俊，刘亮，等．2015．湖北省香果树自然种群分布研究［J］．生态科学，34（4）：52-56．

方炎明，张晓平，王中生．2004．鹅掌楸生殖生态研究：生殖分配与生活史对策［J］．南京林业大学学报：自然科学版，28（3）：71-74．

傅家瑞．1957．大薸（水浮莲）种子是需光种子［J］．科学通报，2（19）：590-591．

傅立国．1991．中国植物红皮书——稀有濒危植物（第一册）［M］．北京：科学出版社．

傅立国，陈潭清，郎楷永，等．2004．中国高等植物．第十卷［M］．青岛：青岛出版社．

傅星，南寅镐．1992．科尔沁沙地盐生草甸主要植物群落种群格局的研究［J］．应用生态学报，（4）：313-320．

甘聃，陈发菊，梁宏伟，等．2006．珍稀濒危植物香果树种子萌发特性研究［J］．种子，25（5）：27-29．

甘小洪，白琴，马永红．2009．濒危植物水青树结实特性研究［J］．种子，（9）：59-61．

甘小洪，田茂洁，罗雅杰．2008．濒危植物水青树种子的萌发特性研究［J］．西华师范大学学报：自然科学版，29（2）：132-135．

高润梅，石晓东，郭跃东，等．2015．文峪河上游华北落叶松林的种子雨，种子库与幼苗更新［J］．生态学报，35（11）：3589-3597．

高媛，贾黎明，苏淑钗，等．2015．无患子物候及开花结果特性［J］．东北林业大学学报，43（6）：34-40，123．

顾垒，张奠湘．2008．濒危植物四药门花的自花授粉［J］．植物分类学报，46（5）：651-657．

管康林，葛惠华．1998．田园杂草种子的休眠和需光萌发［J］．植物生理学报，（5）：377-380．

郭华，王孝安，肖娅萍．2005．秦岭太白红杉种群空间分布格局动态及分形特征研究［J］．应用生态学报，16（2）：227-232．

郭连金．2009．濒危植物香果树（*Emmenopterys henryi*）种群结构与动态［J］．武汉植物学研究，27（5）：509-514．

郭连金．2014．濒危植物香果树幼苗空间格局及数量动态研究［J］．西北植物学报，34（9）：1887-1893．

郭连金，曹昊玮，徐卫红，等．2017．香果树（*Emmenopterys henryi*）种群种子雨、种子库及实生苗数量的海拔梯度变化［J］．植物研究，37（3）：377-386．
郭连金，贺昱，徐卫红．2012．三清山濒危植物天女花种群生殖对策研究［J］．植物科学学报，30（2）：153-160．
郭连金，李永娥，李梅．2007．武夷山米槠种群数量动态分析［J］．西北林学院学报，22（5）：27-31．
郭连金，林国卫，徐卫红，等．2011．武夷山香果树自然种群生殖构件特性研究［J］．西北林学院学报，26（4）：18-22．
郭连金，徐卫红．2007．武夷山米槠种群结构及谱分析［J］．植物研究，27（3）：325-330．
郭连金，薛苹苹，邵兴华，等．2015．香果树根萌苗生长特性及影响因子分析［J］．植物科学学报，33（2）：165-175．
郭有燕．2014．文冠果种群繁殖方式及其在种群更新中的作用［J］．应用生态学报，25（11）：3110-3116．
国家环境保护局，中国科学院植物研究所．1987．中国珍稀濒危保护植物名录（第一册）［M］．北京：科学出版社．
韩有志，王政权．2002a．森林更新与空间异质性［J］．应用生态学报，13（5）：615-619．
韩有志，王政权．2002b．天然次生林中水曲柳种子的扩散格局［J］．植物生态学报，26（1）：51-57．
郝日明，黄致远，刘兴剑，等．2000．中国珍稀濒危保护植物在江苏省的自然分布及其特点［J］．生物多样性，8（2）：153-162．
何池全，赵魁义．1999．湿地克隆植物的繁殖对策与生态适应性［J］．生态学杂志，（6）：38-46．
何飞武，赖家业，朱盛山，等．2012．毛竹叶化感成分对阳春砂仁种子发芽的影响［J］．仲恺农业工程学院学报，25（2）：13-16．
何淼，陈士惠，马翠青，等．2014．野生及引种侧金盏花的开花物候与传粉特性［J］．草业科学，31（3）：431-237．
何田华，饶广远，尤瑞麟．1999．濒危植物木根麦冬的保护生物学研究［J］．自然科学进展，（10）：874-879．
何永华，李朝銮．1999．攀枝花苏铁种群生态地理分布、分布格局及采挖历史的研究［J］．植物生态学报，23（1）：23-30．
何中声，刘金福，郑世群，等．2012．单一斜率变点分析格氏栲幼苗的竞争范围［J］．应用与环境生物学报，18（5）：847-852．
贺明荣，王振林．2004．土壤紧实度变化对小麦籽粒产量和品质的影响［J］．西北植物学报，24（41）：649-654．
贺善安，刘友良，郝日明，等．1999．鹅掌楸种群间光生态适应性的分化［J］．植物生态学报，23（1）：40-47．

红雨，邹林林，朱清芳. 2013. 濒危植物蒙古扁桃种子雨和土壤种子库特征［J］. 林业科学，48（10）：145-149.

洪德元，葛颂，张大明，等. 1994. 植物濒危机制研究的原理和方法［C］// 首届全国生物多样性保护与持续利用研讨会.

洪德元. 1990. 生物多样性面临的危机［J］. 中国科学院院刊，2：117-120.

胡红泉，崔同林. 2011. 珍稀树种香果树的利用价值及实用繁殖技术［J］. 中国林副特产，(6)：36-37.

胡梅香，张国禹，黄桂云，等. 2015. 香果树叶片直接诱导不定芽技术研究［J］. 中国园艺文摘，31（8）：46-47.

胡蓉，林波，刘庆. 2011. 林窗与凋落物对人工云杉林早期更新的影响［J］. 林业科学，47(6)：23-29.

胡世俊，闫晓慧，何平，等. 2013. 破碎生境中缙云卫矛种群生殖值分析［J］. 广东农业科学，40（6）：148-150.

胡振天，鲁艳华. 2013. 塞罕坝野生花卉广布野豌豆种子萌发特性研究［J］. 河北林业科技，（1）：9-10.

华鹏. 2003. 胡杨实生苗在河漫滩自然发生和初期生长的研究［J］. 新疆环境保护，25（4）：14-17.

黄红兰. 2012. 九连山自然保护区毛红椿天然种群生态学特征［D］. 南昌：江西农业大学博士学位论文.

黄江华，唐初明. 2014. 广西荔浦县国家重点保护野生植物香果树的价值与保护利用研究［J］. 林业勘查设计，(1)：84-88.

黄利亚，崔凯峰，黄祥童，等. 2016. 长白山区珍稀濒危植物大苞柴胡种群现状及保护［J］. 北华大学学报：自然科学版，17（6）：741-744.

黄绍辉，方炎明. 2005. 吴大源金缕梅种群生殖产量的相关分析［J］. 武夷科学，21：56-59.

黄仕训. 1998. 元宝山冷杉濒危原因初探［J］. 农村生态环境，14（1）：6-9.

江洪. 1992. 云杉种群生态学［M］. 北京：中国林业出版社.

蒋国梅，孙国，张光富，等. 2010. 濒危植物宝华玉兰种内与种间竞争［J］. 生态学杂志，29（2）：201-206.

蒋有绪，刘世荣. 1993. 关于区域生物多样性保护研究的若干问题［J］. 自然资源学报，8(4)：289-298.

蒋志刚. 2004. 我们正面临第六次物种大灭绝［J］. 生命世界，(5)：8.

蒋志刚. 马克平，韩兴国. 1997. 保护生物学［M］. 杭州：浙江科学技术出版社.

焦培培，李志军. 2007. 濒危植物矮沙冬青开花物候研究［J］. 西北植物学报，27(8)：1683-1689.

金则新，柯世省. 2002. 浙江天台山七子花群落主要植物种类的光合特征［J］. 生态学报，22（10）：1645-1652.

金则新，李钧敏，陈丽. 2007. 濒危植物香果树叶片次生代谢产物含量分析［J］. 安徽农业科学，34（21）：5521-5522.
金则新，张文标．2004．濒危植物七子花种内与种间竞争的数量关系［J］．植物研究，24（1）：53-58.
景新明，郑光华，裴颜龙，等．1995．野生紫斑牡丹和四川牡丹种子萌发特性及其致濒的关系［J］．生物多样性，3（2）：84-87.
康华靖．2008．大盘山自然保护区濒危植物香果树群落生态学的研究［D］．金华：浙江师范大学博士学位论文：15-20.
康华靖，陈子林，刘鹏，等．2007a．大盘山自然保护区香果树种群结构与分布格局［J］．生态学报，27（1）：389-396.
康华靖，陈子林，周钰鸿，等．2011．濒危植物香果树种子萌发及幼苗生长动态的比较［J］．中南林业科技大学学报，31（1）：32-37.
康华靖，刘鹏，陈子林，等．2007b．不同生境香果树种群的径级结构与分布格局［J］．林业科学，43（12）：22-27.
康华靖，刘鹏，陈子林，等．2007c．大盘山自然保护区香果树群落结构特征［J］．云南植物研究，29（4）：461-466.
康喜亮，王晓军，牛力涛，等．2010．濒危药用植物天山雪莲（*Saussurea involucrata* Kar．et Kir．）种子萌发特性研究［J］．种子，29（5）：81-83.
赖家业，石海明，潘春柳，等．2008．珍稀濒危植物蒜头果传粉生物学研究［J］．北京林业大学学报，30（2）：59-64.
赖江山，李庆梅，谢宗强．2003．濒危植物秦岭冷杉种子萌发特性的研究［J］．植物生态学报，27（5）：661-666.
兰小中，廖志华，王景升．2005．西藏高原濒危植物西藏巨柏光合作用日进程［J］．生态学报，25（12）：3172-3175.
李博，陈家宽．2002．生物入侵生态学：成就与挑战［J］．世界科技研究与发展，24（2）：26-36.
李桂强．2011．珍稀濒危植物扇脉杓兰（*Cypripedium japonicum* Thunb．）保护生物学研究［D］．重庆：西南大学博士学位论文．
李国尧，王权宝，李玉英，等．2014．橡胶树产胶量影响因素［J］．生态学杂志，33（2）：510-517.
李海冰，刘影，塔西买买提·马合苏木，等．2013．新疆濒危野生樱桃李幼苗的自然分布特征［J］．新疆农业科学，50（9）：1612-1619.
李红．2001．濒危植物独叶草种群生殖生态学研究［D］．咸阳：西北农林科技大学硕士学位论文．
李建贵，潘存德．2001．天山云杉种群统计与生存分析［J］．北京林业大学学报，23（1）：84-86.
李钧敏，金则新．2004．香果树RAPD扩增条件的优化及遗传多样性初步分析［J］．福建林业科技，31（2）：36-40.
李俊清．1986．阔叶红松林中红松的分布格局及其动态［J］．东北林业大学学报，14（1）：33-38.
李奎，郑宝强，王雁，等．2012．滇牡丹自然种群数量动态［J］．植物生态学报，36（6）：522-529.

李利平，李争艳，王玉兵，等．2012．香果树花及胚胎发育的细胞学研究［J］．植物研究，32（6）：646-650．

李林，魏识广，黄忠良，等．2012．猫儿山两种孑遗植物的更新状况和空间分布格局分析［J］．植物生态学报，36（2）：144-150．

李萍，朱清科，谢芮，等．2012．半干旱黄土丘陵沟壑区水平阶整地人工油松林种内竞争研究［J］．应用基础与工程科学学报，20（4）：592-601．

李庆梅．2008．秦巴山地两种冷杉种实特性研究与秦岭冷杉濒危原因探讨［D］．北京：北京林业大学博士学位论文．

李帅锋，刘万德，苏建荣，等．2013．云南兰坪云南红豆杉种群年龄结构与空间分布格局分析［J］．西北植物学报，33（4）：792-799．

李铁华，周佑勋，段小平，等．2004．香果树种子休眠和萌发的生理特性［J］．中南林业科技大学学报，24（2）：82-84．

李伟成．2004．濒危植物明党参的空间分布格局和生存过程分析研究［D］．杭州：浙江大学硕士学位论文．

李文军，王恩明．1993．生物多样性的意义及其价值//陈灵芝．中国的生物多样性［M］．北京：科学出版社．

李先琨，苏宗明，向悟生，等．2002．濒危植物元宝山冷杉种群结构与分布格局［J］．生态学报，22（12）：2246-2253．

李先琨，向悟生，欧祖兰，等．2003．濒危植物南方红豆杉种群克隆生长空间格局与动态［J］．植物分类与资源学报，25（6）：625-632．

李先琨，向悟生，苏宗明．2004．南方红豆杉无性系种群结构和动态研究［J］．应用生态学报，15（2）：177-180．

李小双，彭明春，党承林．2008．植物自然更新研究进展［J］．生态学杂志，26（12）：2081-2088．

李晓东，黄宏文，李作洲，等．2004．濒危植物巴东木莲的分布及保护策略［J］．植物科学学报，22（5）：421-427．

李新蓉，谭敦炎，郭江．2006．迁地保护条件下两种沙冬青的开花物候比较研究［J］．生物多样性，14（3）：241-249．

李性苑，李东平．2005．贵州雷公山秃杉种群统计分析［J］．黔东南民族师范高等专科学校学报，23（3）：28-30．

李雪萍，郭松，熊俊飞，等．2015．广西野生濒危植物掌叶木遗传多样性的 ISSR 与 srap 分析［J］．园艺学报，42（2）：386-394．

李芸瑛，窦新永，彭长连．2008．三种濒危木兰植物幼树光合特性对高温的响应［J］．生态学报，28（8）：3789-3797．

李在留，李雪萍，郭松，等．2015．珍稀濒危植物掌叶木的开花生物学特性与繁育系统［J］．园艺学报，42（2）：311-320．

李镇魁．2001．广东南岭国家级自然保护区珍稀濒危植物调查［J］．亚热带植物科学，30（3）：28-32．

李中岳，班青．1995．香果树的生物学特性与繁殖方法［J］．林业科技开发，（4）：37-38．

李宗艳，郭荣．2014．木莲属濒危植物致濒原因及繁殖生物学研究进展［J］．生命科学研究，18（1）：90-94．

梁宏伟，黄光强，王玉兵，等．2011．湖北长阳光叶珙桐群落结构研究［J］．生态科学，30（3）：250-256．

梁士楚，王伯荪．2002．红树植物木榄幼树斑块形状的分形分析［J］．广西植物，22（6）：481-484．

林永慧，何兴兵，田启建，等．2011．生境破碎化后濒危植物缙云卫矛种群的数量动态［J］．植物研究，31（4）：443-450．

刘成一，廖建华，陈月华，等．2011．湖南大围山香果树群落特征及物种多样性分析［J］．中南林业科技大学学报，31（11）：110-113．

刘春花．2006．外来种喜旱莲子草的入侵生态学［D］．武汉：武汉大学博士学位论文．

刘方炎，王小庆，陈敏，等．2015．金沙江干热河谷滇榄仁开花物候与繁育系统［J］．生态学报，35（21）：1-9．

刘果厚，王树森，任侠．1999．三种濒危植物种子萌发期抗盐性、抗旱性研究［J］．内蒙古林学院学报，（1）：33-38．

刘海燕，杨乃坤，李媛媛，等．2016．稀有濒危植物长柱红山茶种群特征及数量动态研究［J］．植物科学学报，34（1）：89-98．

刘海洋，金晓玲，沈守云，等．2012．湖南珍稀濒危植物——珙桐种群数量动态［J］．生态学报，32（24）：7738-7746．

刘建锋，杨文娟，江泽平，等．2011．遮荫对濒危植物崖柏光合作用和叶绿素荧光参数的影响［J］．生态学报，31（20）：5999-6004．

刘建锋．2003．我国珍稀濒危植物——崖柏种群生态学研究［D］．北京：中国林业科学研究院硕士学位论文．

刘军．2003．国家Ⅱ级重保护植物香果树的保护与利用［J］．甘肃科技，19（10）：151-152．

刘康，韦柳兰．1994．矮牡丹种群结构的研究［J］．西北植物学报，14（3）：232-236．

刘鹏，康华靖，张志详，等．2008．香果树（*Emmenopterys henryi*）幼苗生长特性和叶绿素荧光对不同光强的响应［J］．生态学报，28（11）：5656-5664．

刘强，殷寿华，兰芹英．2012．濒危兰科植物流苏石斛的种群数量动态［J］．应用与环境生物学报，18（4）：565-570．

刘任涛，毕润成，闫桂琴．2007．山西稀有濒危植物山核桃种群动态与谱分析［J］．武汉植物学研究，25（3）：255-260．

刘鑫，王政昆，肖治术．2011．小泡巨鼠和社鼠对珍稀濒危植物红豆树种子的捕食和扩散作用［J］．生物多样性，19（1）：93-96．

刘兴良，岳永杰，郑绍伟，等．2005．川滇高山栎种群统计特征的海拔梯度变化［J］．四川林业科技，26（4）：9-15．

刘勇生．2008．武夷山风景名胜区不同类型天然林凋落物特征比较研究［D］．福州：福建农林大学硕士学位论文．

刘玉华，贾志宽，史纪安，等．2006．旱作条件下不同苜蓿品种光合作用的日变化［J］．生态学报，26（5）：1468-1477．

刘仲健，陈利君，饶文辉，等．2008．长瓣杓兰（*Cypripedium lentiginosum*）种群数量动态与生殖行为的相关性［J］．生态学报，28（1）：111-121．

刘足根，朱教君，袁小兰，等．2007．辽东山区长白落叶松（*Larix olgensis*）种子雨和种子库［J］．生态学报，27（2）：579-587．

卢炯星，江琴，张幸女．2010．我国野生动植物保护中的若干法律问题及对策研究［C］// 中国法学会环境资源法学研究会 2010 年年会暨全国环境资源法学研讨会．

陆慧萍．2004．七子花遗传结构及优先保护种群的确定［D］．上海：华东师范大学硕士学位论文．

罗睿，郭建军．2010．植物开花时间：自然变异与遗传分化［J］．植物学报，45（1）：109-118．

吕冰，王娜，刘淑菊，等．2015．海南海岸青皮林繁殖物候特征［J］．生态学报，35（2）：416-423．

马金娥．2008．濒危植物夏蜡梅（*Sinocalycanthus chinensis*）生理生态特性研究［D］．重庆：西南大学硕士学位论文．

马克明，祖元刚．2000．植被格局的分形特征［J］．植物生态学报，24（1）：111-117．

马绍宾，姜汉侨．1999．小粟科鬼臼亚科种子大小变异式样及其生物学意义［J］．西北植物学报，19（4）：715-724．

马万里，荆涛，Kujansuu J，等．2001．长白山地区胡桃楸种群的种子雨和种子库动态［J］．北京林业大学学报，23（5）：70-72．

马文宝，施翔，张道远，等．2008．准噶尔无叶豆的开花物候与生殖特征［J］．植物生态学报，32（4）：760-767．

马尧．2005．影响月见草种子发芽因素的探讨［J］．吉林农业科技学院学报，14（2）：1-3．

马忠武，何关福．1989．我国物有植物香果树化学成分的研究［J］．植物学报，31（8）：520-625．

满金山，方元平，刘胜祥，等．2008．七姊妹山国家级自然保护区香果树资源现状及保护［J］．黄冈师范学院学报，28（3）：44-46．

潘春柳．2007．珍稀濒危植物单性木兰生殖生态学研究［D］．南宁：广西大学硕士学位论文．

潘德权，陈景艳，李鹤，等．2014．香果树实生苗培育技术及苗木质量分级［J］．种子，33（4）：113-115．

彭少鳞．1996．南亚热带森林群落动态学［M］．北京：科学出版社．

祁娟，师尚礼，徐长林，等．2013．4 种披碱草属植物光合作用光响应特性的比较［J］．草业学报，22（6）：100-107.
曲仲湘．1983．植物生态学［M］．2版．北京：高等教育出版社．
任青山，杨小林，崔国发，等．2007．西藏色季拉山林线冷杉种群结构与动态［J］．生态学报，27（7）：2669-2677.
单海平，邓军．2007．我国西南地区岩溶水资源的基本特征及其和谐利用对策［J］．中国岩溶，25（4）：324-329.
上官铁梁，张峰．2001．我国特有珍稀植物翅果油树濒危原因分析［J］．生态学报，21（3）：502-505.
尚海琳，李方民，林玥，等．2008．桃儿七光合生理特性的地理差异研究［J］．西北植物学报，28（7）：1440-1447.
沈琼桃．2011．濒危植物白桂木种子萌发生理研究［J］．西北林学院学报，26（2）：111-113.
沈紫微，南志标．2014．甘南地区歪头菜生殖分配对生殖产量的影响［J］．草业科学，31（5）：884-491.
盛茂银，沈初泽，陈祥，等．2011．中国濒危野生植物的资源现状与保护对策［J］．自然杂志，33（3）：149-154.
石胜友，成明昊，郭启高．2004．涪陵磨盘沟桫椤种群格局的分形特征——信息维数［J］．西北植物学报，24（7）：1179-1183.
宋明华，董鸣．2002．群落中克隆植物的重要性［J］．生态学报，22（11）：1960-1967.
宋萍，洪伟，吴承祯，等．2004．天然黄山松种群格局的分形特征——计盒维数与信息维数［J］．植物科学学报，22（5）：400-405.
宋玉霞，郭生虎，牛东玲，等．2008．濒危植物肉苁蓉（*Cistanche deserticola*）繁育系统研究［J］．植物研究，28（3）：278-282.
宋兆伟，郝丽珍，黄振英，等．2010．光照和温度对沙芥和斧翅沙芥植物种子萌发的影响［J］．生态学报，30（10）：2562-2568.
苏培玺，张立新，杜明武，等．2003．胡杨不同叶形光合特性、水分利用效率及其对加富 CO_2 的响应［J］．植物生态学报，27（1）：34-40.
孙红梅，辛霞，林坚，等．2004．温度对玉米种子贮藏最适含水量的影响［J］．中国农业科学，37（5）：656-662.
孙林，耿其芳．2014．珍稀濒危植物遗传多样性研究方法及影响因素［J］．安徽农业科学，42（13）：3793-3798.
孙书存，陈灵芝．2000．东灵山地区辽东栎种子库统计［J］．植物生态学报，24（2）：215-221.
谭敦炎，朱建雯，姚芳，等．1998．雪莲的生殖生态学研究．Ⅰ．生境、植物学及物候学特性［J］．新疆农业大学学报，21（1）：1-5.
唐亚，陈建中．1995．斜翼致濒原因探讨［J］．生物多样性，3（2）：74-78.
田淑娟．2010．珍稀濒危植物单性木兰生理生态特征及种群更新研究［D］．贵阳：贵州大学硕士学位论文.
汪智军，靳开颜. 2014. 新疆野巴旦杏分布特点及渐危因子分析［J］. 北方园艺，(23)：43-45.
汪祖潭. 1982. 香果树的繁育技术及木材物理力学性质［J］. 浙江林业科技，2 (3)：3-5.
王伯荪，李鸣光，彭少麟. 1995. 植物种群学［M］. 广州：广东高等教育出版社.
王成霞，孙虎，董晓颖，等. 2008. 桃叶片中相关激素含量与树体矮化和生长的关系［J］. 中国农学通报，24 (7)：226-230.
王辉，陈丽文. 2013. 豫南山区珍稀树种香果树的开发利用［J］. 林业实用技术，4：46-48.
王坚强，张光富，朱俊洪，等. 2016. 濒危植物香果树在江苏的分布及其调查初报［J］. 江苏林业科技，43 (1)：25-28.
王金淑. 2012. 环境因素对曼陀罗种子萌发特性的影响［J］. 北方园艺，(4)：72-74.
王景燕，龚伟，包秀兰，等. 2016. 水肥耦合对汉源花椒幼苗叶片光合作用的影响［J］. 生态学报，36 (5)：1-10.
王敏，王进鑫，王榆鑫，等. 2016. 不同土壤水分条件下铅胁迫对白羊草种子和幼苗的影响［J］. 草地学报，24 (4)：841-848.
王强，金则新，郭水良，等. 2014. 濒危植物长叶榧的光合生理生态特性［J］. 生态学报，34 (22)：6460-6470.
王淑英，岳永德，汤锋，等. 2010. 竹叶对萝卜幼苗生长的影响［J］. 生态科学，29 (3)：221-228.
王万强，李霞，王瑾. 2008. 香果树濒危原因与保护［J］. 中国林业，(1A)：46.
王文俊，张薇，李莲芳，等. 2016. 云南松种子发芽及幼苗保存对土壤水分和有机肥的响应［J］. 南方农业学报，47 (1)：87-91.
王晓燕，杨淑贞，赵明水，等. 2015. 濒危植物天目铁木和羊角槭的光合及蒸腾特性日动态比较［J］. 华东师范大学学报：自然科学版，2：16.
王雄. 2003. 濒危植物沙冬青害虫及其防治研究［D］. 呼和浩特：内蒙古师范大学硕士学位论文.
王祎玲，张翠琴，林丽丽，等. 2015. 濒危植物太行菊与长裂太行菊的 ITS 序列分析［J］. 园艺学报，42 (1)：86-94.
王志高，王孝安，肖娅萍. 2004. 太白红杉种群的生殖对策研究Ⅱ. 生殖力和生殖值［J］. 西北植物学报，23 (12)：2089-2093.
王庄林. 2013. 生物入侵威胁美国生态［J］. 发明与创新：中学时代，(12)：9-10.
韦霄，柴胜丰，蒋运生，等. 2010. 珍稀濒危植物金花茶种子繁殖和生物学特性研究［J］. 广西植物，30 (2)：215-219.
韦小丽，朱忠荣，廖明，等. 2006. 香果树组织培养技术研究［J］. 种子，24 (10)：27-29.
魏亚平，郭占胜. 2009. 香果树埋根育苗试验初探［J］. 现代园艺，(9)：49-50.
文彬，何惠英，王如玲，等. 2009. 濒危植物多毛坡垒种子萌发的生理生态特性［J］. 植物分类与资源学报，31 (1)：42-48.
文彬，殷寿华，兰芹英，等. 2002. 绒毛番龙眼种子萌发生态特性的研究［J］. 广西植物，

22（5）：408-412.
吴承祯，洪伟．1999．林木生长的多维时间序列分析［J］．应用生态学报，10（4）：395-398.
吴大荣，王伯荪．2001．濒危树种闽楠种子和幼苗生态学研究［J］．生态学报，21（11）：1751-1760.
吴明作，刘玉萃．2000．栓皮栎种数量动态的谱分析与稳定性［J］．生态学杂志，19（4）：23-26.
伍业钢，韩进轩．1988．阔叶红松林红松种群动态的谱分析［J］．生态学杂志，7（1）：19-23.
向悟生，李先琨，苏宗明，等．2007．元宝山南方红豆杉克隆种群分布格局的分形特征［J］．植物生态学报，31（4）：568-575.
项小燕，张小平，段仁燕，等．2014．濒危植物大别山五针松母树林花粉传播规律［J］．广西植物，3：11.
肖宜安，何平，胡文海，等．2005．濒危植物长柄双花木自然种群生殖构件的时空动态［J］．应用生态学报，16（7）：1200-1204.
肖宜安，何平，李晓红，等．2004．濒危植物长柄双花木自然种群数量动态［J］．植物生态学报，28（2）：252-257.
肖宜安，李晓红，胡文海，等．2006．斑叶兰自然种群生物量生殖分配研究［J］．广西植物，26（1）：28-31.
肖宜安，肖南，胡文海，等．2007．濒危植物长柄双花木自然种群年龄结构及其生态对策［J］．广西植物，27（6）：850-854.
谢玉芳，潘林，杨玉芳，等．2004．香果树育苗技术［J］．江苏林业科技，（31）：39-40.
谢宗强，陈伟烈，路鹏，等．1999．濒危植物银杉的种群统计与年龄结构［J］．生态学报，19（4）：523-528.
谢宗强，陈伟烈．1994．中国特有植物银杉林的现状和未来［J］．生物多样性，2（1）：11-15.
谢宗强，陈伟烈．1999．中国特有植物银杉的濒危原因及保护对策［J］．植物生态学报，19（1）：1-7.
谢宗强，胡东．1999．濒危植物银杉的种群统计与年龄结构［J］．生态学报，19（4）：523-528.
谢宗强，李庆梅．2000．濒危植物银杉种子特征的研究［J］．植物生态学报，24（1）：82-86.
熊丹，陈发菊，李雪萍，等．2006．神农架地区濒危植物香果树的遗传多样性研究［J］．西北植物学报，26（6）：1272-1276.
宿静，汤庚国，万劲，等．2008．香果树茎段和叶片的组织培养［J］．植物资源与环境学报，17（1）：71-74.
徐庆，姜春前，郭泉水，等．2003．濒危植物四合木结实特性与植株年龄和生境关系的研究［J］．林业科学，39（6）：26-32.
徐庆，刘世荣，臧润国，等．2001．中国特有植物四合木种群的生殖生态特征——种群生殖值及生殖分配研究［J］．林业科学，37（2）：36-41.
徐小玉，姚崇怀，潘俊．2002．研究九宫山自然保护区香果树群落特征［J］．西南林学院学报．22：5-8.

徐馨，何才华，沈志达，等. 1992. 第四纪环境研究方法［M］. 贵阳：贵州科技出版社.
徐杏阳，洪树荣，吴立廉. 1983. 香果树叶外植体诱导植株再生［J］. 植物学通报，1（1）：40-43.
许建伟，沈海龙，张秀亮，等. 2010. 花楸树种子散布、萌发与种群天然更新的关系［J］. 应用生态学报，21（10）：2536-2544.
薛崇伯，郗宏钧，王亚峰，等. 1984. 油松硬枝扦插育苗技术试验报告［J］. 陕西林业科技，2：3-10.
薛瑶芹，张文辉，马莉薇，等. 2012. 不同生境下栓皮栎伐桩萌苗的生长特征及在种群更新中的作用［J］. 林业科学，48（7）：23-29.
闫恩荣，王希华，施家月，等. 2005. 木本植物萌枝生态学研究进展［J］. 应用生态学报，16（12）：2459-2464.
闫桂琴，赵桂仿. 2001. 秦岭山区太白红杉种群结构与动态［J］. 应用生态学报，12（6）：824-828.
闫淑君，洪伟，林勇明，等. 2013. 闽江口琅岐岛风景区朴树种群天然更新特征［J］. 林业科学，49（4）：147-151.
闫兴富，曹敏. 2008. 濒危树种望天树大量结实后幼苗的生长和存活［J］. 植物生态学报，32（1）：55-64.
闫兴富，刘建利，贝盏临，等. 2015. 不同光强条件下柠条锦鸡儿的种子萌发和幼苗生长特征［J］. 生态学杂志，34（4）：912-918.
闫秀娜，李芳，阎国荣，等. 2015. 濒危植物新疆野苹果种子的萌发特性［J］. 天津农学院学报，22（2）：33-36.
颜亨梅. 1998. 物种濒危的机制与保护对策［J］. 生命科学研究，2（1）：6-11.
颜培岭，张敏，蒋泽平，等. 2008. 光叶楮根繁殖技术初探［J］. 江苏林业科技，35（3）：43-46.
杨帆，郭星，李兴明，等. 2015. 濒危植物大果青杄种子形态及萌发特性研究［J］. 防护林科技，（11）：16-19.
杨洁. 2016. 特有濒危植物青檀微卫星（EST-SSR）分子标记开发及其小尺度空间遗传结构研究［D］. 南京：南京大学硕士学位论文.
杨开军，张小平，张中信，等. 2007. 安徽天堂寨保护植物香果树群落现状分析［J］. 植物资源与环境学报，16（1）：79-80.
杨开军. 2007. 稀有植物香果树的保护生物学初步研究［D］. 芜湖：安徽师范大学硕士学位论文.
杨乃坤，邹天才，刘海燕，等. 2015. 贵州特有植物长柱红山茶种群年龄结构及空间分布格局研究［J］. 热带亚热带植物学报，23（2）：205-210.
杨小林，王秋菊，兰小中，等. 2007. 濒危植物大花黄牡丹（*Paeonia ludlowii*）种群数量动态［J］. 生态学报，27（3）：1242-1247.
杨旭，杨志玲，雷虓，等. 2013. 濒危植物凹叶厚朴幼苗更新及环境解释［J］. 林业科学，49（12）：36-42.
杨永川，穆建平，杨轲. 2011. 残存银杏群落的结构及种群更新特征［J］. 生态学报，31（21）：

6396-6409.
杨永花，廖伟彪，汉梅兰，等. 2014. 有机肥料对藤本月季生长及开花的影响 [J]. 草业科学，31（8）：1450-1454.
姚连芳，李宏瀛. 2005. 濒危植物连香树及其人工繁育 [J]. 林业实用技术，（5）：21-22.
易青春，张文辉，唐德瑞，等. 2013. 采伐次数对栓皮栎伐桩萌苗生长的影响 [J]. 西北农林科技大学学报：自然科学版，41（4）：147-154.
尹华军，刘庆. 2005. 川西米亚罗亚高山云杉林种子雨和土壤种子库研究 [J]. 植物生态学报，29（1）：108-115.
于顺利，蒋高明. 2003. 土壤种子库的研究进展及若干研究热点 [J]. 植物生态学报，27（4）：552-560.
于卫洁，陈宇，焦菊英，等. 2015. 黄土丘陵沟壑区撂荒坡面种子雨特征 [J]. 应用生态学报，26（2）：395-403.
俞惠林. 2005. 香果树扦插育苗试验研究 [J]. 安徽林业科技，126（3）：15-16.
岳春雷，刘亚群. 1999. 濒危植物南川升麻光合生理生态的初步研究 [J]. 植物生态学报，23（1）：71-75.
岳红娟，仝川，朱锦懋，等. 2010. 濒危植物南方红豆杉种子雨和土壤种子库特征 [J]. 生态学报，30（16）：4389-4400.
曾波，钟章成，张小萍. 2001. 缙云山四川大头茶花粉游离脯氨酸含量与生殖产量特征研究 [J]. 生态学报，21（8）：1251-1255.
曾庆昌，缪绅裕，唐志信，等. 2014. 广东连州田心自然保护区香果树种群及其生境特征 [J]. 生态环境学报，（4）：603-609.
翟明普，贾黎明. 1993. 森林植物间的他感作用 [J]. 北京林业大学学报，64（3）：138-147.
翟树强，李传荣，许景伟，等. 2010. 灵山湾国家森林公园刺槐林下垂序商陆种子雨时空动态 [J]. 植物生态学报，34（10）：1236-1242.
张爱勤，谭敦炎，朱进忠. 2007. 新牧 1 号杂花苜蓿生物量分配动态及生殖产量的研究 [J]. 中国草地学报，29（6）：48-52，58.
张春生，陈建华，朱凡. 2007. 毛竹生长发育规律的调查分析 [J]. 经济林研究，25（4）：74-76.
张桂萍，张峰，何平，等. 2004. 我国特有植物缙云卫矛濒危机理分析 [C] // 北方七省市植物学会年会暨学术讨论会：1517-1519.
张华丽，乔明，付自召，等. 2015. 泌阳县香果树种质资源的分布现状及保护措施 [J]. 现代农业科技，（24）：165-166.
张华雨，宗秀虹，王鑫，等. 2016. 濒危植物小黄花茶种群结构和生存群落特征研究 [J]. 植物科学学报，34（4）：539-546.
张化疆，路广利，关玉杰. 1991. 楤叶槭种子中的抑制物质及其与种子萌发的关系（简报）[J]. 植物生理学报，（4）：281-283.

张建新，颜赟，方炎明．2013．遮光对臭牡丹生长和光合特性的影响［J］．植物资源与环境学报，22（1）：88-93．

张金屯．1995．植被数量生态学方法［M］．北京：中国科学技术出版社．

张金屯．1998．植物种群空间分布的点格局分析［J］．植物生态学报，22（4）：344-349．

张锦．2002．楸树无性繁殖技术［J］．林业科技开发，16（4）：35-37．

张进虎，王翔宇，张亮霞，等．2013．天然沙冬青土壤种子库特征研究［J］．中国农学通报，29（22）：78-82．

张丽芳，林昌勇，俞群，等．2015．珍稀濒危植物蛛网萼的种子形态及萌发特性［J］．江西农业大学学报，37（3）：497-503．

张敏，朱教君，闫巧玲．2012．光对种子萌发的影响机理研究进展［J］．植物生态学报，36（8）：899-908．

张楠．2013．土壤条件对胡杨幼苗生长的影响研究［D］．北京：北京林业大学硕士学位论文．

张清华，郭泉水，徐德应，等．2000．气候变化对我国珍稀濒危树种——珙桐地理分布的影响研究［J］．林业科学，36（2）：47-52．

张仁波．2006．濒危植物崖柏（*Thuja sutchuenensis*）遗传多样性研究［D］．重庆：西南大学硕士学位论文．

张旺锋，樊大勇，谢宗强，等．2005．濒危植物银杉幼树对生长光强的季节性光合响应［J］．生物多样性，13（5）：387-397．

张文标，金则新，李钧敏．2007．濒危植物香果树自然居群遗传多样性的RAPD分析［J］．浙江大学学报：农业与生命科学版，33（1）：61-67．

张文辉．1996．裂叶沙参种群动态与濒危机制的研究［D］．哈尔滨：东北林业大学博士学位论文．

张文辉，王延平，康永祥，等．2004a．太白红杉种群结构与环境的关系［J］．生态学报，24（1）：41-47．

张文辉，王延平，康永祥，等．2004b．濒危植物太白红杉种群年龄结构及其时间序列预测分析［J］．生物多样性，12（3）：361-369．

张文辉，许晓波，周建云，等．2005a．濒危植物秦岭冷杉种群数量动态［J］．应用生态学报，16（10）：1799-1804．

张文辉，许晓波，周建云，等．2005b．濒危植物秦岭冷杉种群空间分布格局及动态［J］．西北植物学报，25（9）：1840-1847．

张文辉，祖元刚．1998a．裂叶沙参分布区域和生物学生态学习性的调查［J］．植物研究，18（2）：209-217．

张文辉，祖元刚．1998b．濒危植物裂叶沙参生境条件及外界致危因素分析［J］．植物研究，18（2）：218-226．

张文辉，祖元刚，刘国彬．2002．十种濒危植物的种群生态学特征及致危因素分析［J］．生态学报，22（9）：1512-1520.
张文辉，祖元刚，马克明．1999．裂叶沙参与泡沙参种群分布格局分形特征的分析［J］．植物生态学报，（1）：31-39.
张希彪，王瑞娟，上官周平．2009．黄土高原子午岭油松林的种子雨和土壤种子库动态［J］．生态学报，29（4）：1877-1884.
张小平，郝朝运，范睿，等．2008．濒危植物永瓣藤的种群结构及与环境的关系［J］．应用生态学报，19（3）：474-480.
张小平，万军，罗浩，等．2015．天全县香果树种群资源调查报告［J］．四川林业科技，36（3）：115-119.
张玉洁．2002．香椿幼树光合作用及其影响因子研究［J］．林业科学研究，15（4）：432-436.
张玉荣．2009．资源冷杉的濒危机制与种群保育研究［D］．北京：北京林业大学博士学位论文.
张跃西．1993．邻体干扰模型的改进及其在营林中的应用［J］．植物生态学报，17（4）：352-357.
张云飞．2000．濒危植物四合木生境破碎化过程中种群动态研究［D］．武汉：武汉大学博士学位论文.
张兆英．2003．不同贮藏条件下四种药用植物种子活力的研究［D］．保定：河北农业大学硕士学位论文.
张志祥，刘鹏，蔡妙珍，等．2008．九龙山珍稀濒危植物南方铁杉种群数量动态［J］．植物生态学报，32（5）：1146-1156.
张祖荣，冉烈．2010．三峡库区特有药用与观赏植物荷叶铁线蕨的濒危原因调查与分析［J］．北方园艺，（16）：86-89.
昭日格，李钢铁，岳永杰，等．2011．浑善达克沙地天然沙地榆种内竞争研究［J］．中国沙漠，31（2）：451-455.
赵鑫磊，张雨凤，王星星，等．2015．安徽大别山区蕨类植物新记录种——松叶蕨［J］．亚热带植物科学，44（4）：337-339.
甄江红，玉山，赵明，等．2010．濒危植物四合木的生境适宜性评价［J］．中国沙漠，30（5）：1075-1084.
中国科学院生物多样性委员会．1992．生物多样性译丛（一）［M］．北京：中国科学技术出版社.
中国科学院中国植物志编辑委员会．1959．中国植物志：七十一卷第一分册［M］．北京：科学出版社.
周慧斌．2011．香果树化学成分及其生物活性研究［D］．上海：第二军医大学硕士学位论文.
周纪纶，郑师章，杨持．1992．植物种群生态学［M］．北京：高等教育出版社.
周先叶，李鸣光，王伯荪．2001．广东黑石顶森林群落黄果厚壳桂（*Cryptocary aconcinna*）幼苗生长与环境因子的相关分析［J］．华南师范大学学报：自然科学版，（4）：50-54.
周小玲，马新娥，尚可为，等．2012．不同物候期胀果甘草生物量和营养物质生殖分配研究［J］．草业学报，21（4）：25.

周佑勋．2007．水青树种子的需光萌发特性［J］．中南林业科技大学学报，27（5）：54-57．

朱从波，王万里，刘晓静，等．2011．宝天曼自然保护区珍稀濒危植物研究［J］．安徽农业科学，39（16）：9467-9470．

朱圣潮，莫建军．2007．浙西南松叶蕨分布区的群落结构与生境特征［J］．浙江大学学报：理学版，34（3）：340-345．

祝宁，臧润国．1994．刺五加种群生态学的研究II．刺五加的种群统计［J］．应用生态学报，5（3）：237-240．

祝宁，卓丽环，臧润国．1998．刺五加（*Eleutherococcus sentincosus*）会成为濒危种吗?［J］．生物多样性，6（4）：253-259．

邹学校，马艳青，戴雄泽，等．2005．湖南辣椒地方品种资源的因子分析及数量分类［J］．植物遗传资源学报，6（1）：37-42．

邹长明，王允青，曹卫东，等．2015．3 种小豆的光合作用和生长发育对弱光的响应［J］．应用生态学报，26（12）：3687-3692．

祖元刚，袁晓颖．2000．白桦的开花时间及生殖构件的数量与树龄和树冠层次的关系［J］．生态学报，20（4）：673-677．

祖元刚．1999．濒危植物裂叶沙参保护生物学［M］．北京：科学出版社．

Abdul-Baki A A, Anderson J D. 1973. Relationship between decarboxylation of glutamic acid and vigor in soybean seed [J]. Crop Science, 13: 222-226.

Aizen M A, Woodcock H. 1996. Effects of acorn size on seedling survival and growth in *Quercus rubra* following simulated spring freeze [J]. Canadian Journal of Botany, 74: 308-314.

Argaw M, Teketay D, Olsson M. 1999. Soil seed flora, germination and regeneration pattern of woody species in an acacia, woodland of the rift valley in ethiopia [J]. Journal of Arid Environments, 43(4): 411-435.

Atwell B J. 1990. The effect of soil compaction on wheat during early tillering. I. Growth, development and root structure [J]. New Phytol, 115: 29-35.

Augspurger C K. 1983. Phenology, flowering synchrony, and fruit set of six neotropical shrubs [J]. Biotropica, 15(4): 257-267.

Bebawi F F, Campbell S D, Mayer R J. 2015. Seed bank longevity and age to reproductive maturity of *Calotropis procera* (Aiton) W T Aiton in the dry tropics of northern Queensland [J]. The Rangeland Journal, 37(3): 239-247.

Behtari B, de Luis M, Mohammadi N A D. 2014. Predicting germination of medicago sativa and onobrychis viciifolia seeds by using image analysis [J]. Turkish Journal of Agriculture & Forestry, 38(5): 615-623.

Bell G. 2001. Neutral macroecology [J]. Science, 293(5539): 2413-2418.

Bell G E, Danneberger T K, McMahon M J. 2000. Spectral irradiance available for turf grass growth in sun and shade [J]. Crop Science, 40: 189-195.

Bell T L, Ojeda F. 1999. Underground starch storage in Erica species of the cape floristic region differences between seeders and resprouters [J]. New Phytologist, 144: 143-152.

Bellingham P J. 2000. Resprouting as a life history strategy in woody plant communities [J]. Oikos, 89, 409-416.

Bertiller M B, Carrera A L. 2015. Aboveground vegetation and perennial grass seed bank in arid rangelands disturbed by grazing [J]. Rangeland Ecology & Management, 68(1): 71-78.

Black M, Bewley J D. 2000. Seed Technology and Its Biological Basis [M]. Sheffield: Sheffield Academic Press.

Blionis G J, Halley J M, Vokou D. 2001. Flowering phenology of *Campanula* on Mt Olynipos, Greece [J]. Ecography, 24(6): 696-706.

Bock A, Sparks T H, Estrella N, et al. 2015. Climate sensitivity and variation in first flowering of 26 *Naricissus* cultivars [J]. Int J Biometeorol, 59(4): 477-480.

Bond W J, Midgley J J. 2001. Ecology of sprouting in woody plants: the persistence niche [J]. Trends in Ecology and Evolution, 16: 45-51.

Bonfil C. 1998. The effect of seed size, cotyledon reserves and seedling survival and growth in *Quercus rugosa* and *Q. laurina* (Fagaceace) [J]. Journal of Ecology, 85: 79-85.

Butt N, Seabrook L, Maron M, et al. 2015. Cascading effects of climate extremes on vertebrate fauna through changes to low-latitude tree flowering and fruiting phenology [J]. Global Change Biology, 21(9): 3267-3277.

Buttery B R, Tan C C, Drury C F, et al. 1998. The effects of soil compaction, soil moisture and soil type on growth and nodulation of soybean and common bean [J]. Can J Plant Sci, 78: 571-576.

Chaves Ó M, Avalos G. 2014. Is the inverse leafing phenology of the dry forest understory shrub *Jacquinia nervosa* (Theophrastaceae) a strategy to escape herbivory? [J]. International Journal of Tropical Biology and Conservation, 54(3): 951-963.

Colling G, Matthies D, Reckinger C. 2002. Population structure and establishment of the threatened long-lived perennial *Scorzonera humilis* in relation to environment [J]. Journal of Applied Ecology, 39(2): 310-320.

Cortés-Flores J, Cornejo-Tenorio G, Ibarra-Manríquez G. 2015. Flowering phenology and pollination syndromes in species with different growth forms in a neotropical temperate forest of Mexico [J]. Botany, 93(999): 1-7.

De K H, Fransen B, van Rheenen J W, et al. 1996. High levels of inter-ramet water translocation in two rhizomatous *Carex* species，as quantified by deuterium labelling [J]. Oecologia, 106: 73-84.

Dedonder A, Rethy R, Fredericq H, et al. 1992. Phytochrome-mediated changes in the ATP content of *Kalanchoë blossfeldiana* seeds [J]. Plant, Cell & Environment, 15, 479-484.

Doust J L. 1989. Plant reproductive strategies and resource allocation [J]. Tree, 4: 230-233

Ellstran N C, Elam R. 1993. Populantion genetic consequences of small popuaation size: implications for plant conservation [J]. Annu Rev Ecol Syst, 24: 217-242.

Escudero A, Albert M J, Pitta J M, et al. 2000. Inhibitory effects of Artemesia herba alba on the germination of the gypsophyte *Helianthemum squamatum* [J]. Plant Ecology, 148: 71-80.

Fisher R A. 1930. Genetical theory of natural selection [J]. Nature, 72(2-3): 59-71.

Fisher R F. 1980. Allelopathy: a potential cause of regeneration failure [J]. Forest, 18: 346-348.

Gaur P M, Samineni S, Tripathi S, et al. 2015. Allelic relationships of flowering time genes in chickpea [J]. Euphytica, 203(2)：295-308.

Gómez-Aparicio L, Gómez J M, Zamora R. 2007. Spatiotemporal patterns of seed dispersal in a wind-dispersed Mediterranean tree (*Acer opalus* subsp. *granatense*): implications for regeneration [J]. Ecography, 30: 13-22.

Gould K A, Fredericksen T S, Morales F, et al. 2002. Post-fire tree regeneration in lowland Bolivia: implications for fire management [J]. Forest Ecology and Management, 165: 225-234.

Greenberg C H. 2000. Individual variation in acorn production by the species of southern Appalachian oaks [J]. Forest Ecology and Management, 132: 199-210.

Greig-Smith P. 1983. Quantitative Plant Ecology [M]. 3rd ed. Oxford：Black-well Scientific Publications.

Grice A C, Westoby M. 1987. Aspects of the dynamics of the seed banks and seedling populations of *Acacia victoriae* and *Cassia* spp. in arid western New South Wales [J]. Australian Journal of Ecology, 12: 209-215.

Hammad I, Tiedneren P H. 1997. Natural variation in flowering time among populations of the annual crucifer *Arabidopsis thaliana* [J]. Plant Species Biology, 12(1): 15-23.

Harper J L. 1977. Population Biology of Plant [M]. London: Academic Press：256-263.

Harrison W G, Platt T. 1986. Photosynthesis-irradiance relationships in polar and temperature phytoplankton populations [J]. Biology, 5(3): 153-164.

Hegazy A K, El-Demerdash M A, Hosni H A. 1998. Vegetation, species diversity and floristic relations along an altitudinal gradient in south-west Saudi Arabia [J]. Journal of Arid Environments, 38(1): 3-13.

Hegyi F. 1974. A simulation model for managing jack-pine stands. Growth models for tree and stand simulation [J]. Royal College of Forestry, 30: 74-90.

Hendry A P, Day T. 2005. Population structure attributable to reproductive time: isolation by time and adaptation by time [J]. Molecular ecology, 14(4): 901-916.

Herben T, Suzuki J I. 2001. A simulation study of the effects of architectural constraints and resource translocation on population structure and competition in clonal plants [J]. Evolutionary Ecology,

15(4-6)：403-423.

Heredia U L D, Nanos N, Garcíadelrey E, et al. 2015. High seed dispersal ability of *Pinus canariensis* in stands of contrasting density inferred from genotypic data [J]. Forest Systems, 24(1): 15.

Hooker W J. 1889. Hooker's Icons Plantarum (VoL 19) [M]. London: Williams and Norgate Plate.

Huang J H, Chen J H, Ying J S, et al. 2011. Features and distribution patterns of Chinese endemic seed plant species [J]. Journal of Systematics and Evolution, 49(2): 81-94.

Huish R D, Manow M, McMullen C K. 2015. Floral phenology and sex ratio of Piratebush (*Buckleya distichophylla*), a rare dioecious shrub endemic to the southern Appalachian mountains [J]. Castanea, 80(1): 1-7.

ISTA. 1996. International rules for seed testing [J]. Seed Science and Technology, 24(Supp1.): 151-154.

Janzen D H. 1972. Seed predation by animals [J]. Annual Reviews of Ecology and Systematics, 2: 465-492.

Jones R H, Raynal D J. 1988. Root sprouting in American beech (*Fagus grandifolia*): effects of root injury, root exposure, and season [J]. Forest Ecology and Management, 25(2): 79-90.

Jorgensen R, Arathi H S. 2013. Floral longevity and autonomous selfing are altered by pollination and water availability in *Collinsia heterophylla* [J]. Annals of Botany, 112(5): 821-828.

Kauffman J B. 1991. Survival by sprouting following fire in tropical forests of the eastern Amazon [J]. Biotropica, 23(3): 219-224.

Kenkel N C. 1988. Pattern of self thinning in Jack pine: testing the random mortality hypothesis [J]. Ecology, (69): 1017-1024.

Kennard D K, Gould K, Putz F E, et al. 2002. Effect of disturbance intensity on regeneration mechanisms in a tropical dry forest [J]. Forest Ecology and Management, 162: 197-208.

Kruckeberg A R, Rabinowitz D. 1985. Biological aspects of endemism in higher plants [J]. Annual Review of Ecology and Systematics, 16(1)：447-479.

Ladiuk K D，Damascos M A，Puntieri J G, et al. 2014. Differences in phenology and fruit characteristic between invasive and native woody species favor exotic species invasiveness [J]. Plant Ecology, 215(12): 1455-1467.

Lessard-Therrien M T, Davies T J, Bolmgren K. 2014. A phylogenetic comparative study of flowering phenology along an elevational gradient in the Canadian subarctic [J]. International Journal of Biometeorology, 58(4): 455-462.

Li J M, Jin Z X. 2008. Genetic structure of endangered *Emmenopterys henryi* Oliv. based on ISSR polymorphism and implications for its conservation [J]. Genetica, 133: 227-234.

Li L, Wei S G, Huang Z L, et al. 2008. Spatial patterns and interspecific associations of three canopy species at different life stages in a subtropical forest,China [J]. Journal of Integrative Plant Biology,

50(9): 1140-1150.

Li W, Khan M A, Yamaguchi S, et al. 2015. Hormonal and environmental regulation of seed germination in salt cress (*Thellungiella halophila*) [J]. Plant Growth Regulation, 76(1): 41-49.

Li X, Jiang D, Zhou Q, et al. 2014. Soil seed bank characteristics beneath an age sequence of *Caragana microphylla* Shrubs in the Horqin sandy land region of northeastern China [J]. Land Degradation & Development, 25(3): 236-243.

Loope L L，Mueller-Dombois D. 1989. Characteristics of invaded islands, with special reference to Hawaii. *In:* Drake J A, Mooney H A, di Castri F，et al. Biological Invasions, A Global Perspective [M]. Chichester: John Wiley & Sons Ltd.

Maini J S, Horton K W. 1966. Vegetative propagation of populus spp.: I. influence of temperature on formation and initial growth of aspen suckers [J]. Canadian Journal of Botany, 44(9): 1183-1189.

Manfred J, Lesley P, Birgitte S. 2004. Habitats pecificity, seed germination and experimental translocation of the endangered herb *Brachycom emuelleri* (Asteraceae) [J]. Biol Conserv, 116: 251.

Mann J. 1987. Secondary Metabolism [M]. 2nd ed. Oxford: Clarendon Press.

Manuel C M. 2000. Ecology: Concepts and Application [M]. Beijing: Science Press.

Martina C, Silvia M, Pilar B, et al. 2010. Protein deterioration and longevity of quinoa seeds during long-term storage [J]. Food Chemistry, 121(4): 952-958.

Mella R, Maldonado S, Sánchez R A. 1995. Phytochrome induced structural changes and protein degradation prior to radicle protrusion in *Datura* ferox seeds [J]. Canadian Journal of Botany, 73：1371-1378.

Mills M H, Schwartz M W. 2005. Rare plants at the extremes of distribution: broadly and narrowly distributed rare species [J]. Biodivers Conserv, 14: 1401.

Mostacedo B, Putz F E, Fredericksen T S, et al. 2009. Contributions of root and stump sprouts to natural regeneration of a logged tropical dry forest in Bolivia [J]. Forest Ecology and Management, 258(6): 978-985.

Mwavu E N, Witkowski E T F. 2008. Sprouting of woody species following cutting and tree fall in a lowland semi-deciduous tropical rain forest, North-Western Uganda [J]. Forest Ecology and Manage, 255：982-992.

Myers N. 1998. Threatened biotas: hot-spot in tropical forest [J]. The Environmentalist, (8): 187-208.

Navarro-cano J A. 2008. Effect of grass litter on seedling recruitment of the critically endangered *Cistus heterophyllus* in Spain [J]. Flora Morphology Distribution Functional Ecology of Plants, 203(8): 663-668.

Nilsson M C, Zackrosson O, Sterner O, et al. 2000. Characterisation of the differential interference effects of two arboreal dwarf shrub species [J]. Oecologia, 123: 122-128.

Ollerton J, Diaz A. 1999. Evidence for stabilizing selection acting on flowering time in *Arum maculatum* (Araceae): the influence of phylogeny on adaptation [J]. Oecologia, 119(3): 340-348.

Ollerton J, Lack A J. 1992. Flowering phenology: an example of relaxation of natural selection? [J]. Trends in Ecology & Evolution, 7(8): 274-276.

Paciorek C J , Condit R , Hubbell S P, et al. 2000. The demographics of resprouting in tree and shrub species of a moist tropical forest [J]. Journal of Ecology, 88(5): 765-777.

Park I W, Schwartz M D. 2015. Long-term herbarium records reveal temperature-dependent changes in flowering phenology in the southeastern USA [J]. International Journal of Biometeorology, 59(3): 347-355.

Parrish J A D, Bazzaz F A. 1985. Ontogenetic niche shifts in old-field annuals [J]. Ecology, 66 (4): 1296-1302.

Pausas J G. 2001. Resprouting vs. seeding—a Mediterranean perspective [J]. Oikos, 94: 193-194.

Pearcy R W, Sims D A. 1994. Photosynthetic acclimation to changing light environments: scaling from the leaf to the whole plant. *In*: Caldwell M M, Pearcy R W. Exploitation of Environmental Heterogeneity by Plants [M]. San Diego: Academic Press.

Philips D L, Macmahon J A. 1981. Competition and spacing patterns in desert shrubs [J]. Journal of Ecology, (69): 97-115.

Picketing C M. 1995. Variation in flowering parameters within and among five species of Australian alpine *Ranunculus* [J]. Australian Journal of Botany, 43: 103-112.

Pigliucci M. 2002. Ecology and evolutionary biology of *Arabidopsis* [J]. The Arabidopsis Book/ American Society of Plant Biologists, 1: 20.

Poorter L, Hayashida-Oliver Y. 2000. Effects of seasonal drought on gap and understory seedlings in a Bolivian moist forest [J]. Journal of Tropical Ecology, 16(4): 481-498.

Pukacka S, Ratajczak E, Kalemba E. 2009. Non-reducing sugar levels in beech (*Fagus sylvatica*) seeds as related to withstanding desiccation and storage [J]. Journal of Plant Physiology, 166(13): 1381-1390.

Ross M A, Harper J L. 1972. Occupation of biological space during seedling stablishment [J]. Journal of Ecology, 60: 77-88.

Salisbury E J. 1942. The Reproductive Capacity of Plants. Studies in Quantitative Biology [M]. London: G. Bell & Sons, Ltd.

Sandra V. 2014. Pre-dispersal seed predation in gynodioecious *Geranium sylvaticum* is not affected by plant gender or flowering phenology [J]. Arthropod-Plant Interactions, 8(4): 253-260.

Sargent C S. 1917. Plantae Wilsonianae [M]. Cambridge: The University Press.

Saxena A, Singh D V, Joshi N L. 1996. Autotoxic effects of pearl millet aqueous extracts on seed germination and seedling growth [J]. Journal of Arid Environments, 33: 255-260.

Schellner R A, Newell S J, Solbrig O T. 1982. Studies on the population biology of the genus *Viola*:

IV. spatial pattern of ramets and seedlings in three stoloniferous species [J]. Journal of Ecology, 70(1): 273-290.

Silva M G, Marcelo T. 2001. Seed dispersal, plant recruitment and spatial distribution of *Bactris acanthocarpa* Martius (Arecaceae) in a remnant of Atlantic forest in northeast Brazil [J]. Acta Oecol, 22(5): 259-268.

Simpson R L. 1989. Ecology of Soil Seed Bank [M]. San Diego: Academic Press.

Smith R D, Dickie J B, Linington S H, et al. 2003. Seed Conservation,Turning Science into Practice [M]. Kew: Royal Botanic Gardens.

Stenøien H K, Fenster C B, Kuittinen H, et al. 2002. Quantifying latitudinal clines to light responses in natural populations of *Arabidopsis thaliana* (Brassicaceae) [J]. American Journal of Botany, 89(10): 1604-1608.

Sun B L, Zhang C Q, Porter P, et al. 2009. Cryptic dioecy in *Nyssa yunnanensis* (Nyssaceae): a critically endangered species from tropical eastern Asia [J]. Annals of the Missouri Botanical Garden, 96(4): 672-684.

Szwagrzyk J, Szewczyk J, Bodziarczyk J. 2001. Dynamics of seedling banks in beech forest: result of a 10-year study on germination, growth and survival [J]. For Ecol Manag, 141 (3): 237-250.

Taylor L A V, Hasenkopf E A, Cruzan M B. 2015. Barriers to invasive infilling by *Brachypodium sylvaticum* in Pacific Northwest forests [J]. Biological Invasions, 17(8): 2247-2260.

Tobias W D, Eckstein R L. 2010. Effects of bryophytes and grass litter on seedling emergence vary by vertical seed position and seed size [J]. Plant Ecol, 207: 257-268.

Toivonen J M, Kessler M, Ruokolainen K, et al. 2011. Accessibility predicts structural variation of Andean Polylepis forests [J]. Biodiversity and Conservation, 20: 1789-1802.

Tredici P D. 2001. Sprouting in temperate trees: a morphological and ecological review [J]. The Botanical Review, 67(2): 121-140.

Tukey H B J. 1966. Leaching of metabolites from above ground plant parts and its implications [J]. Bull Torrey Bot Club, 93: 385.

Ueda Y, Nishihara S, Tomita H, et al. 2000. Photosynthetic response of Japanese rose species *Rosa bracteata* and *Rosa rugosa* to temperature and light [J]. Scientia Horticulturae, 84(3/4): 365-371.

Wheeler H C, Høye T T, Schmidt N M, et al. 2015. Phenological mismatch with abiotic conditions-implications for flowering in arctic plants [J]. Ecology, 96(3): 775-787.

Willson M F. 1983. Plant Reproductive Ecology [M]. New York: John Wiley & Sons.

Witkowski E T F. 1991. Growth and competition between seedlings of *Protea repens*(L.) and the alienin vasive, *Acaciasaligna*(Labill.) Wendl. in relation to nutrient availability [J]. Functional Ecology, 5: 101-110.

Wu X P, Zheng Y, Ma K P. 2002. Population distribution and dynamics of *Quercus liaotungensis*,

Fraxinus rhynchophylla and *Acer mono* in Dongling Mountain, Beijing [J]. Acta Bot Sin, 44(2): 212-223.

Wu Z Y, Peter H R, Hong D Y. 2013. Flora of China: Vol. 19 [M]. Beijing: Science Press.

Zepeda C, Lot A, Nemiga X A, et al. 2014. Seed bank and established vegetation in the last remnants of the Mexican Central Plateau wetlands: the Lerma marshes [J]. International Journal of Tropical Biology and Conservation, 62(2): 455-472.

Zhang Y B, Ma K P. 2008. Geographic distribution patterns and status assessment of threatened plants in China [J]. Biodiversity and Conservation, 17(7): 1783-1798.

植物中拉名称对照

中文名	拉丁名
阿尔泰狗娃花	*Heteropappus altaicus* (Willd.) Novopokr.
矮牡丹	*Paeonia jishanensis* T. Hong et W. Z. Zhao
矮沙冬青	*Ammopiptanthus nanus* (M. Pop.) Cheng f.
艾	*Artemisia argyi* Lévl. et Van.
巴东木莲	*Manglietia patungensis* Hu
白桂木	*Artocarpus hypargyreus* Hance
白桦	*Betula platyphylla* Suk.
白及	*Bletilla striata* (Thunb. ex A. Murry) Rchb. f.
白茅	*Imperata cylindrica* (Linn.) Beauv.
斑叶兰	*Goodyera schlechtendaliana* Rchb. F.
半蒴苣苔	*Hemiboea henryi* Clarke
半夏	*Pinellia ternata* (Thunb.) Breit.
宝华玉兰	*Yulania zenii* (W. C. Cheng) D. L. Fu
豹皮樟	*Litsea coreana* Lévl. var. *sinensis* (Allen) Yang et P. H. Huang
北美鹅掌楸	*Liriodendron tulipifera* Linn.
北美红杉	*Sequoia sempervirens* (Lamb.) Endl.
北枳椇	*Hovenia trichocarpa* Chun et Tsiang var. *robusta* (Nakai et Y. Kimura) Y. L. Chou et P. K. Chou.
糙苏	*Phlomis umbrosa* Turcz.
草木樨状黄耆	*Astragalus melilotoides* Pall.
草玉梅	*Anemone rivularis* Buch. -Ham.
檫木	*Sassafras tzumu* (Hemsl.) Hemsl.
长白落叶松	*Larix olgensis* A. Henry
长瓣马铃苣苔	*Oreocharis auricula* (S. Moore) Clarke
长柄双花木	*Disanthus cercidifolius* Maxim. subsp. *longipes* (H. T. Chang) K. Y. Pan
长尾毛蕊茶	*Camellia caudata* Wall.
长叶榧	*Torreya jackii* Chun
长柱红山茶	*Camellia longistyla* Chang ex F. A. Zeng et H. Zhou
沉水樟	*Cinnamomum micranthum* (Hay.) Hay
梣叶槭	*Acer negundo* L.
翅果油树	*Elaeagnus mollis* Diels

稠李 *Padus avium* Mill.
臭椿 *Ailanthus altissima* (Mill.) Swingle
臭葱 *Scorzonera humilis* L.
川鄂连蕊茶 *Camellia rosthorniana* Hand. -Mazz.
垂序商陆 *Phytolacca americana* L.
刺桫椤 *Alsophila spinulosa* (Wall. ex Hook.) R. M. Tryon
刺五加 *Acanthopanax senticosus* (Rupr. et Maxim.) Harms
粗榧 *Cephalotaxus sinensis* (Rehd. et Wils.) Li
达乌里胡枝子 *Lespedeza davurica* (Laxm.) Schindl.
大苞柴胡 *Bupleurum euphorbioides* Nakai
大别山五针松 *Pinus fenzeliana* Hand.-Mazz. var. *dabeshanensis* (C. Y. Cheng et Y. W. Law) L. K. Fu et Nan Li
大果木莲 *Manglietia grandis* Hu et Cheng
大果青扦 *Picea neoveitchii* Mast.
大花黄牡丹 *Paeonia ludlowii* (Stern et Taylor) D. Y. Hong
大披针薹草 *Carex lanceolata* Boott
大叶榉 *Zelkova schneideriana* Hand. -Mazz.
大叶毛茛 *Ranunculus grandifolius* C. A. Mey.
大叶木莲 *Manglietia dandyi* (Gagnep.) Dandy
大叶朴 *Celtis koraiensis* Nakai
大叶铁线莲 *Clematis heracleifolia* DC.
单性木兰 *Woonyoungia septentrionalis* (Dandy) Y. W. Law
单性薹草 *Carex unisexualis* C. B. Clarke
淡竹叶 *Lophatherum gracile* Brongn.
德州菰 *Zizania texana* Hitchc.
灯台树 *Bothrocaryum controversum* (Hemsl.) Pojark.
灯台兔儿风 *Ainsliaea macroclinidioides* Hayata
棣棠花 *Kerria japonica* (L.) DC.
东北红豆杉 *Taxus cuspidata* S. et Z.
独叶草 *Kingdonia uniflora* Balf. f. et W. W. Sm
杜茎山 *Maesa japonica* (Thunb.) Moritzi.
短柄枹栎 *Quercus serrata* Thunb. var. *brevipetiolata* (A. DC.) Nakai
短柄五加 *Eleutherococcus brachypus* (Harms) Nakai
短蕊车前紫草 *Sinojohnstonia moupinensis* (Franch.) W. T. Wang
多花黄精 *Polygonatum cyrtonema* Hua
多脉鹅耳枥 *Carpinus polyneura* Franch.
多脉青冈 *Cyclobalanopsis multiervis* W. C. Cheng et T. Hong
多毛坡垒 *Hopea chinensis* Hand. -Mazz.
峨眉冷杉 *Abies fabri* (Mast.) Craib

鹅掌楸	*Liriodendron chinense* (Hemsl.) Sargent.
番茄	*Lycopersicon esculentum* Mill.
风轮菜	*Clinopodium chinensis* (Benth.) O. ktze
枫香树	*Liquidambar formosana* Hance
凤丫蕨	*Coniogramme japonica* (Thunb.) Diels
佛甲草	*Sedum lineare* Thunb.
港柯	*Lithocarpus harlandii* (Hance) Rehd.
高粱泡	*Rubus lambertianus* Ser.
高山红景天	*Rhodiola sachalinensis* A. Bor.
格氏栲	*Castanopsis kawakamii* Hay.
葛萝槭	*Acer davidii* Franch. subsp. *grosseri* (Pax) P. C. DeJong
珙桐	*Davidia involucrata* Baill.
狗脊	*Woodwardia japonica* (L. f.) Sm.
贯众	*Cyrtomium fortunei* J. Sm.
光蔓茎堇菜	*Viola diffusa* Ging.
光叶楮	*Broussonetia papyrifera* (L.) Vent.
过路惊	*Bredia quadrangularis* Cogn.
孩儿参	*Pseudostellaria heterophylla* (Miq.)Pax
韩信草	*Scutellaria indica* L.
荷叶铁线蕨	*Adiantum reniforme* L. var. *sinense* Y. X. Lin
黑胡桃	*Juglans nigra* L.
黑桦	*Betula dahurica* Pall.
黑壳楠	*Lindera megaphylla* Hemsl.
黑鳞珍珠茅	*Scleria hookeriana* Bocklr.
黑柃	*Eurya macartneyi* Champ.
黑莎草	*Gahnia tristis* Nees
红豆杉	*Taxus wallichiana* Zucc. var. *chinensis* (Pilg.) Florin Rehd.
红果钓樟	*Lindera erythrocarpa* Makino
红脉钓樟	*Lindera rubronervia* Gamble
红松	*Pinus koraiensis* Sieb. et Zucc.
猴头杜鹃	*Rhododendron simiarum* Hance
厚皮香	*Ternstroemia gymnanthera* (Wight et Arn.) Beddome
厚叶红淡比	*Cleyera pachyphylla* Chun ex H. T. Chang
胡桃楸	*Juglans mandshurica* Maxim.
胡颓子	*Elaeagnus pungens* Thunb.
湖北贝母	*Fritillaria monantha* Migo
花楸	*Sorbus pohuashanensis* (Hance) Hedl.
花葶薹草	*Carex scaposa* C. B. Clare

华北鳞毛蕨	*Dryopteris goeringiana* (Kunze) Koidz
华东唐松草	*Thalictrum fortunei* S. Moore
华空木	*Stephanandra chinensis* Hance
化香树	*Platycarya strobilacea* Sieb. et Zucc.
桦木	*Betula uber* (Ashe) Fern.
黄刺玫	*Rosa xanthina* Lindl.
黄花酢浆草	*Oxalis pescaprae* L.
黄堇	*Corydalis pallida* (Thunb.) Pers.
黄精	*Polygonatum sibiricum* Delar. ex Redoute
黄山松	*Pinus taiwanensis* Hayata
黄杉	*Pseudotsuga sinensis* Dode
黄檀	*Dalbergia hupeana* Hance
灰柯	*Lithocarpus henryi* (Seem.) Rehd. et Wils
活血丹	*Glechoma longituba* (Nakai) Kupr
加拿大黄桦	*Betula alleghaniensis* Brit.
加拿大松	*Pinus canariensis* Chr. Sm. ex DC.
加州莱雅菊	*Layia glandulosa* (Hook.) Hook. Arn.
嘉赐树	*Casearia gossypiosperma* Briq.
荚蒾	*Viburnum dilatatum* Thunb.
假地枫皮	*Illicium jiadifengpi* B. N. Chang
尖连蕊茶	*Camellia cuspidata* (Kochs) Wright ex Gard.
建始槭	*Acer henryi* Pax
江南卷柏	*Selaginella moellendorffii* Hieron.
江南散血丹	*Physaliastrum heterophyllum* (Hemsl.) Migo
江浙钓樟	*Lindera chienii* Cheng
金花茶	*Camellia petelotii* (Merr.) Sealy
金缕梅	*Hamamelis mollis* Oliver
荩草	*Arthraxon hispidus* (Thunb.) Makino
缙云卫矛	*Euonymus chloranthoides* Yang
巨柏	*Cupressus torulosa* D. Don ex Lamb. var. *gigantea* (W. C. Cheng et L. K. Fu) Farjon
卷柏	*Selaginella tamariscina* (P. Beauv.) Spring
绢毛山梅花	*Philadelphus sericanthus* Koehne var. *sericanthus* Koehne
君迁子	*Diospyros lotus* L.
栲	*Castanopsis fargesii* Franch.
珂楠树	*Meliosma alba* (Schltdl.) Walp.
空心莲子草	*Alternanthera philoxeroides* (Mart.) Griseb.
苦槠	*Castanopsis sclerophylla* (Lindl.) Schott.
阔叶山麦冬	*Liriope platyphylla* Wang et Tang

雷氏马先蒿	*Pedicularis rainierensis* Mt.
连香树	*Cercidiphyllum japonicum* Sieb. et Zucc.
亮叶杨桐	*Adinandra nitida* Merr. ex Li
裂叶沙参	*Adenophora lobophylla* Hong
林荫千里光	*Senecio nemorensis* L.
流苏石斛	*Dendrobium fimbriatum* Hook.
柳杉	*Cryptomeria japonica* (Thunb. ex L. f.)D. Don
葎草	*Humulus scandens* (Lour.) Merr.
马兰	*Kalimeris indica* (Linn.) Sch. -Bip.
马尾松	*Pinus massoniana* Lamb.
马醉木	*Pieris japonica* (Thunb.) D. Don ex G. Don
麦冬	*Ophiopogon japonicus* (L. f.) Ker-Gawl.
曼陀罗	*Datura stramonium* Linn.
芒萁	*Dicranopteris pedata* (Houtt.) Nakaike
猫儿刺	*Ilex pernyi* Franch.
毛红椿	*Toona ciliata* M. Roem.
毛山鸡椒	*Litsea cubeba* (Lour.) Pers. var. *formosana* (Nakai) Yang et P. H. Huang
毛毡杜鹃	*Rhododendron confertissimum* Nakai
毛竹	*Phyllostachys edulis* (Carrière) J. Houz.
梅花草	*Parnassia delavayi* Franch.
美国榉木	*Fagus grandifolia* Ehrh.
美丽复叶耳蕨	*Arachniodes speciosa* (D. Don) Ching
蒙古扁桃	*Amygdals mongolica* (Maxim.) Ricker
蒙桑	*Morus mongolica* Schneid.
密花树	*Myrsine seguinii* H. Lév.
闽楠	*Phoebe bournei* (Hemsl.) Yang
明党参	*Changium smyrnioides* Wolff
木根麦冬	*Ophiopogon xylorrhizus* Wang et Dai
木荷	*Schima superba* Gardn. et Champ.
木槿	*Hibiscus syriacus* Linn.
南川升麻	*Cimicifuga nanchuenensis* Hsiao
南方红豆杉	*Taxus wallichiana* Zucc. var. *mairei* (Lemée et H. Lév.) L. K. Fu et Nan Li
南方铁杉	*Tsuga chinensis* (Franch.) Pritz.
南岭栲	*Castanopsis fordii* Hance
楠木	*Phoebe zhennan* S. Lee
攀枝花苏铁	*Cycas panzhihuaensis* L. Zhou et S. Y. Yang
盘状莱雅菊	*Layia discoidea* D. D. Keck
泡桐	*Paulowinia fortunei*(seem.)Hemsl.

葡蟠	*Broussonetia kaempferi* Sieb.
蒲儿根	*Sinosenecio oldhamianus* (Maxim.) B. Nord.
朴树	*Celtis sinensis* Pers.
七叶一枝花	*Paris polyphylla* Smith
奇蒿	*Artemisia anomala* S. Moore
秦岭冷杉	*Abies chensiensis* Tiegh.
青冈	*Cyclobalanopsis glauca* (Thunb.) Oerst.
青灰叶下珠	*Phyllanthus glaucus* Wall. ex Muell. Arg
青梅	*Vatica mangachapoi* Blanco
青檀	*Pteroceltis tatarinowii* Maxim.
求米草	*Oplismenus undulatifolius* (Arduino) Beauv.
球核荚蒾	*Viburnum propinquum* Hemsl.
雀麦	*Bromus japonicus* Thunb. ex Murr.
人参	*Panax ginseng* C. A. Mey.
绒毛番龙眼	*Pometia pinnata* J. R. Forst. et G. Forst.
榕叶冬青	*Ilex ficoidea* Hemsl.
肉苁蓉	*Cistanche deserticola* Ma
箬竹	*Indocalamus tessellatus* (Munro) Keng f.
三尖杉	*Cephalotaxus fortunei* Hook. f.
三脉紫菀	*Aster ageratoides* Turcz.
三七	*Panax notoginseng* (Burkill) F. H. Chen ex C. H. Chow
三桠乌药	*Lindera obtusiloba* Bl.
伞形绣球	*Hydrangea angustipetala* Hayata
沙地榆	*Ulmus pumila* L. var. *sabulosa* J. H. Guo Y. S. Li et J. H. Li
沙冬青	*Ammopiptanthus mongolicus* (Maxim. ex Kom.) Cheng f.
山茶	*Camellia japonica* L.
山胡椒	*Lindera glauca* (Sieb. et Zucc.) Bl.
山槐	*Albizia kalkora* (Roxb.) Prain
山鸡椒	*Litsea cubeba* (Lour.) Pers.
山橿	*Lindera reflexa* Hemsl.
山莓	*Rubus corchorifolius* L. f.
山樱桃	*Cerasus serrulata* (Lindl.) G. Don ex London
杉木	*Cunninghamia lanceolata* (Lamb.) Hook.
扇脉杓兰	*Cypripedium japonicum* Thunb.
十大功劳	*Mahonia fortunei* (Lindl.) Fedde
石斛	*Dendrobium nobile* Lindl.
石龙芮	*Ranunculus sceleratus* L.
石木姜子	*Litsea elongata* (Wall. ex Nees) Benth. et Hook. f. var. *faberi* (Hemsl.) Yang et P. H. Huang

栓皮栎	*Quercus variabilis* Bl.
双蝴蝶	*Tripterospermum chinense* (Migo) H. Smith
水浮莲	*Eichhornia crassipes* (Mart.) Solms.
水蓼	*Polygonum hydropiper* L.
水青冈	*Fagus longipetiolata* Seem.
水青树	*Tetracentron sinensis* Oliv.
水曲柳	*Fraxinus mandshurica* Rupr.
水杉	*Metasequoia glyptostroboides* Hu et Cheng
四川大头茶	*Polyspora speciosa* (Kochs) Bartholo et T. L. Ming
四合木	*Tetraena mongolica* Maxim.
松叶蕨	*Psilotum nudum* (Li) Beauv.
蒜头果	*Malania oleifera* Chun et S. Lee ex S. Lee
蒜味破布木	*Cordia alliodora* (Ruiz & Pav.) Oken
台湾杉	*Taiwania cryptomerioides* Hayata
太白红杉	*Larix potaninii* Batalin var. *chinensis* (Beissn.) L. K. Fu et Nan Li
糖枫	*Acer saccharum* Marsh.
桃儿七	*Sinopodophyllum hexandrum* (Royle) Ying
天目铁木	*Ostrya rehderiana* Chun
天南星	*Arisaema heterophyllum* Blume
天女花	*Oyama sieboldii* (K. Koch) N. H.Xia et C. Y. Wu
天山云杉	*Picea schrenkiana* Fisch. et Mey. var. *tianschanica* (Rupr.)Chen et Fu
甜槠	*Castanopsis eyrei* (Champ.) Tutch.
铁杆蒿	*Artemisia gmelinii* Web. ex Stechm. Artem.
秃杉	*Taiwania flousiana* Gaussen
兔儿伞	*Syneilesis aconitifolia* (Bge) Maxim.
歪头菜	*Vicia unijuga* A. Br.
弯蒴杜鹃	*Rhododendron henryi* Hance
乌蔹莓	*Cayratia japonica* (Thunb.) Gagnep.
乌头	*Aconitum carmichaelii* Debx.
乌药	*Lindera aggregata* (Sims) Kosterm.
细叶青冈	*Cyclobalanopsis gracilis* (Rehd. et Wils.) Cheng et T. Hong
夏蜡梅	*Calycanthus chinensis* Cheng et S. Y. Chang
显子草	*Phaenosperma globosa* Munro ex Benth.
香果树	*Emmenopterys henryi* Oliv.
香木莲	*Manglietia aromatica* Dandy
向日葵	*Helianthus annuus* L.
小果珍珠花	*Lyonia ovalifolia* (Wall.)Drude var. *elliptica*
小黄花茶	*Camellia luteoflora* Li ex H. T. Chang

小升麻	*Cimicifuga japonica* (Thunb.) Spreng.
小叶黄杨	*Buxus sinica* (Rehd. et Wils.) Cheng subsp. *sinica* var. *parvifolia* M. Cheng
小叶女贞	*Ligustrum quihoui* Carr.
小叶青冈	*Cyclobalanopsis myrsinifolia* (Blume) Oersted
斜翼	*Plagiopteorn suaveolens* Griffith
新疆野苹果	*Malus sieversii* (Ledeb.) Roem.
杏香兔儿风	*Ainsliaea fragrans* Champ.
序叶苎麻	*Boehmeria clidemioides* Miq. var. *diffusa* (Wedd.)Hand. -Mazz.
悬铃叶苎麻	*Boehmeria tricuspis* (Hance) Makino
雪莲花	*Saussurea involucrata* (Kar. et Kir.) Sch. -Bip.
荨麻	*Urtica fissa* E. Pritz.
鸭跖草	*Commelina communis* Linn.
崖柏	*Thuja sutchuenensis* Franch.
沿阶草	*Ophiopogon bodinieri* Levl.
盐肤木	*Rhus chinensis* Mill.
阳春砂仁	*Amomum villosum* Lour.
洋葱	*Allium cepa* L.
野古草	*Arundinella anomala* Steud.
野核桃	*Juglans cathayensis* Dode
野菊	*Dendranthema indicum* (L.) Des Moul.
野老鹳草	*Geranium carolinianum* L.
野生稻	*Oryza rufipogon* Griff.
野豌豆	*Vicia sepium* L.
叶下珠	*Phyllanthus urinaria* L.
一年蓬	*Erigeron annuus* (L.) Pers.
银杉	*Cathaya argyrophylla* Chun et Kuang
银杏	*Ginkgo biloba* L.
樱桃李	*Prunus divaricata* Ldb.
瘿椒树	*Tapiscia Sinensis* Oliv.
油点草	*Tricyrtis macropoda* Miq.
油松	*Pinus tabulaeformis* Carr.
鱼腥草	*Houttuynia cordata* Thunb
玉竹	*Polygonatum odoratum* (Mill.) Druce
鸢尾	*Iris tectorum* Maxim.
元宝山冷杉	*Abies yuanbaoshanensis* Y. J. Lu et L. K. Fu
云锦杜鹃	*Rhododendron fortunei* Lindl.
云南蓝果树	*Nyssa yunnanensis* W. C. Yin
胀果甘草	*Glycyrrhiza inflata* Batal.

中华补血草	*Limonium sinensis* (Gifard) Kuntze
猪毛蒿	*Artemisia scoparia* Waldst. et Kit.
猪殃殃	*Galium aparine* Linn. var. *tenerum* Gren. et Godr.) Rchb.
蛛网萼	*Platycrater arguta* Sieb. et Zucc.
准噶尔无叶豆	*Eremosparton songoricum* (Litv.) Vass.
资源冷杉	*Abies ziyuanensis* L. K. Fu et S. L. Mo
紫斑牡丹	*Paeonia suffruticosa* Andr. var. *papaveracea* (Andr.) Kerner
紫弹树	*Celtis biondii* Pamp.
紫椴	*Tilia amurensis* Rupr.
紫花堇菜	*Viola grypoceras* A. Gray
紫茎泽兰	*Eupatorium adenophorum* Spreng.
紫荆	*Cercis chinensis* Bunge
紫菀	*Aster tataricus* L. f.
棕榈	*Trachycarpus fortunei* (Hook.) H. Wendl.
棕脉花楸	*Sorbus dunnii* Rehd.

后 记

香果树是中国特有的单种属植物，主要分布于我国秦岭巴山区、大别山区、武夷山、南岭等中低山常绿落叶阔叶林中。近年来，由于人为活动加剧，该物种的生境破碎化严重，种群数量急剧下降，该物种的生态保护受到了国内外学者的关注。我们围绕香果树的地理分布、种群统计、空间格局、生殖构件、种子雨、土壤种子库、实生苗生长、根萌苗分布、根萌蘖能力、幼苗更新贡献等方面进行了较为系统的研究，本书是根据我们得到的研究成果，进一步整理而成。书中内容包含了国家自然科学基金地区科学基金项目“濒危植物香果树生殖生态学特征及恢复机制研究”（31360145）的主要内容及国家自然基金地区科学基金项目“濒危植物香果树无性繁殖及其适应策略研究”（31860200）的部分内容，也汇集了我们最近研究的结果，书中参考引用了国内外相关研究人员的重要研究成果。

在此，衷心感谢国家自然科学基金委员会对本书研究内容及最终出版的支持与资助，感谢上饶师范学院给予的基础设施投入与支持，感谢团队成员的支持与合作，感谢王生位、田玉清、肖志鹏、吴艳萍、殷崇敏、黄厦华、胡根秀、徐燕梅、杨少华、黄年英等研究生对实验过程所付出的辛勤劳动。感谢武夷山、三清山、大别山及伏牛山相关人员的协助！同时，对本书所引用的相关研究成果的作者表示诚挚的谢意！

本书部分内容已发表，有些内容已沉淀数年。虽长期以来一直有汇集成书的计划，但一直因故推迟。此次定稿成书，是在诸多朋友、同事及家人的鼓励与支持下完成的，在此也对他们表示感谢！